全国专业技术人员新职业培训教程

智能制造
工程技术人员 中级

智能制造共性技术

人力资源社会保障部专业技术人员管理司　组织编写

中国人事出版社

图书在版编目（CIP）数据

智能制造工程技术人员．中级：智能制造共性技术 / 人力资源社会保障部专业技术人员管理司组织编写．-- 北京：中国人事出版社，2024

全国专业技术人员新职业培训教程

ISBN 978-7-5129-1954-9

Ⅰ.①智…　Ⅱ.①人…　Ⅲ.①智能制造系统 - 职业培训 - 教材　Ⅳ.①TH166

中国国家版本馆 CIP 数据核字（2023）第 239898 号

中国人事出版社出版发行

（北京市惠新东街 1 号　邮政编码：100029）

*

保定市中画美凯印刷有限公司印刷装订　　新华书店经销

787 毫米 ×1092 毫米　16 开本　24.25 印张　364 千字

2024 年 3 月第 1 版　　2024 年 3 月第 1 次印刷

定价：64.00 元

营销中心电话：400-606-6496

出版社网址：https://www.class.com.cn

本书编委会

出版说明

当今世界正经历百年未有之大变局，我国正处于实现中华民族伟大复兴关键时期。在全球经济低迷，我国加快形成以国内大循环为主体、国内国际双循环相互促进的新发展格局背景下，数字经济发挥着提振经济的重要作用。党的十九届五中全会提出，要发展战略性新兴产业，推动互联网、大数据、人工智能等同各产业深度融合，推动先进制造业集群发展，构建一批各具特色、优势互补、结构合理的战略性新兴产业增长引擎。党的二十大提出，加快发展数字经济，促进数字经济和实体经济深度融合，打造具有国际竞争力的数字产业集群。“十四五”期间，数字经济将继续快速发展、全面发力，成为我国推动高质量发展的核心动力。

近年来，人工智能、物联网、大数据、云计算、数字化管理、智能制造、工业互联网、虚拟现实、区块链、集成电路等数字技术领域新职业不断涌现，这些新职业从业人员通过不断学习与探索，将推动科技创新、释放巨大能量，推动人们生产生活方式智能化、智慧化、数字化，推动传统产业转型升级，为经济高质量发展注入强劲活力。我国在技术、消费与应用领域具备数字经济创新领先优势，但还存在数字技术人才供给缺口较大、关键核心技术领域自主创新能力不足、数字经济与实体经济融合的深度和广度不够等问题。发展数字经济，推进数字产业化和产业数字化，推动数字经济和实体经济深度融合，急需培育壮大数字技术工程师队伍。

人力资源社会保障部会同有关行业主管部门陆续制定颁布数字技术领域国家职业标准，坚持以职业活动为导向、以专业能力为核心，遵循人才成长规律，对从业人员的理论知识和专业能力提出综合性引导性培养标准，为加快培育数字技术人才提供基本依据。根据《人力资源社会保障部办公厅关于加强新职业培训工作的通知》（人社厅发〔2021〕28号）要求，为提高新职业培训的针对性、有效性，进一步发挥新职业培训促进更好就业的作用，人力资源社会保障部专业技术人员管理司组织相关领域的专家学者编写了全国专业技术人员新职业培训教程，供相关领域开展新职业培训使用。

本系列教程依据相应国家职业标准和培训大纲编写，划分初级、中级、高级三个等级，有的职业划分若干职业方向。教程紧贴数字技术人员职业活动特点，定位于全国平均水平，且是相关数字技术人员经过继续教育或岗位实践能够达到的水平，突出该职业领域的核心理论知识、主流技术及未来发展要求，为教学活动和培训考核提供规范和引导，将帮助广大有意或正在从事数字技术职业的人员改善知识结构、掌握数字技术、提升创新能力。

希望本系列教程的出版，能够在加强数字技术人才队伍建设、推动数字经济快速发展中发挥支持作用。

目　录

第一章 智能制造系统集成

智能制造是一个庞大、复杂的系统工程，包括工业网络、自动化控制、生产运营管理、供应链、客户服务、战略决策支持等子系统，可称之为“系统之系统”。通过系统集成技术，充分实现各子系统间的数据、资源、知识共享，业务活动无缝衔接，上下游企业协同工作，是智能制造的核心理念。

本章分为五节，第一节概述了工业企业对智能制造系统集成的总体需求、集成的基本原则和一般性实施过程；第二节阐述了智能制造集成系统的层次架构、系统组成和集成机制；第三节阐述了实现系统集成的方法，包括信息集成方法、应用集成方法、过程集成方法和工业互联网平台集成方法；第四节为系统集成技术，包括 OT（控制系统）、IT（信息系统）融合技术和软件集成技术；第五节为实验，包括智能制造工业软件系统集成和 MES 与智能生产线的集成。

- **职业功能：**智能制造共性技术运用。
- **工作内容：**选择和使用工业软件及仿真技术、运用智能制造体系架构构建方法和质量管理、精益生产管理方法。
- **专业能力要求：**能按照智能制造体系的要求进行智能制造子系统级的建设与集成；能运用质量管理、精益生产管理等方法进行智能制造子系统级的管理与运行。
- **相关知识要求：**国家智能制造标准体系；质量管理、精益生产管理方法；智能制造系统集成技术，包括软件、硬件集成，不同模式的集成方法等。

第一节　概　　述

考核知识点及能力要求：

- 熟悉工业企业业务流程集成架构。
- 掌握工业企业对集成系统的总体需求和目标。
- 能应用项目实施方法开展系统集成项目的实施。

一、智能制造系统架构

智能制造是基于先进制造技术与新一代信息技术深度融合，贯穿于设计、生产、管理、服务等产品全生命周期，具有自感知、自决策、自执行、自适应、自学习等特征，旨在提高制造业质量、效率、效益和柔性的先进生产方式。智能制造系统架构从生命周期、系统层级和智能特征 3 个维度对智能制造所涉及的要素、装备、活动等内容进行描述，主要用于明确智能制造的标准化对象和范围，如图 1–1 所示。

1. 生命周期

生命周期涵盖从产品原型研发到产品回收再制造的各个阶段，包括设计、生产、物流、销售、服务等一系列相互联系的价值创造活动。生命周期的各项活动可进行迭代优化，具有可持续发展等特点，不同行业的生命周期构成和时间顺序不尽相同。

（1）设计是指根据企业的所有约束条件以及所选择的技术对需求进行实现和优化的过程。

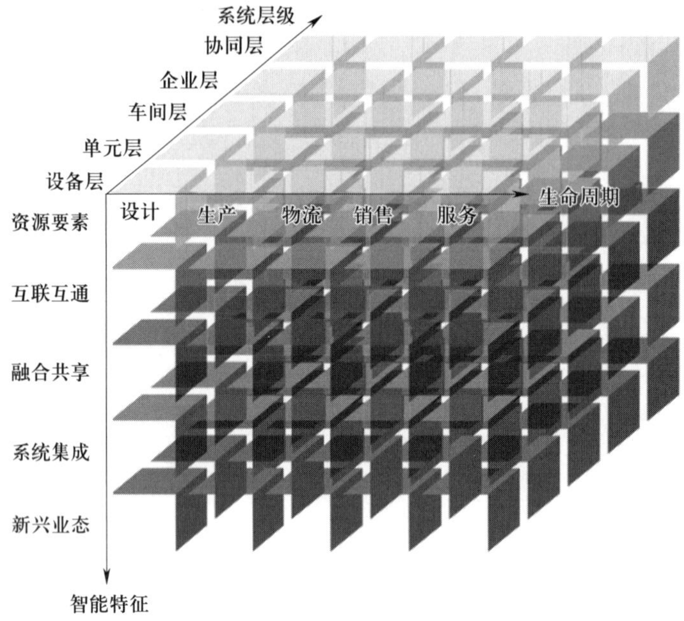

图 1–1　智能制造系统架构

（2）生产是指将物料进行加工、运送、装配、检验等活动创造产品的过程。

（3）物流是指物品从供应地向接收地的实体流动过程。

（4）销售是指产品或商品等从企业转移到客户手中的经营活动。

（5）服务是指产品提供者与客户接触过程中所产生的一系列活动的过程及其结果。

2. 系统层级

系统层级是指与企业生产活动相关的组织结构的层级划分，包括设备层、单元层、车间层、企业层和协同层。

（1）设备层是指企业利用传感器、仪器仪表、机器、装置等，实现实际物理流程并感知和操控物理流程的层级。

（2）单元层是指用于企业内处理信息、实现监测和控制物理流程的层级。

（3）车间层是实现面向工厂或车间的生产管理的层级。

（4）企业层是实现面向企业经营管理的层级。

（5）协同层是企业实现其内部和外部信息互联和共享，实现跨企业间业务协同的层级。

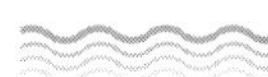

3. 智能特征

智能特征是指制造活动具有的自感知、自决策、自执行、自学习、自适应之类功能的表征，包括资源要素、互联互通、融合共享、系统集成和新兴业态5层智能化要求。

（1）资源要素是指企业从事生产时所需要使用的资源或工具及其数字化模型所在的层级。

（2）互联互通是指通过有线或无线网络、通信协议与接口，实现资源要素之间的数据传递与参数语义交换的层级。

（3）融合共享是指在互联互通的基础上，利用云计算、大数据等新一代信息通信技术，实现信息协同共享的层级。

（4）系统集成是指企业实现智能制造过程中的装备、生产单元、生产线、数字化车间、智能工厂之间，以及智能制造系统之间的数据交换和功能互联的层级。

（5）新兴业态是指基于物理空间不同层级资源要素和数字空间集成与融合的数据、模型及系统，建立的涵盖了认知、诊断、预测及决策等功能，且支持虚实迭代优化的层级。

二、智能制造系统集成的总体需求

智能制造系统集成主要是实现车间与工厂、工厂与企业之间以及不同层次、不同类型的设备与系统间、系统与系统间的网络连接，并实现数据在不同层级、不同设备、不同系统间的传输，最终达到各类产品信息、生产信息、管理信息和系统信息等的互联互通和系统间互操作，支撑智能制造持续运营的各类业务流程的实现和优化的技术过程。

智能制造系统集成的关键要素如下：

（1）网络互联：实现连续的、相互连接的计算机网络、设备网络、生产物联/物流网络及工厂网络。

（2）数据通信：在系统架构定义和网络互联的基础上，按照数据通信协议要求，定义数据类型和格式，实现从车间层到工厂层、集团层双边的传输、存储等。

（3）信息互通：定义系统间消息传输和内容解析，并基于数据通信实现系统间信息交互。

（4）集成优化与闭环操作：实现信息空间与物理空间之间基于数据自动流动的信息感知、实时分析、科学决策、优化执行的闭环体系。

工业企业智能制造系统集成应在网络互联互通的基础上，围绕价值链，实现业务的信息互通和流程集成。企业的网络架构可采用多种方式，如星形、环形、总线型等，典型的网络架构如图 1–2 所示。

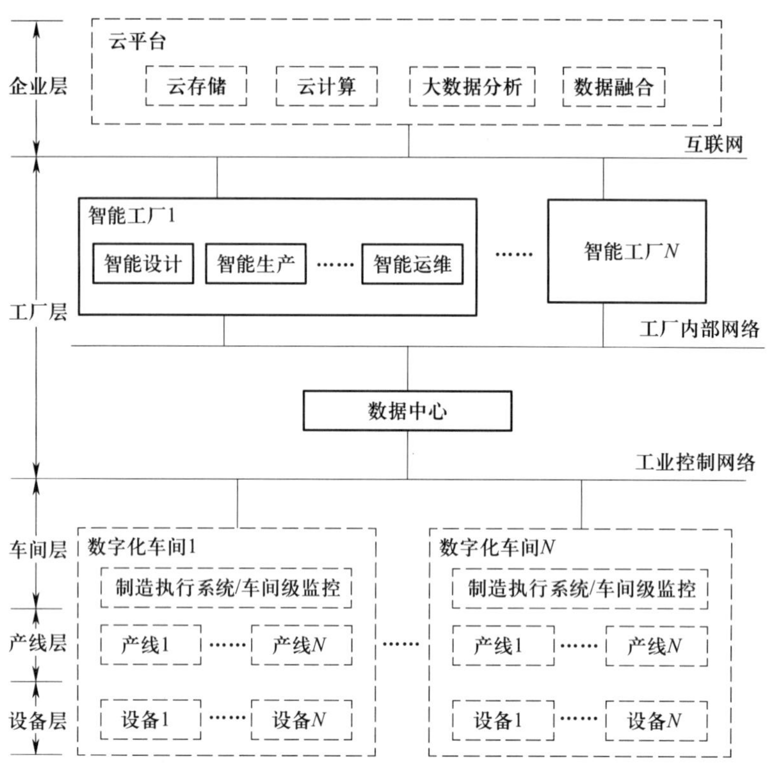

图 1–2　典型的网络架构

工业企业业务流程应以核心业务活动为主体，管控业务活动与支撑业务活动为两翼，以价值链增值为目标。企业业务流程的组成与集成框架如图 1–3 所示。核心业务系统提供实际生产数据，作为生产经营计划执行情况的反馈，为绩效考核提供依据；支撑业务系统提供设备、物资和人员的信息，为核心业务系统提供基础信息；管控业务的数据来源于核心业务系统和支撑业务系统，对内支撑企业战略决策、预算、绩效考核，向外提供生产作业计划信息、物料需求计划信息以及能源需求计划信息等。

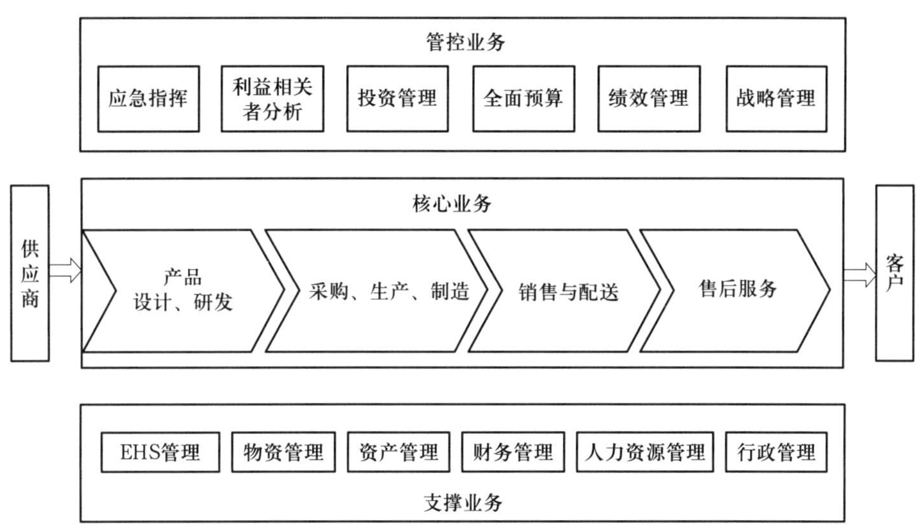

图 1–3　企业业务流程的组成与集成框架

1. 工业企业核心业务对集成系统的需求

核心业务系统的主要功能包括：产品研发管理、供应链管理、销售管理、生产制造管理、售后服务等。

（1）产品研发管理由产品生命周期管理（product lifecycle management，PLM）系统进行产品设计数据、项目工作流程的统一协同管理，主要由 CAD、CAM、CAE 等计算机辅助设计软件，以及产品结构管理、变更管理、文档管理、项目管理等模块组成。PLM 将把产品设计数据传递给企业资源计划（enterprise resource planning，ERP），并接收来自 ERP、采购管理、售后服务等系统的产品关联数据，完成产品数据的集成与全生命周期管理。

（2）供应链管理（supply chain management，SCM）就是使供应链运作达到最优化，以最低的成本，使供应链从采购开始，到满足最终客户的所有过程，包括工作流、实物流、资金流和信息流等，均能高效率地操作。SCM 包括供应商管理、采购管理、库存管理、分销管理、配送管理等模块。供应链数据需与 ERP、PLM、制造执行系统、售后服务进行集成，整合和优化供应链中的信息流、物流、资金流，以获得企业的竞争优势。

（3）销售管理应以销售订单为核心管理整个销售业务，包括客户档案管理、销售报价、销售计划、销售订单及执行情况等一系列销售管理事务。这些事务帮助企业及时掌握市场需求、产品订货、销售和获利情况，并追踪客户的来款情况、拖欠款情况，及时地提供客户的信用信息，进行账龄分析和估算坏账损失，为企业的生产经营提供及时准确的市场信息。在实施了 ERP 的企业中，销售管理是 ERP 的一个模块。订单和市场预测是企业制订生产计划、原材料采购计划的重要依据。

（4）生产制造管理由制造执行系统（manufacturing execution system，MES）负责，包括生产排程、生产执行管理、数据采集监控、质量管理、设备管理等功能。MES 通过双向的直接通信，在企业内部和整个产品供应链中提供有关产品活动的关键信息。MES 是 ERP 与设备控制之间承上启下的“信息枢纽”，在 ERP 系统产生的长期计划的指导下，MES 根据底层控制系统采集的与生产有关的实时数据，进行短期生产作业的计划调度、监控、资源配置和生产过程的优化等工作。MES 在整个企业信息化集成系统中承上启下，是生产活动与管理活动信息沟通的桥梁。MES 对企业生产计划进行“再计划”，“指令”生产设备“协同”或“同步”动作，对产品生产过程进行及时的响应，对生产过程进行及时调整、更改或干预等处理。

（5）售后服务一般由客户关系管理（customer relationship management，CRM）系统完成。CRM 以客户数据的管理为核心，记录企业在市场营销过程中和客户发生的各种交互行为，以及各类有关活动的状态，提供各类数据模型，为后期的分析和决策提供支持。CRM 包括客户信息管理、营销活动管理、客户服务管理、沟通管理等功能。通过系统集成，PLM 向 CRM 传递产品使用手册、产品参数配置、运维手册、故障诊断方案等信息，便于 CRM 及时为客户提供服务；CRM 向 PLM 反馈客户使用情况、故障等信息，便于产品设计团队优化产品，为新产品开发提供市场需求信息。

2. 工业企业支撑业务对集成系统的需求

支撑业务一般包括物资管理、人力资源管理、财务管理、安全管理等。支撑业务一般集成在 ERP 系统中实现。

（1）物资管理：对企业所需物资的采购、使用、储备等行为进行计划、组织和控制。物资管理应包括物资计划制订、物资采购、物资使用和物资储备等功能，以降低企业生产成本，加速资金周转。

（2）人力资源管理：提供人才信息的档案管理、人力需求计划、人员培训管理、考勤管理和薪酬管理等功能，让企业各管理层掌握企业的人才组成、培训状况及薪酬情况。

（3）财务管理：作为 ERP 系统中的一部分，它和系统的其他模块有相应的接口，能够相互集成，例如，它可将由生产活动、采购活动输入的信息自动计入财务模块生成总账、会计报表。一般的 ERP 软件的财务部分分为会计核算与财务管理两大块。会计核算的功能主要是记录、核算、反映和分析资金在企业经济活动中的变动过程及其结果；财务管理的功能主要是基于会计核算的数据，再加以分析，从而进行相应的预测、管理和控制活动。它侧重于财务计划、控制、分析和预测。

（4）安全管理：安全管理应对生产过程中的安全状态或重大危险源的动态监控，针对发现的问题进行记录和跟踪，建立健康、安全、环境（HSE）管理工作流程，满足 HSE 管理的要求。

3. 工业企业管控业务对集成系统的需求

管控业务一般包括生产经营目标与计划、绩效管理、决策支持、应急管理等。通常管控业务集成在 ERP 中实现，也可根据企业实际建立独立的管控系统，如商务智能分析（business intelligent，BI）系统。

（1）生产经营目标与计划：应根据企业战略目标，制定具体的年、季、月度经营目标，并对目标进行分解，设定集团内各子公司、部门、工厂、车间的目标。以此为依据，提供年、季、月或更短周期的生产计划、销售计划、需求计划等，并实现计划的跟踪、调整。

（2）绩效管理：应提供建立企业考核指标体系，通过对组织内部流程的输入端、输出端的关键参数进行设置、取样、计算、分析，对流程绩效进行量化管理和分析。绩效管理应围绕“进度和效率”建立企业考核指标体系，涉及能力、效率、单耗、成分、使用寿命、环保等多方面指标，并收集计算指标数据，帮助企业实现组织结构的集成化，提高企业的效率，精简不必要的机构、流程和系统。绩效管理是把企业的战略目标分解为可操作的工作目标的工具。

（3）决策支持：应提供与决策有关的内部信息，收集、管理并提供各项决策方案执行情况的反馈信息，运用一定的模型与方法对数据进行加工、汇总、分析、预测，得出所需的综合信息与预测信息，提供以核心业务系统价值链为主的企业综合业务分析。决策支持系统以数据仓库为依托，通过收集核心业务系统和其他业务系统有关数据和信息，经过加工整理，以直观的方式为企业决策管理层提供信息（包括各种计划执行情况、库存状况、生产状况、经营状况等分析），为决策者全面掌握企业生产经营情况并进行决策提供科学依据。

（4）应急管理：提供应急预案的制定、修订、审核、发布、变更、查找等功能，实现应急预案及整改措施的执行和监督，对应急救援指挥工作提供辅助决策支持。

三、系统集成项目的实施方法

系统集成项目的实施包括集成需求调研与分析、集成方案设计、集成系统部署和集成系统运行维护 4 个阶段，如图 1–4 所示。

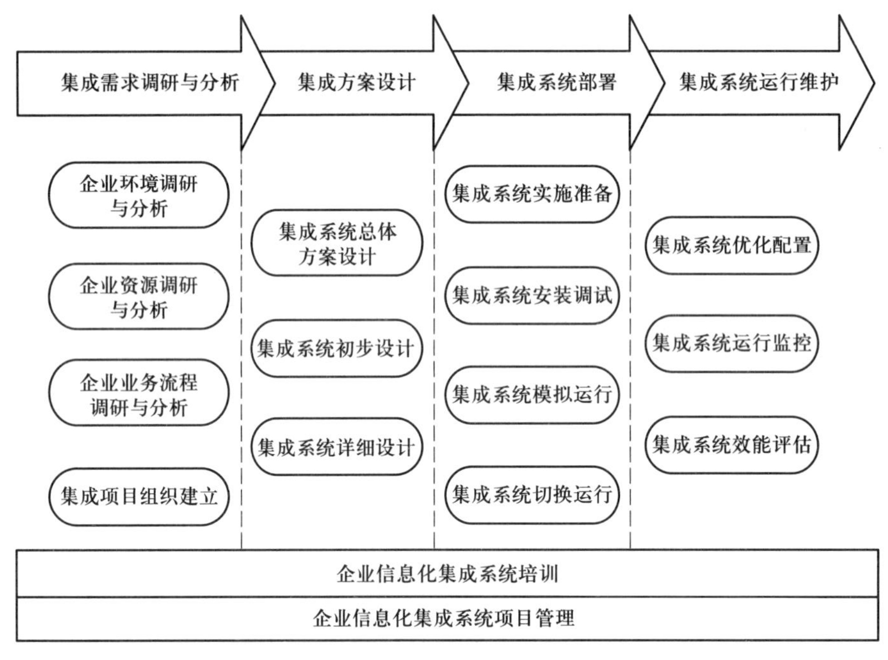

图 1–4　企业信息化系统集成项目实施

1. 集成需求调研与分析

该阶段的主要任务是从企业的战略目标及内外现实环境出发，分析企业对集成的需求，确定集成项目的总体目标和主要功能，拟订系统的初步总体方案，从技术、经

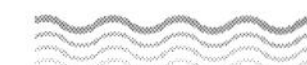

济和社会等诸多方面论证集成项目的可行性，制订初步开发计划，并编写需求分析报告和可行性论证报告。该阶段主要工作内容包括：

（1）企业环境调研与分析：掌握企业的市场环境、经营特点、经营目标及采取的策略。

（2）企业资源调研与分析：调查分析企业物流、信息流、资金流、生产设备和计算机资源的情况，以及各种资源的应用情况、组织机构和人员情况。

（3）企业业务流程调研与分析：调研企业业务流程，分析业务流程中的各种集成场景，抽取出企业集成需求。

（4）集成项目组织建立：提出集成项目开发组织计划，确定项目的初步总体方案和技术路线并对集成项目进行投资规划和效益分析。保证项目的实施在资金、人员、组织机构等方面的可行性。

2. 集成方案设计

集成方案设计是在项目需求分析的基础上，进一步明确项目的需求和目标，提出集成系统的总体方案，建立系统的功能模型、信息模型，使最终得到的系统设计方案达到可以直接指导系统开发与实施的程度。该阶段的主要工作内容包括：

（1）集成系统总体方案设计：在需求分析的基础上进一步明确项目的目标，确定集成系统的总体结构，给出系统的构成、应用系统的层次结构和信息系统之间的集成关系，提出先进的技术方案，最终形成集成系统总体设计方案。

（2）集成系统初步设计：集成系统的初步设计是在总体方案的基础上，进一步明确系统的功能及技术性能指标，建立系统的功能模型，确定系统内的实体和联系，绘制系统的信息模型，确定系统的内外接口，对系统的重要软硬件进行选型，提出具体的实施计划和拟采用的技术路线，最终形成系统初步设计文档。

（3）集成系统详细设计：集成系统详细设计是初步设计的继续。其目的是通过细化和完善初步设计产生的系统方案，产生系统更详细、更确切的功能模型、信息模型。对于自行开发的子系统，应给出该系统的数据字典、类图、对象图、模块图、处理图等详细的软件设计文档，最终形成系统详细设计文档。

3. 集成系统部署

该阶段主要完成集成系统运行所需的各种准备工作，完成集成系统的安装、调试和系统原型的测试，进行系统模拟运行及用户化工作，最终实现集成系统的切换运行。该阶段主要工作内容包括：

（1）实施准备：对集成系统运行所需的组织机构及人员进行配置，准备和输入一系列集成系统运行所需的基础数据，包括用户配置信息、应用运行参数、接口参数、用户界面设置等。

（2）系统安装调试：在人员、基础数据已经准备好的基础上，就可以将集成系统部署到企业中并进行一系列的调试活动，进而对集成系统的软件功能进行原型测试。检查各个数据、功能和流程之间相互的集成关系是否正确，找出不足的方面，提出解决方案，以便接下来进行系统模拟运行。

（3）系统模拟运行：在基本掌握软件功能的基础上，选择具体集成场景，将各种必要的数据输入系统，针对实际的业务，进行实战性模拟，对系统的功能和性能进行检查，针对模拟运行中出现的问题提出相应的解决方案。

（4）系统切换运行：在模拟运行通过测试后，就可以将集成系统投入试运行。在这个阶段，所有最终用户必须在自己的工作岗位上使用终端操作，并按要求输入全部数据，使系统处于真正应用状态。

4. 集成系统运行维护

当集成系统被应用到企业后，实施的工作并没有完全结束，而是将转入系统的运行监控、优化配置和后期支持阶段，以及进行集成系统效能评价。集成项目的实施不是一个一蹴而就的事情，集成系统需要在实际运行过程中不断完善和优化。由于企业业务会根据市场需求不断发生变化，以及新技术的不断产生，因此集成系统体系结构和软硬件配置都必须不断地升级，以满足新的需求。该阶段主要工作内容包括：

（1）集成系统运行监控：为了保证集成系统正确、高效地运行，必须建立运行控制系统，实时地监控集成系统的运行状态、平衡系统负载、管理系统日志，并对异常进行处理。

（2）集成系统配置与优化：在实施和运行过程中，集成系统必须根据企业业务需求的变化和企业集成环境的改变动态调整集成策略，对系统进行不断优化和配置，以

 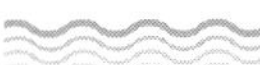

适应新的需求。

（3）集成系统效能评估：在运行维护阶段，必须对集成系统实施的结果进行效能评估，以判断是否达到了最初的目标，从而在此基础上进行改进，不断地巩固和提高。

第二节　系统架构与系统集成

考核知识点及能力要求：

- 熟悉集成系统的层次架构与系统组成。
- 熟悉智能制造各子系统的功能需求。
- 掌握智能制造系统集成技术与方法。
- 能根据企业的实际需求设计合理的智能制造系统架构。

一、系统总体层次架构

工业企业信息化集成系统的典型架构由三级构成，它们是：

H_1 级：厂级系统，包括大、中、小型生产厂，生产基地的信息化集成系统。

H_2 级：公司级系统，包括区域级公司，跨厂级联合企业，大型联合生产基地的信息化集成系统。

H_3 级：集团公司级信息化集成系统。

一个具体的工业企业信息化集成系统根据其规模与组织方式可能仅包含 H_1 级或 H_1+H_2 级或 H_1+H_3 级或 H_1+H_2+H_3 级等，通过纵向集成使各级融为一个完整的信息化集成系统。

1. H_1 级系统

工业企业信息化集成系统应包括 L_1 ~ L_5 层，如图 1–5 所示。

L_5层：战略决策层
L_4层：经营管理层
L_3层：生产执行层
L_2层：过程控制层
L_1层：现场设备层

图 1–5　工业企业信息化集成系统分层模型

H_1 级系统是 L_1 ~ L_3 层的集成，通过三层的纵向集成与横向集成实现现场设备、生产过程控制及生产执行的应用集成，构成完整的厂级信息化集成系统。

2. H_2 级系统

H_2 级系统应对分布的 H_1 级系统进行系统集成，构建公司级的信息化集成系统，包括 L_3、L_4 两层。H_2 级系统是公司管理视角下的系统层次，应通过纵向集成技术实现本级的层间信息贯通及与其他级间信息贯通，也要通过横向集成技术实现同层内不同应用系统的信息贯通。

3. H_3 级系统

H_3 级系统的重点在于 L_4、L_5 层，侧重实现战略协同与集中管控，应通过纵向、横向集成技术实现级间、层间信息的贯通。

4. 系统组成

按照工业企业业务功能需求构建起来的信息化集成系统的组成自下而上分成三大系统：生产基础自动化系统、生产执行系统和经营管理决策系统。三大系统有效集成构成了信息化集成系统。

（1）生产基础自动化系统：包括 H_1 级系统的 L_1+L_2 层，即现场生产的自动化设备及其控制系统，生产制造过程的综合监控系统或综合自动化系统。信息化集成系统核心业务的本源信息产生于此。其涵盖范围包括：适于连续制造的过程控制系统，适于离散制造的单元控制系统和适于运动控制的数据采集与监控系统以及 H_1 级的生产综合监控系统。

（2）生产执行系统：H_1 级、H_2 级的生产执行系统，包括不同的子系统功能模块。

H_1 级的生产执行系统包括与生产直接相关的子模块，典型的模块有生产计划、生产调度、生产统计、生产监控；也包括能源管理、质量管理、设备管理、生产技术管

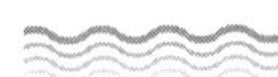

理、产品跟踪等功能模块。

H_2 级的生产执行系统包括跨厂级的公司级的生产执行、生产运营相关子系统，除上述的厂级功能外，还包括 H_1 级辅助支持子系统、运输管理子系统等。

（3）经营管理决策系统：涵盖 L_4、L_5 层经营管理和战略决策。H_2、H_3 级的经营管理系统包括内涵不同的子系统功能模块。

H_2 级典型的子系统有财务管理、物资管理、销售管理、生产计划管理、设备管理、质量管理、项目管理、人力资源管理，健康、安全与环保管理，应急指挥等。

H_3 级的经营管理决策系统是企业经营管理决策系统。除包括上述的公司级子系统外，还包括集团公司资源分析管理子系统、集团公司企业战略分析决策子系统和集团公司级其他业务子系统。

具体企业的信息化集成系统的子系统应按照该企业业务需求建立，它们以软件模块或软件子系统的形态实现。如图 1–6 所示，各个企业可根据实际需要进行功能扩展。

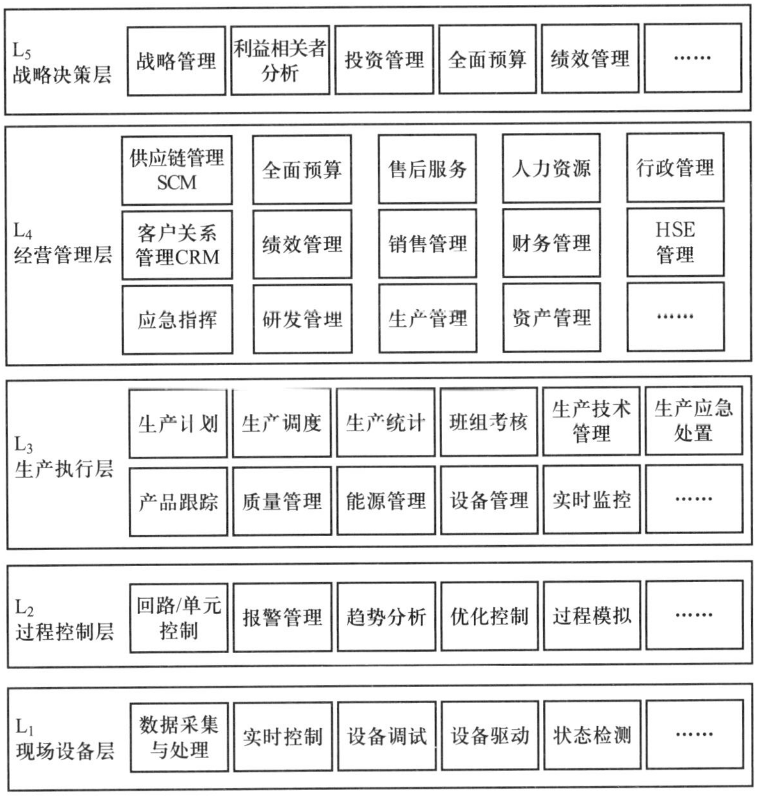

图 1–6　信息化集成系统功能图谱

二、工业企业信息集成机制

企业信息化集成系统的信息集成应从企业信息的分类、管理和集成进行描述，集成可分为横向集成与纵向集成。纵向集成是沿着企业级、层的某一种（或多种）顺序进行集成；横向集成是在企业同级、同层上的集成。构建信息化集成系统无论是纵向集成还是横向集成，都应在系统内信息交换与共享平台基础上建立信息交换的标准，严格保证信息格式的一致性以及信息转换的标准化。

1. 信息分类与管理

来自企业外部的信息和企业内部的信息，根据信息的表示方式可分为结构数据信息和非结构数据信息，根据工业企业业务结构和业务流程又可分为企业管控业务信息、企业核心业务信息和企业支撑业务信息。每类信息都包含一些具体的信息项。信息化集成系统各级、各层次对信息管理的重点和利用方式应不同。

H_3 级企业信息管理应实现集团公司关键管理职能信息的纵向、横向贯通，提高信息传递效率和准确性，保证集团总部管理意志的贯彻，需整理、汇总、抽取各分公司管理与运营数据，为集团战略决策层提供决策支持。

H_2 级企业信息管理应在 H_2 级企业统一信息规范下，根据公司管理模式要求，对公司内部运营与管理中的关键管理信息进行控制、分析、反馈，加强业务协同，优化业务组合，提供准确及时的经营与管理信息。

H_1 级企业信息管理应根据 H_2 级企业统一的信息规范，结合自身业务需求，为各类业务运营管理提供信息支持，提高业务运作效率，降低成本，按照 H_2 级企业管理要求，提供准确及时的生产与经营管理信息。

工业企业信息化集成系统对信息的基本处理过程和内容为信息采集、加工、存储、传递、利用和反馈。

工业企业信息化集成系统将本源数据采集、转换得到的信息，由系统的底层和企业外部采集至系统内，在计算机网络环境的支持下，通过数据集成服务，进行纵向集成与横向集成，构成 H_3 级、H_2 级和 H_1 级企业分层次的企业信息化集成系统。信息集成应使工业企业信息化集成系统具有开放性，建立统一应用门户支撑系统的一站式访

问应用。信息集成应支持开放标准（如 XML），支持 SOA 及 ESB 的基础架构，实现灵活的信息交互。信息集成图如图 1–7 所示。

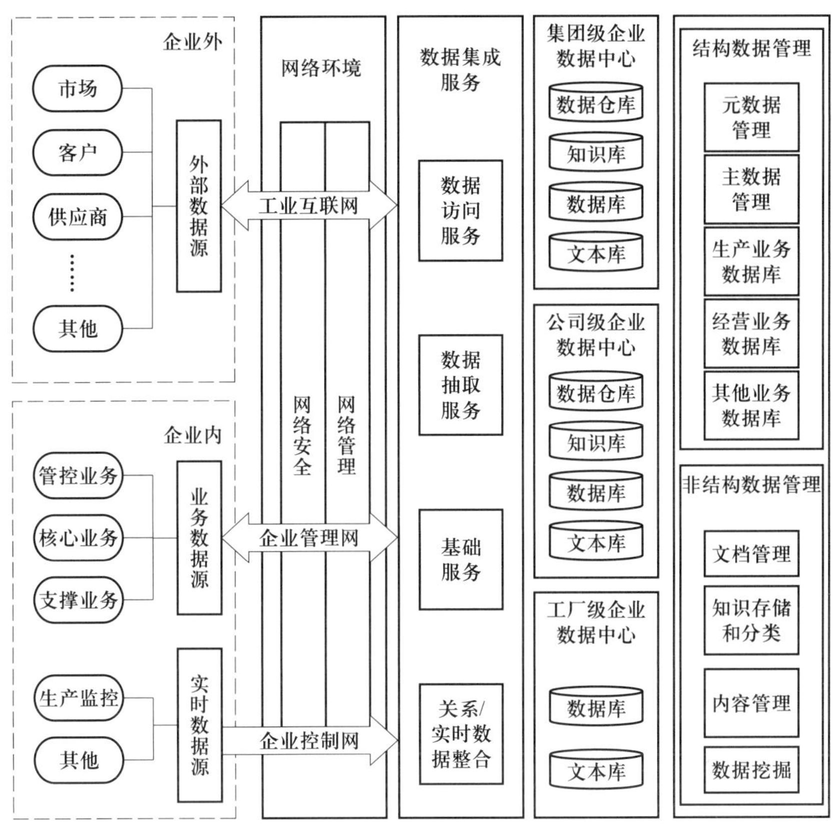

图 1–7　工业企业信息化集成系统信息集成图

2. 企业信息纵向集成

纵向信息集成主要是对各层级间相关数据的采集、处理、通信、转换，对信息的存储、表达，实现信息交换、流程调度以及共享服务，使集成系统的各层级信息安全地有机融合。纵向信息集成应保证底层数据按系统功能要求上传，保证各层的信息交换与共享平台提供对下层信息接入机制，并以标准的、可扩展的方式通过接口进行访问，实现应用需求功能。同时保证高层信息及时、准确下达。H_1、H_2、H_3 各级间和 L_1、L_2、L_3、L_4、L_5 各层间的无缝接口应通过纵向集成实现。应按照国际与国内的相关标准，做好这些级、层的接口开发与管理，将各应用层级集成为信息上下贯通的、满足性能要求的计算机集成系统。纵向信息集成应保证信息的标准化、可靠性、数据独立性与兼容性。

3. 企业信息横向集成

信息横向集成是指同层各业务子系统的信息互通与资源共享，主要包括系统间数据通信、数据转换、业务活动自动触发等。应在 H_1 级的 L_2 层，在 H_1 级、H_2 级的 L_3 层，在 H_2 级、H_3 级的 L_4 层分别构建信息交换与共享平台。信息横向集成应在各自信息交换与共享平台上进行。H_1 级 L_2 层的信息交换与共享平台称为生产制造过程的综合监控平台，此平台上的实时数据库与历史数据库存储了生产制造过程各子系统的全部信息，实现生产自动化系统的信息交换与共享。H_1 级、H_2 级 L_3 层的信息交换平台称为生产执行调度平台，此平台通过信息横向集成实现各信息化集成系统生产执行信息的交换与共享。H_2 级、H_3 级 L_4 层的信息交换平台称为经营管理平台，信息化集成系统中的数据库建在此处，通过横向集成这一级的经营管理信息充分交换并共享，同时它也是战略决策层的信息共享平台。每一信息交换与共享平台通过纵向集成技术提供对上、下层信息接入机制，并以标准的、可扩展的方式通过接口进行访问。同时通过横向集成技术，实现各业务子系统模块之间的信息交换与共享。

第三节　系统集成实现方法

考核知识点及能力要求：

- 熟悉系统集成包含的集成内容的分类、内涵与用途。
- 熟悉各类集成主要的实现方法。
- 熟悉信息集成、应用集成所常用的集成模式的特点。
- 熟悉过程集成的实现方法和步骤。

- 熟悉工业互联网集成平台的架构。
- 能应用各类型集成方法、模式根据企业需求设计集成方案。

一、信息集成实现方法

构建企业信息化集成系统的首要目的是实现信息集成，即为企业中运行的各种应用、系统或服务提供具有完整性、一致性和安全性的数据访问、信息查询及决策支持服务。其中，完整性包括业务对象本身数据完整性和不同业务对象之间约束数据完整性两个方面的含义；一致性指消除不同业务信息资源之间存在的语法或语义上的冲突；安全性指在保证数据源访问权限控制的前提下，提供对整个集成平台管理范围内的异构数据源数据的安全访问及管理。

信息集成主要为了解决不同应用和系统间的数据共享和交换需求，包括共享信息管理、共享模型管理和数据操作管理三个部分。其中，共享信息管理通过定义统一的集成服务模型和共享信息访问机制，完成对集成平台运行过程中产生数据信息的共享、分发和存储管理；共享模型管理提供数据资源配置管理、集成资源关系管理、资源运行生命周期管理及相应的业务数据协同监控管理等功能；数据操作管理为集成平台用户提供数据操作服务，包括多通道的异构模型之间的数据转换、数据映射、数据传递和数据操作等功能服务。

企业运行的业务应用系统采用的体系结构与其实现技术的标准化（规范化）程度，对信息集成的水平有非常大的影响。企业现有各种应用系统的规范化程度不高是影响企业信息集成水平的主要问题，因此，采用先进的软件体系结构和规范化的实现技术是实现良好的信息集成的基础。有些由于系统结构设计不合理的应用系统，因为没有方便的数据访问接口，为了实现不同业务应用系统间的数据交换与共享，解决业务数据的分布性和异构性问题，甚至需要公开其应用系统的数据存储和组织结构，这实在是不得已而为之的做法，这种做法不仅不方便，而且对应用系统数据的安全性和一致性带来了很大的隐患。

所谓模式，是指在某种特定的场景下，针对某类不断重复出现的问题，给出的解决方案的特征描述。模式本身并没有任何的创新性，它仅仅是对于一些已经被证明为优秀的解决方法的归类和总结，目的是使人们可以更加简单地复用成功的设计方法和系统体系结构而无须做重复的工作。

信息集成有数据联邦、数据复制和基于接口的数据集成三种模式，它们分别描述了对多个异构数据源透明、一致访问的三种实现方法，如图 1–8 所示。

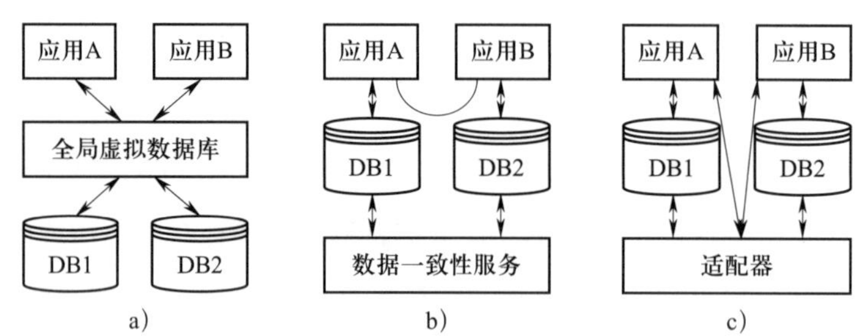

图 1–8　三种典型的数据集成模式

a）数据联邦　b）数据复制　c）基于接口的数据集成

1. 数据联邦模式

数据联邦是指不同应用共同访问一个全局虚拟数据库，通过全局虚拟数据库管理系统为不同的应用提供全局信息服务，实现不同应用和数据源之间的信息共享和数据交换。

数据联邦模式的具体实现由客户端应用、全局信息服务和若干个局部数据源三部分组成。客户端应用程序发出数据访问请求，全局信息服务对请求进行简单的分析处理，对于那些可以由客户端应用本地数据源处理的请求，直接返回处理结果；对于那些必须由全局虚拟数据库处理的访问请求，全局信息服务通过底层通信系统将请求信息发给全局虚拟数据库。全局虚拟数据库管理系统接收到请求后，进行分析处理，并访问全局数据字典及局部数据源，最后将处理结果汇总返回给客户端应用程序。

全局信息服务负责建立和维护全局数据字典，并通过同构 / 异构数据库之间的远程数据复制的管理功能，实现在全局信息模型及全局虚拟数据库管理系统基础上的分布式数据集成与管理。全局虚拟数据库相当于在多个实际的物理数据库和应用之间建立了一个中间件层，每一个实际的物理数据库用其自带的接口与该层相连，从而将分布的数据库映射为一种统一的全局信息库。全局信息模型提供一组公共的数据表示，这组数据表示可以被不同的企业应用或系统所理解。全局虚拟数据库管理系统为各种

应用系统提供对存储于不同计算节点数据库中的数据查询、读取、存储和检索等操作，还对不同应用系统的数据访问权限进行统一的管理。全局虚拟数据库是企业内各种相关业务数据的集散地，为分布在各节点的应用系统进行数据交换与共享提供一个公共通道。

数据联邦模式采用了将多个数据库和数据库模型集成为一种统一的数据库视图的方法来实现数据集成。其最大的特点在于对存储在多种异构数据库中的不同应用数据，通过全局虚拟数据库可以将其集成为一个逻辑数据库，用户可以如同访问一个数据库一样，访问保存在不同的异构数据库中的数据。数据联邦模式比较适用于对数据提取速度和实时性要求不太高的数据集成应用环境。

2. 数据复制模式

在数据复制模式中，通过底层应用数据源之间的一致性复制来实现（访问不同数据库的）不同应用之间的信息共享和互操作。

数据复制模式实现的关键是必须能够提供在两个或多个数据库系统之间实现数据转换和传输的基础结构，以屏蔽不同数据库间数据模型的差异。这个基础结构的核心是一个数据复制中间件（或代理），它的功能包括从一个应用或数据库系统中提取数据，对数据进行转换，将数据传输并导入另一个应用的数据库。在数据复制中间件完成了数据抽取、转换、传输、导入工作后，一个应用就可以在本地数据库中访问到其他应用的数据，这样就解决了数据分布和异构的问题。

在数据复制实现过程中，产生数据的源系统和使用数据的目的系统可以是同构的，也可以是异构的，它们内部的业务数据可以采用相同的，也可以采用不同的数据模型和管理模式。在采用数据抽取、转换、导入等功能的软件中间件实现数据复制过程中，关键是要保持业务数据在不同数据库间的一致性及完整性。

在数据复制模式中，源系统和目的系统完全自治，两者之间没有从属或控制关系。任何一方都不依赖于另一方的数据库存储模式，源数据端对发送哪些数据有完全的控制权，而且目的数据端对接收哪些数据也有完全的控制权。数据复制模式具有位置透明、数据透明及本地自治等特点，能够保持分布在不同节点的不同数据库系统（存储并管理相应业务数据）的相对独立性和保密性。它比较适用于对数据提取速度有一定要求，而对实时性要求不太高的数据集成应用环境中。

3. 基于接口的数据集成模式

在基于接口的数据集成模式中，不同应用系统之间利用适配器（或接口代理）提供的应用编程接口实现相互调用。应用适配器或接口代理通过其开放或私有接口将业务信息从其所封装的具体应用系统中提取出来，进而实现不同应用系统之间业务数据的共享与交换。接口调用的方式可以采用同步调用方法，也可以采用基于消息中间件的异步方法来实现。

这种集成模式通过接口抽象可以屏蔽完成数据转换的适配器的实现细节，甚至也可以屏蔽应用间的信息传输，从而方便应用之间信息交互的实现，数据集成实施人员不必掌握业务数据库的存储、组织结构等。这种基于接口抽象的数据集成方法不需要建立相应的全局数据模型，也不需要开发专门的管理工具用以保证业务数据的一致性，因此，它能够保证不同类型的应用之间数据交互的高效性，这也是面向接口集成方法的主要优势。这种方法已经在一些企业应用软件包，如 ERP 套件（SAP、People-Soft、Oracle 等）的集成中得到广泛的应用，可以说它是目前应用最广泛的集成方法。

二、应用集成实现方法

应用集成是指两个或多个应用系统根据业务逻辑的需要而进行的功能之间的相互调用和互操作。从图 1–9 所示的企业集成系统技术层次图可以看出，应用集成需要在信息集成的基础上完成。如果说底层的网络集成和信息集成分别解决了企业集成化运行所需的异构系统间语法互联和语义互通问题的话，应用集成则在它们的基础上实现了异构应用系统之间语用层次上的互操作。

从实现方法来说，应用集成最初主要采用点对点的紧耦合方式。这种集成方式虽然不需要对应用系统做较大的改动，但用这种方式集成的系统缺乏必要的柔性，不能适应业务系统快速重构的需求。随着应用软件系统设计和实现过程中标准化程度的不断提高，系统的开放性、可配置性、可扩展性越来越好，组件化的系统实现及松散

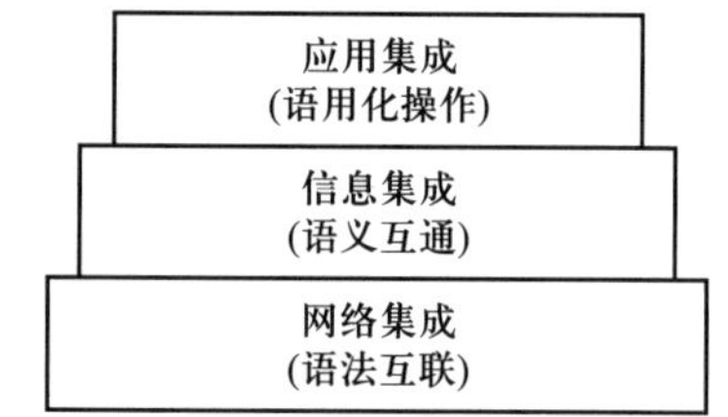

图 1–9　企业集成系统技术层次

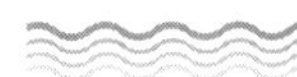

耦合（它是实现系统柔性的基础）的应用集成方式逐渐成为构建企业业务处理系统的主流。用松散耦合的集成方式不但能够提高信息系统的柔性，而且在对原有应用系统修改很小，甚至不需要修改的情况下就可以实现不同应用系统之间的集成。

应用集成模式包括适配器集成模式、消息集成模式、面板集成模式、代理集成模式四种，每种应用集成模式都是对具有业务功能依赖关系的多个应用之间互操作实现方法的总结。在具体应用中，集成模式可能以某种变形的形式出现，这些变形可能不仅仅只是一种模式的实例化，而可能是一种具有广泛适用性的集成方式。

1. 适配器集成模式

在应用集成技术发展的初期，广泛采用在需要交互的系统之间加入适配器（adapter）的解决方案来实现企业原有应用系统与新实施系统之间的互操作。在应用系统提供的应用程序编程接口（application programming interface，API）的基础上（在应用系统没有提供 API 的情况下，可以在其数据库表结构已知的条件下直接完成对其数据库的写入与读出），通过适配器完成不同系统间数据格式及访问方式的转换与映射，进而实现不同系统之间业务功能及业务数据的集成。

从原理上看，适配器集成模式与面向对象设计方法中的适配器设计模式是一样的，即将已有的遗留应用（服务器端）的接口转换成一种客户端可以访问的接口形式。当遗留系统需要与其他应用系统进行集成时，就可以直接利用相应适配器提供的接口来完成。图 1–10 给出了适配器集成模式的图示化表达。这种集成模式包括一个或多个客户端应用、实现接口转换的集成适配器和服务器端应用（企业遗留系统）三部分。集成适配器将服务器端应用（遗留系统）自定义的接口映射为一个开放的、可重用的接口，以方便一个或多个客户端应用的访问，而客户端应用通过集成适配器提供的接口来完成对服务器端应用（遗留系统）的访问。

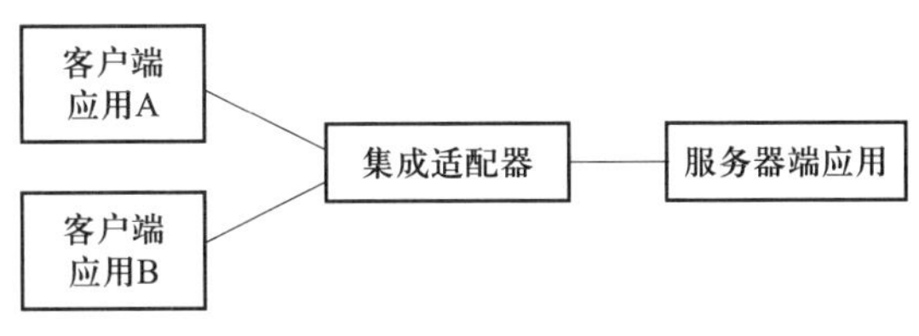

图 1–10　适配器集成模式

在适配器集成模式中，从服务器端应用的专用编程接口转换得到的通用应用编程接口是公开的，适配器并不需要知道客户端应用具体在什么位置，服务器端应用也不用知道适配器的具体运行方式和所处的位置。在集成适配器的具体实现过程中，并不需要对遗留系统做任何的修改，但在将适配器嵌入服务器端应用时需要对服务器端应用做某些修改。显然，适配器集成模式是一种与应用系统直接绑定在一起，实现单向访问的点对点集成方式。

在实际应用中，适配器集成模式主要采用封装器和信使适配器两种方式实现，它们分别应用于同步集成和异步集成两种情况。其中，应用封装模式通过一种公共访问接口对外发布其封装应用所提供的服务，其他应用通过这个公共访问接口实现对被封装应用的访问。如图 1–11a 所示，应用封装器为遗留的客户账目管理系统提供了一种方便的访问接口，通过它，批发订单系统和在线客户账目系统可以完成对客户账目管理系统的访问。信使适配器主要用来实现异步集成，信使适配器与封装器很类似，但它公开的是一个符合信使要求的接口，信使是一个具有智能性的中介，它为实现不同应用间的交互完成相应消息流的传递。在基于信使适配器的集成系统中，一个信使可以具有多个适用于不同应用系统的适配器，每个信使适配器都符合相应的信使接口规范，并完成信使接口到服务器端应用的应用编程接口间的转换，如图 1–11b 所示。

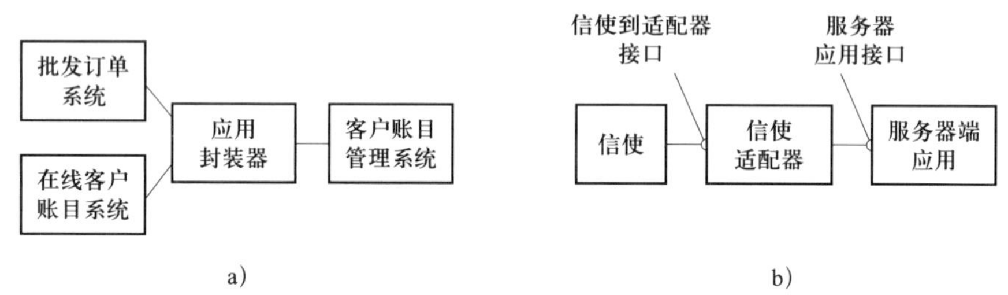

图 1–11　适配器集成模式的两种方式

2. 消息集成模式

随着企业中业务应用系统个数的增多，应用系统间的接口问题变得越来越复杂，为了更灵活地实现应用系统间点对点集成问题，提出了如图 1–12 所示的基于消息的集成结构。在这种集成结构中，系统之间的通信和数据交换通过信使（消息代理）来

实现，每个应用只需要建立与集成信使之间的接口连接，就可实现与所有通过集成信使相连的应用系统间的交互。这种结构大大减少了接口连接数量，同时由于采用了信使（消息代理）作为信息交流的中介，可以将应用之间的交互对通信服务能力的依赖程度降到最低。另外，当某一系统发生改变时，只需要改变信使中相应的部分，从而降低了系统维护工作量和系统升级的难度。

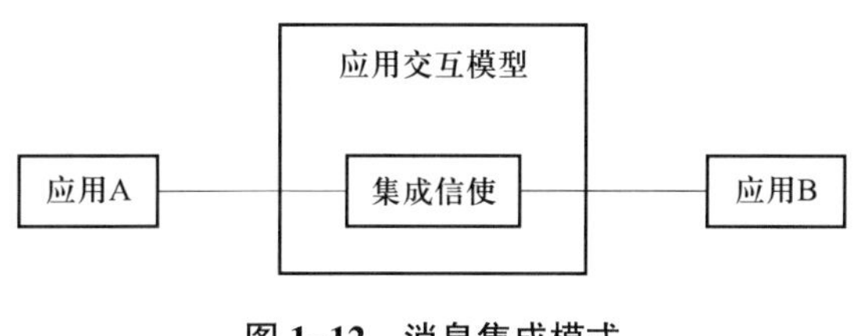

图 1–12　消息集成模式

在消息集成模式下，由应用系统自己完成应用交互逻辑的定义和实现，集成信使只负责在不同应用之间传递符合一定形式语法的消息，而对其中的应用集成语义不负责进行解释。在具体的实现过程中，这种模式可以采用以下三种通信模型实现应用间的信息交互。

（1）一对一同步集成（请求 / 应答）模型。在这个模型中包括一个客户端应用和一个服务器端应用，当客户端应用向服务器端应用发出请求后，客户端应用处于等待状态直到服务器端应用返回应答。

（2）一对一异步集成（消息队列）模型。在这种模型中同样包含一个客户端及一个服务器端应用，但与一对一同步集成模型的区别是，客户端应用在发出请求后继续进行其相应的运算或业务功能的执行，在得到服务器端返回的应答时暂停其正在执行的计算过程，对应答进行相应的响应。

（3）一对多异步集成（发布与订阅）模型。这种模型与一对一异步集成模型不同的是它包含多个服务器端应用，当客户端应用发送一条消息时，所有订阅该消息的服务器端应用都将收到该消息的副本。

虽然所采用的通信模型不同，但是上述三种情况的实现意图都在完成应用交互所需要的通信的情况下，尽量减小应用对通信的依赖性。集成信使模式中包括需要集成的应用和集成信使两部分，集成信使为应用提供透明的定位服务，并负责在不同应用间传递消息。显然，作为一个逻辑实体的集成信使，在物理上一般分布于不同的计算机节点中。

上面介绍的三种通信模型与应用间的远程方法调用、消息队列、发布与订阅三种应用交互模型相对应，应用交互模型描述了应用间的交互形式。远程方法调用一般通过同步代理来完成，它为需要交互的应用或组件提供同步的一对一通信，适合于耦合程度相对比较高的应用交互场景，目前，这种方法广泛应用于 n 层结构的应用系统中。消息队列为需要进行一对一交互的应用提供了异步通信方式，通过消息队列为应用提供有一定质量保证的消息传递服务。发布与订阅是一种支持一对多交互的应用交互模型，多个订阅者（应用）可以订阅同一个应用发布的消息或事件。在发布与订阅这种在松散耦合通信结构支持下实现的集成环境中，进行交互的应用无须知道对方的位置，甚至也不需要知道对方是否处于激活状态。

下面以一个例子来说明消息集成模式的应用方法。假设一个企业开发了一个在线订购应用系统，其功能的实现需要客户账号信息和订单处理服务的支持。客户账号信息由客户账号信息管理系统进行管理，客户账号信息管理系统通过定制的消息服务（基于 Socket 接口）为其客户应用提供相应的信息。订单处理系统提供订单处理服务，其客户端应用同样可以通过定制的应用消息协议及 Socket 接口获得其所需的信息。用户通过基于 Web 的在线订购应用进行产品或服务订单的填写，这个客户端应用通过与账号信息管理系统和订单处理系统的交互来完成订单的处理过程。图 1–13a 给出了一种客户端应用和后端服务点对点的集成方法。这种实现方法有比较大的局限性，首先是客户端应用（在线订购处理应用）必须预先知道后端服务应用所处的位置，另外，

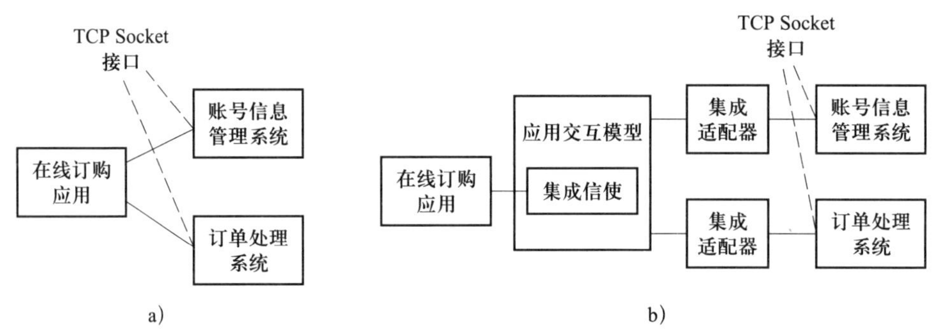

图 1–13　简单的点对点集成与消息集成模式的比较

a）简单的点对点集成　b）消息集成

客户端应用必须实现Socket接口的编码及定制的应用消息协议才能访问在服务器端应用（账户信息管理系统和订单处理系统）提供的接口服务。这种需要客户应用和服务器紧密绑定的集成方式大大降低了系统的柔性。

为了提高系统的柔性，可以采用消息集成与集成适配器的复合模式进行应用集成，如图1–13b所示。利用集成适配器，完成账号信息管理系统和订单处理系统自定义应用编程接口到信使能够理解的通用接口形式的转换。通过集成信使与每个服务器端应用的集成适配器的集成，为客户端应用和服务器端应用的集成提供中介服务。通过集成信使来实现客户端应用和服务器端应用之间紧密依赖关系的解耦，服务器端应用的维护与升级对于客户应用来说是透明的，而且客户端应用不再关心底层的通信及消息协议，这样一种松耦合的集成方式可以在最大限度上提高集成系统的柔性。

3. 面板集成模式

面板集成模式和面向对象软件设计方法中的面板模式很相似，它是一种从应用交互实现的层面来描述客户端应用和服务器端应用集成的方法。图1–14给出了面板集成模式框架图。集成面板可以为一对多、多对一、多对多等多种应用提供集成接口，在这种模式中包含有一个或多个客户端应用、一个集成面板、一个或多个服务器端应用。集成面板通过对服务器端应用功能的抽象和简化，为客户端应用访问与调用服务器端应用提供了一种简化的公共接口。集成面板在得到客户端应用服务请求后，将客户端的服务请求转换成服务器端应用能理解的形式，并将该请求提交给服务器端应用。

集成面板为客户端应用提供了一种抽象和简化的公共接口，基于该接口可以方便地实现客户端应用与服务器端应用的交互。这种集成模式降低了应用间交互的复杂性，降低了客户端应用和服务器端应用之间的耦合度，从而提高了应用和应用集成服务的柔性，提高了应用系统的可重用能力。与适配器集成模式类似，面板集成模式的基础是单向交互的客户/服务器模型。在这种单向访问的模式中，集成面板无须知道客户端应用的具体细节和状态，服务器端应用也无须了解集成面板

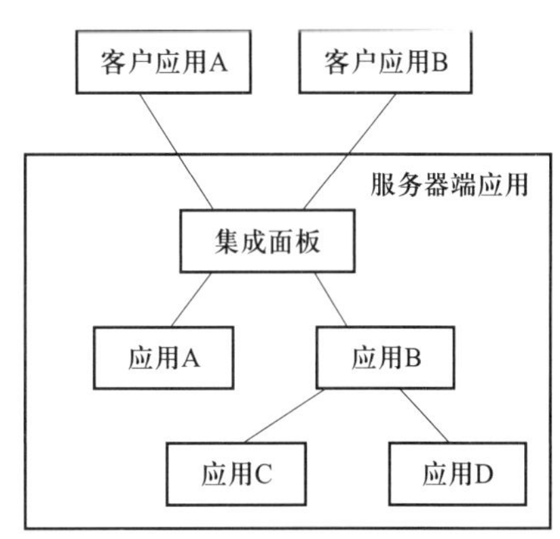

图1–14　面板集成模式

的具体细节和状态。面板集成模式与适配器集成模式的区别是它为客户端应用提供的是一组服务器端应用功能（包含不同应用功能之间的逻辑关系）的通用接口，也就是说，在集成面板中除包含多个服务器端应用的功能外，还包含了这些应用间的逻辑关系，如不同应用协同完成客户端应用请求的处理逻辑。

下面用一个例子来说明面板集成模式在企业集成中的应用方式。企业中不同的业务应用采用不同供应商的信息系统是常见的情况。以一家电信服务公司的应用为例，假设该公司的两个主要业务分别是为用户提供 Internet 接入服务和声讯服务，其 Internet 接入服务业务采用的是基于组件的应用系统作为其信息系统，而声讯服务业务的信息系统是企业的遗留系统，这两种业务的相关业务信息存储在两类不同的应用系统中。该公司的客户可能会同时申请这两种服务，因而一个客户服务请求可能需要同时访问这两个系统。图 1–15a 给出了一种基于点对点的客户端应用与后台服务（声讯服务请求处理系统和 Internet 接入服务处理系统）的系统集成方式。这种强耦合的点对点集成方式不具有共享公共功能的能力，例如，虽然订单处理系统中实现了服务获取功能，但这个功能并不能被其他应用使用，当企业增加了一个新的应用（如一个基于 Web 的订单处理系统）时，如果该应用需要服务获取功能，它并不能重用订单处理系统中实现的服务获取功能，而需要重新编制服务获取功能模块，这样显然降低了系统的可重用水平。而且，改变上述支持企业业务的服务支持系统中的任何一个，所有访问这个应用的客户端系统都要随之进行修改，这样显然降低了基础业务和系统架构的柔性。在基于面板集成模式的应用系统集成方式中，集成面板作为客户端系统和两种后端服务支持系统之间的中介，通过提供服务获取功能的集成化视图，为客户端应用获取两种后端服务提供了一种简化的接口方式，如图 1–15b 所示。

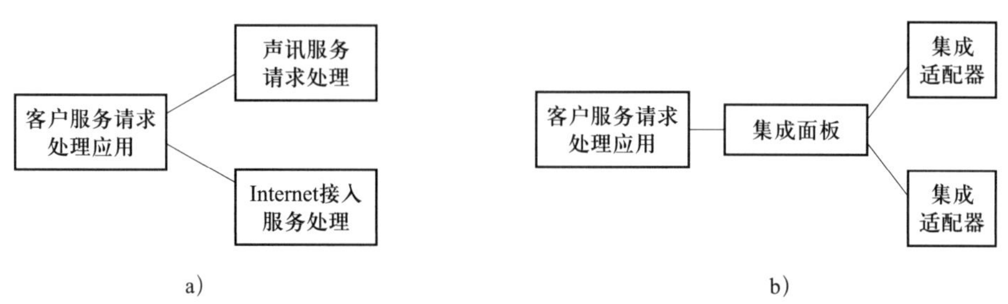

图 1–15　简单的点对点集成与面板集成模式的比较

业务服务面板和活动服务面板是企业应用集成中广泛使用的两种集成面板。其中，业务服务面板的作用是实现客户端应用（界面层）与服务器端系统（功能实现）的分离，实现多个客户端应用以一种通用接口对服务器端系统的访问。活动服务面板是将应用系统间的交互行为抽象为一个活动，它为过程执行控制器（实现过程活动执行顺序导航的程序）提供基于请求的服务。活动服务面板发布的接口格式需要符合过程控制器对活动接口定义的要求。采用这种方式的好处是实现了过程控制器与供应商提供的应用实现的分离，在应用实现功能发生变化（只要接口不发生变化）时，过程控制器几乎不受影响。

4. 代理集成模式

面板集成模式实现了服务器端应用交互逻辑的分离，在代理集成模式中，由于不存在很明显的客户端应用和服务器端应用的划分，它仅需要将待集成的应用间的交互逻辑从应用中分离出来，并对应用间的交互逻辑进行封装，进而由集成代理来引导多个应用之间的交互。采用这种集成方式的主要好处在于：

（1）对遗留应用的依赖及影响最小。

（2）由于交互逻辑以集中的方式表达，而不是分布在需要集成的应用中，所以采用这种方式进行集成后形成的集成系统比较容易维护。

（3）根据封装的应用交互逻辑可以很方便地创建可重用应用服务。与消息集成模式相比较，集成代理知道应用的具体位置及功能属性。图 1–16 给出了代理集成模式的图形化描述。代理集成模式包括集成代理和需要集成到一起的应用组成的集合，在这种集成模式中淡化了客户和服务器的概念。由于集成代理中已经包含了应用交互逻辑，因此，需要集成的应用直接通过集成代理进行交互，而不采用客户 / 服务器的模式来完成。

下面用一个例子来说明代理集成模式在企业集成中的应用方式。假设某个声讯服务提供商需要在已有的声讯服务系统（包含基于 Web 的订单提交系统和订单处理系统）中增加接受和处理无线服务订单的功能，进而为用户提供一个一致的集成化订单处理服

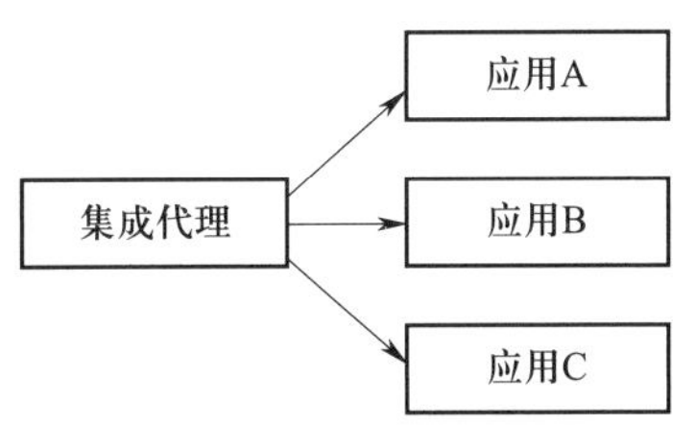

图 1–16　代理集成模式

务系统。为了完成新增加的无线业务，它需要得到另一个无线电信服务提供商的支持。无线服务提供商已经有了自己的订单处理系统与无线服务业务支持系统。在这种情况下，实现这两种应用系统（声讯服务提供商的订单提交及处理系统、无线服务提供商的订单处理及无线服务业务支持系统）之间的交互是应用集成需要完成的一项基本任务。为了实现这种集成，首先需要将基于 Web 的订单提交系统和订单处理系统中的客户 ID 映射（转换）为无线服务业务支持系统可以理解（符合其内部编码要求）的格式。图 1–17 给出了采用代理集成模式实现的系统集成方法，其中位于中心位置的集成代理用来封装客户 ID 转换功能。显然，将转换功能从两个需要交互的应用系统中分离出来有其优势，一方面它简化了客户 ID 号的转换功能模块的开发与维护工作，另一方面可以降低系统之间的耦合度，从而起到提高业务及信息系统的柔性的作用。

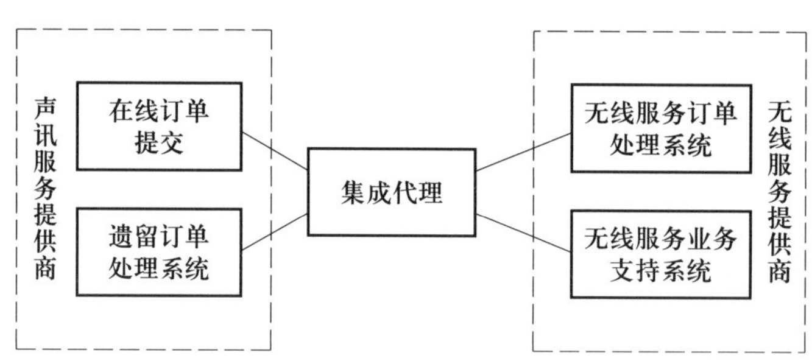

图 1–17　代理集成模式应用实例

利用代理集成模式实现企业应用集成的方法可以具体分为有状态集成和无状态集成两种。无状态集成代理适用于在应用交互过程中不关心应用运行状态的情况。在这种情况下，集成代理对于一个应用请求消息或事件的响应只取决于消息或事件的内容，与交互的状态无关，即对请求的响应完全独立于以前交互过程中发生的事件。这种集成模式不需要对应用的交互状态进行管理。无状态集成代理的功能主要有数据转换和智能路由等。数据转换包括语法层次上的格式转换和语义层次上的内容转换两种。格式转换是指对数据的表现形式进行变换，如将一种大小写混合的字符串转换为都是大写的字符串；内容转换是指基于消息数据属性的赋值进行表达形式的转换，如根据业务需要将订购数量大于 100 的订单逻辑值标为“正”，而

将订购数量小于100的订单逻辑值标为“负”。智能路由是指采用一定的规则来控制消息的流转，使其能够顺利地到达目的地。控制消息流动方向的路由决策可以基于消息内容、基于消息源及类型或其他形式的规则。例如，将所有的与数据产品相关的消息导向到数据产品服务提供系统上，而将无线产品/服务相关的消息导向到无线产品供应系统上。有状态集成代理适用于应用交互逻辑的执行与以前发生过的应用交互历史相关的情况。例如，集成代理持续收集某类事件并累加该类事件发生的次数，在发生次数超过一个给定的数额时就向某个应用发送一个消息。基于状态的交互情况有时候会很复杂，所以必须对状态进行管理。有些交互的持续时间很长，在这种情况下可能涉及很多的状态和事件，而且也会涉及多个应用，这时就需要提供状态的持久化服务。进行状态持久化的目的是在集成调解器系统发生错误、正常关机、非正常关机的情况下保持有关应用交互数据和状态的完整性。另外，有状态集成代理的实施和运行还需要专业化的设计、开发、配置及运行工具的支持。

以上介绍的几种应用集成模式各有特点。在适配器集成模式中，集成适配器将一个应用接口转换成另一种符合其他应用访问要求的形式；消息集成模式可以将应用之间的交互对通信的依赖程度降到最低；面板集成模式为多个服务器端应用提供了一种简化的接口，从而减少了客户端应用对服务器端应用交互逻辑的依赖程度；代理集成模式完全实现了应用交互逻辑与业务功能的分离。显然，这几种应用集成模式按照介绍的顺序逐渐将应用交互逻辑从业务应用系统中分离出来，逐步降低了过程控制逻辑和具体应用功能实现之间的耦合度。

需要说明的是，应用集成模式主要应用到两种场景中：第一种场景是面向企业集成体系结构的规划实施，采用应用集成模式完成对企业应用之间交互关系的标准化描述，从而保证最终构建形成的信息系统的有序性和一致性；第二种场景是针对一个给定的应用，利用应用集成模式来描述它与其他应用之间的交互关系及实现策略。在具体应用过程中，首先需要将企业业务运作的需求转化为合适的系统体系结构（采用相应的应用集成模式来描述），并在此基础上，通过应用适合的集成模式将系统体系结构转变为柔性的业务运行系统。

三、过程集成实现方法

过程集成是指利用计算机集成支持软件工具高效、实时地实现以企业业务流程为核心的数据、资源的共享和应用间的协同工作，将一个个孤立的应用集成起来形成一个协调的企业运行系统。实现过程集成后，就可以方便地协调各种企业功能，把人和资源、资金及应用合理地组织在一起，获得最佳的运行效益。这样，企业可以按照客户的需求制定过程，再按照过程组织功能和工作组。另外，过程集成实现了应用逻辑与过程逻辑的分离，过程建模与具体数据、功能的分离，这样就可以在不修改具体功能的情况下，通过修改过程模型完成系统功能的改变，从而大大提高了企业的灵活性和对市场的反应能力。

过程集成的实现主要包括三个方面的内容：过程建模、过程分析与优化、过程集成与运行。

1. 过程建模

过程建模是业务流程分析与业务流程重组的重要基础。过程建模主要解决如何根据过程目标和系统约束条件，将系统内的活动组织为适当的业务流程的问题。过程建模的作用体现为：

（1）用于准确描述企业的业务活动，供流程分析和优化使用。

（2）用于在不同的组织和信息系统间共享业务过程知识，便于实现基准工程，以及企业动态联盟。

（3）用于企业集成系统实施，根据设计的企业过程模型进行相应的功能构件配置，使得所建立的系统能够按过程实现横向集成，而不是按传统的部门划分结构实现纵向集成，从而满足企业核心价值流的要求。按过程模型进行系统构件配置还能够实现柔性更好的过程集成。

（4）用于研究、开发新的业务流程，以满足不同业务需求和企业动态结构演化。

工作流技术是目前比较流行的过程建模方法，工作流是一种反映业务流程的计算机化的模型，它是为了在先进计算机环境支持下实现经营过程集成与经营过程自动化而建立的可由工作流管理系统执行的业务模型。与其他过程模型最大的不同

是工作流模型是可被工作流管理系统执行的，这主要是为了区分工作流模型和一般意义上的过程模型。通常将描述一组活动及其之间相互连接关系的模型称为过程模型，并不要求这些过程模型用计算机进行执行，如描述项目实施计划的甘特图就是一个过程模型，但是一般并不需要用计算机执行这个模型。工作流模型建立的目的是实现业务过程自动化，由计算机进行执行。这就要求工作流模型不仅能够描述活动及其之间的相互连接关系，而且需要定义许多其他的信息，如组织、资源、数据等，这样才能够由计算机进行解释和执行。另外，由于工作流模型需要由计算机执行，因此对工作流模型的准确性提出了更高的要求，工作流模型的定义也更加严格、准确。

2. 过程分析与优化

实施过程集成除需要建立过程模型外，更重要的是需要对现有的业务流程进行分析，并在此基础上对过程进行优化设计。过程优化是企业业务流程重组实施中一个非常重要的阶段，它的主要任务是在已建立的业务过程模型的基础上，分析和优化企业的业务过程。不考虑改善业务流程而单纯地使用计算机提高单个功能的处理效率，达不到提高整个业务过程效率的目标，实施过程重组和过程集成就是要从整个流程的角度，从整体目标上配置和协调组成流程的各个活动之间的关系。

3. 过程集成与运行

在完成过程建模、过程分析与优化后，下一个任务就是在集成支撑环境的支持下，实现经营过程的集成与运行。图 1–18 给出了过程集成支持系统的结构。过程集成支持系统对整个过程建模、优化、实施的全生命周期提供支持。在过程建模和优化阶段，完成对过程模型的建立、分析与优化。在过程集成与运行阶段，在优化的过程模型的基础上，通过集成已有的应用系统和开发所需要的部件化的应用系统，在工作流管理系统的支持下，实现过程的集成与优化运行。信息集成服务、过程实例管理、日志管理、系统管理等功能都是实现过程集成与优化运行的支撑功能，它们统一在工作流管理系统的调度下，为实现过程集成的目标服务。在这里还需要指出的是，通常过程集成系统都是运行在分布的异构环境下，所以相应的工作流管理系统通常也是一种分布式的系统。

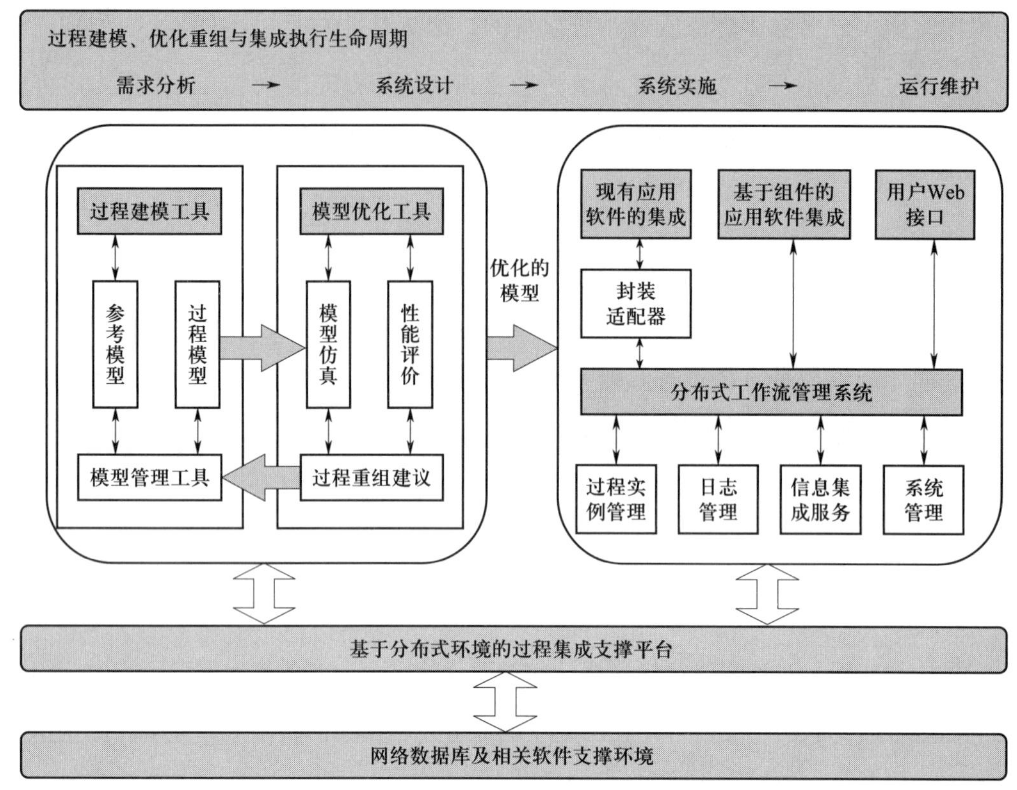

图 1–18　过程集成支持系统体系结构

四、企业工业互联网集成实现方法

工业互联网集成的实现基于信息集成、应用集成和过程集成，但工业互联网平台集成更为复杂，它在集成的范围、层次和采用的实现技术方面都有更高的要求，主要表现在：

（1）从企业内集成扩展到企业间集成

工业互联网集成需要使用网络化协作的需求。网络化协作要求合作企业间的信息、流程和应用等资源实现有效的集成。单纯的企业内部信息系统的集成已不能满足企业间合作的需要，企业间合作需要的是跨企业集成。

（2）从基于企业内部网络的集成到面向开放网络的集成

以往企业集成主要是基于企业 Intranet 网络或 Extranet 网络，实现企业信息系统之间的互联和互操作。企业外部信息系统很难对企业内部网络资源进行访问。但工业互

联网集成要求企业间信息系统可以实现共享和互操作，这就要求企业间协作必须建立在一个开放的网络环境下，打破企业壁垒，实现跨企业协作。

（3）从刚性集成到柔性集成

以往集成平台一般是通过开发固定的接口实现特定应用系统间的集成，而随着面向对象技术、分布式计算和 Web 服务等新的软件技术的发展，可以实现柔性的集成，应用系统可以通过插件的方式集成到现有应用系统中，而不用考虑运行环境的异构性。

（4）从集成驱动向业务流程驱动的运行方式转变

对于协同制造模式下的集成平台，集成已不是最终目的，而只是一种支撑手段。其最终目的是实现企业间业务流程的共享和协作。因此，集成平台的运行管理应该以企业业务流程为核心，围绕企业业务流程，实现相关数据、应用和服务的集成。

（5）从后台运行到可视化操作

集成平台应是可定制的，用户可以通过一个可视化操作界面对平台的功能、结构和组成进行配置，并可以动态建立或改变平台服务构件之间的关联关系。

针对工业互联网集成的以上特点和要求，近年来，集成平台成为实现工业互联网集成的有效手段。支持工业互联网集成的集成平台功能结构包括企业资源中心、平台协同监控、平台服务、平台信息基础设施。

1. 企业资源中心

这里所说的企业资源是一种广义上的资源，它包括通常意义上所说的企业设备、人力等资源，也包括一些以非实体存在的资源，如信息资源、应用资源和流程资源。这些企业资源将被平台经过统一包装和处理后呈现给用户。对于平台来讲，企业资源可以统一分为信息资源、应用资源和流程资源三大类。

（1）信息资源：主要包括企业各种数据、文档、标准和规范等信息，通常以数据库或文档库形式存放。

（2）应用资源：主要包括企业各种应用系统，如 ERP 系统、PDM 系统、CAD 系统等。对于计算机系统来讲，企业常规资源也可以作为一种应用资源，只不过要对其进行数据化包装和处理，形成一种数据化资源。

（3）流程资源：企业流程是企业的核心资源，企业通过流程的运转产生实际的效益。企业流程的类型、质量和结果都是决定企业核心竞争力的重要因素。企业其他资源如信息资源、应用资源都是围绕企业流程运转的。它们都对应于一个或多个企业流程，否则，就会造成资源的空置和浪费。

2. 平台协同监控

协同监控中心的主要功能是对平台的服务及其运行进行管理和监控，包括平台的服务对象（组件对象）管理器、协同工作管理中心、动态监控中心及安全管理与控制中心。

（1）服务对象管理器

配置和管理服务平台各个活动的服务单元的状态。

（2）协同工作管理中心

支持协调工作的管理模式，多个服务之间的冲突与信息的一致性问题。

（3）动态监控中心

对平台上各个活动的服务组件进行动态监控。

（4）安全管理与控制中心

管理各个服务的授权问题，监督和控制各个服务系统的运行以及整个平台的安全监控问题。

3. 平台服务

集成平台将服务看作企业资源和能力的一种表现形式，在集成平台中，企业内部的各种信息、流程和应用资源都将以服务方式提供给用户和其他合作伙伴。通过平台的统一封装和处理，所有平台服务都将以统一的接口和访问方式提供给用户，使用户可以简单、透明地访问到企业的各种资源，而不用考虑服务的具体实现方式。在平台中，服务的具体实现是通过服务实现层来完成的，根据服务的不同种类，其实现也将采用不同的技术。平台服务分为信息集成服务、应用集成服务和流程集成服务。

（1）信息集成服务

信息集成服务中心的主要功能是为平台提供数据和模型服务，实现服务资源的全生命周期管理和维护，包括共享资源管理、共享信息管理、共享模型管理、数据操作管理、知识库管理等。

1）共享资源管理。通过定义统一的服务资源模型和建立服务资源仓库实现对服务资源的管理，包括资源注册、删除、修改、查询。支持集成平台的各种应用集成服务功能。

2）共享信息管理。通过定义统一的集成服务平台模型和共享信息接口定义提供统一的共享信息访问机制，提供对集成平台运行过程中的数据信息共享、分发和存储管理。

3）共享模型管理。提供服务资源配置管理、集成资源关系管理、资源运行生命周期管理以支持对平台协同监控管理。

4）数据操作管理。提供多通道的异构模型之间的数据转换、数据映射、数据传递和数据操作功能，向集成平台用户提供数据服务。

5）知识库管理。提供一个知识库和知识管理框架，支持对企业产品知识的识别、获取、开发、分解、存储和共享，支持基于规则的服务集成、运行和协同。

（2）应用集成服务

应用集成服务中心的主要功能是实现应用集成服务的配置和管理以及企业应用解决方案的虚拟仿真和动态配置，包括应用的 Web 化封装、应用资源管理服务、统一界面服务、虚拟仿真与动态配置服务等。

1）应用的 Web 化封装。采用 Web 开发技术，实现对平台上应用的 Web 化封装。

2）应用资源管理服务。基于目录服务和 XML 接口技术实现对应用服务资源的注册、发布、查询、修改和调用等功能。

3）统一界面服务。基于企业入口技术实现平台上被集成应用的统一管理和可视化操作。

4）虚拟仿真与动态配置服务。基于工作流技术，实现企业信息化解决方案的虚拟仿真和动态配置。

（3）流程集成服务

流程集成服务中心解决以业务流程为核心的企业集成问题。它通过过程集成模型决定如何进行交互和业务的处理，对企业业务过程的状态和性能进行实时监控，并通过过程可视化工具对企业业务流程进行配置和管理。流程集成服务中心以业务流程为核心，通过业务过程和其他资源的绑定，实现企业相关资源、应用和服务的深层次集成。同时面向过程的集成还可以针对跨企业供应链，实现企业间业务过程的共享和集成。流程集成服务中心由工作流执行服务、工作流建模工具、工作流管理与监控工具、用户任务通知与提交工具、服务打包工具五部分组成。

1）工作流执行服务的功能包括模型的实例化（支持事件触发、手工触发、定时触发、调用等启动方式）、工作表生成、外部应用对象的调用、活动的路由控制、事件记录及异常处理等上层功能。另外，作为对上层功能块的支持，工作流执行服务还包括消息侦听、消息发送两个底层功能块，支持工作流执行服务模块与外部模块 / 系统的通信。

2）工作流建模工具以图形化界面支持用户建立平台上进行的工作流程模型，例如，应用间的交互过程、B2B 的公共过程等。模型包括始末节点、人工活动节点、外部应用节点、判断节点、与 / 或节点、事件等待节点、事件触发接口、弧等元素以及相应的属性等。

3）工作流管理与监控工具包括工作流日志管理、工作流模型的版本管理、工作流的执行状态监视，例如，各过程的执行状态、外部应用的调用情况以及统计信息等。

4）用户任务通知与提交工具支持多种任务通知方式，例如，E-mail、传真、手机短信和 Web 上的工作列表，也支持用户以多种方式提交任务，填写 Web 上 XML 表单、手动上传及下载文档等。同时支持用户查询特定工作流实例的执行状况。

5）服务打包工具是工作流管理系统与 B2B 集成的一个关键工具。它的主要功能是从工作流模型中抽取出可由外部消息触发的操作和等待外部相应的事件等信息，生成一个业务服务的 Web 服务描述。所生成的服务将被发布到平台上，对外提供一定的操作并能响应外部的事件（消息）。

4. 平台信息基础设施

平台信息基础设施为集成平台提供透明的信息和通信服务。通过基于 CORBA/J2EE/.Net 的服务实现网络环境中对象级的同步互操作；同时平台信息基础设施还为平台提供基础的域名服务、目录服务、组件对象服务、消息服务等功能。支持工业互联网集成的集成平台功能结构如图 1-19 所示。

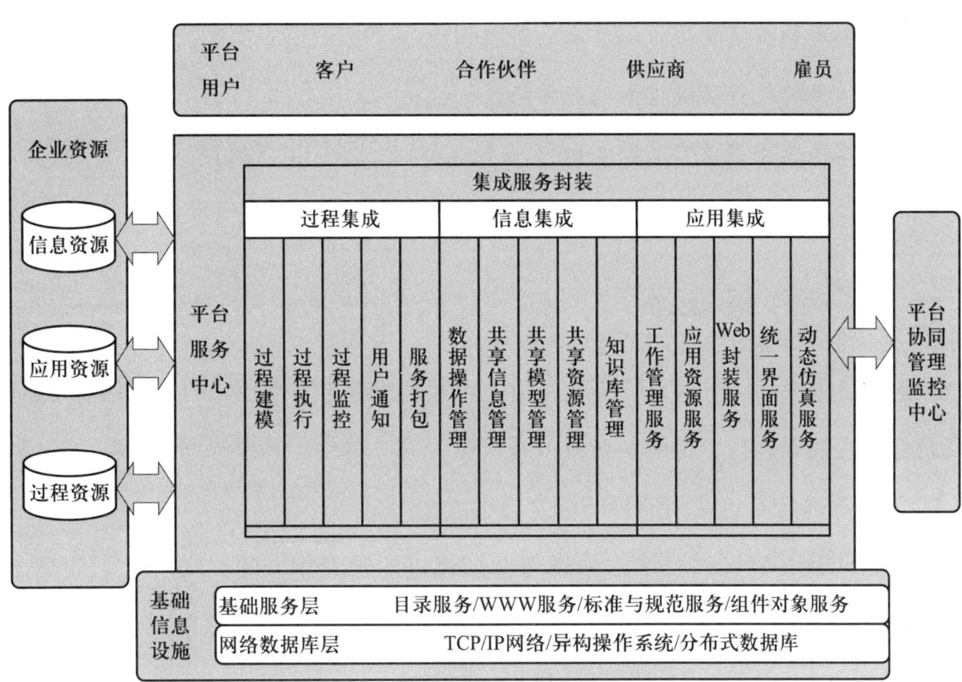

图 1-19　工业互联网集成平台功能结构

第四节　系统集成技术基础

考核知识点及能力要求：

- 掌握 OT、IT 技术的区别与集成目标。
- 掌握软件集成的概念和集成目标。
- 掌握 OPC UA 的概念、架构与功能。
- 熟悉 OPC UA 的应用方法。

- 熟悉各种软件架构模式的特点和主要用途。
- 熟悉常见的软件集成技术的应用场景。
- 能使用高级编程语言通过 OPC UA 协议进行 OT、IT 系统的通信。
- 能应用软件架构模式设计企业信息系统的集成方案。

一、OT 与 IT 集成技术

智能制造集成系统对信息的集成以与生产和制造过程紧密相关的底层信息为基础，围绕企业核心业务进行。智能制造集成系统分为两大部分：控制系统（OT）与信息系统（IT）。集成系统是这两大部分的综合与集成。

工业生产在其发展过程中，始终与信息技术的发展相伴随。每一次工业革命也都伴随一次信息技术进步。工业现场生产设备与设施被自动控制系统控制实现自动化生产，构成了工业最基础的工业制造过程。同时整个工业生产的科学组织、调度指挥和经营管理也逐步由计算机信息化系统实现。工业自动化与企业信息化推动着工业现代化。

1. OT 与 IT 的差异与集成需求

工业控制系统也称为 OT，即 operational technology，虽然通常翻译为运营技术，究其实质为电子、信息、软件与控制技术的综合运用。OT 可定义为：对企业的各类终端、流程和事件进行监控或控制的软硬件技术，含数据采集和自动控制技术。

OT 与传统的 IT（information technology）系统相比有许多不同的特点，包括不同的风险和优先事项。这其中包括了员工生命的健康与安全、生态环境的保护、生产设备的运行以及对国民经济的影响。OT 有不同的性能和可靠性要求，使用的操作系统和应用程序与典型的 IT 系统也不一样。此外，控制系统的设计和操作，有时会形成安保与效率的冲突，例如，需要密码认证和授权不应妨碍或干扰 OT 的紧急行动。以下列出了在考虑 OT、IT 集成时，要注意的一些特殊因素：

（1）性能要求

OT 一般都是时间关键性系统，各种设备要满足可接受的延迟和抖动标准，有些系统需要确定性响应，高吞吐量通常不是 OT 所必需的。与此相反，IT 系统通常需要高

吞吐量，而且可以承受一定程度的延迟和抖动。

（2）可用性要求

许多 OT 运行中在本质上是连续的。工业过程控制系统不能接受意外中断。如果需要人为中断，必须提前数天或数周计划和安排。具体实施前必须测试，以确保 OT 的高可用性。除了意外中断，许多控制系统为了保证生产连续，不允许随便停车和启动。在某些情况下，生产的产品或使用的设备比信息的中断更重要。因此，采用典型的 IT 策略，如重新启动一个组件，通常在 OT 中是不能接受的，会对系统的可用性、可靠性和可维护性要求产生不利影响。有些 OT 采用冗余组件，并行运行，在主组件出现问题时可以切换到备份组件，提供连续性。

（3）风险管理要求

在典型的 IT 系统中，数据的机密性和完整性通常是主要问题。对于 OT，人员安全、设备容错能力、防止环境破坏、危害公众健康或信心、合规、设备损失、知识产权损失、产品损失或损坏是主要问题。负责运营、安保和维护 OT 的人员必须了解安全和安保之间的重要联系。

（4）安保架构焦点

在典型的 IT 系统中，安保的重点是保护 IT 资产的运行，无论这些资产是集中式还是分布式，信息在存储还是在传输。在某些架构中，信息的集中存储和处理非常关键，可以给予更多的保护。对于 OT，边缘客户端需要小心保护，例如，可编程逻辑控制器（PLC）、分散控制系统（DCS）、操作员站等，因为它们直接负责终端流程的控制。OT 中央服务器的保护也非常重要，因为中央服务器的问题可能会对每台边缘设备产生不利影响。

（5）物理相互作用

在典型的 IT 系统中，没有物理与环境的相互作用。在 OT 领域，OT 与物理过程和后果有着非常复杂的相互作用，这可以通过物理事件体现出来。所有集成到 OT 的安保功能必须进行测试，例如，在相同的 OT 上离线进行，以证明 OT 的功能完全正常。

（6）时间关键响应

在典型的 IT 系统中，实施访问控制不考虑数据流的大小。对于一些 OT，自动化的响应时间或人机交互的系统响应是非常关键的。例如，需要在人机界面（HMI）上的密码认证和授权不得妨碍或干扰 OT 的紧急行动。信息流不能中断或损害。访问这些系统应受到严格的物理安保控制。

（7）系统运行

OT 的操作系统和应用程序可能无法容忍典型 IT 安保做法。老旧系统因资源缺乏和经常中断而特别脆弱。控制网络通常较为复杂，需要不同层次的专业知识，例如，控制网络通常由控制工程师管理，而不是由 IT 人员。在一个运行的控制系统网络中，软件和硬件的升级都非常困难。许多系统可能没有所需的功能，包括信息加密、错误日志和密码保护。

（8）资源约束

OT 和实时操作系统往往是受资源限制的系统。OT 组件上可能无法提供计算资源增加安保功能。此外，在某些情况下，由于 OT 厂商的许可和服务协议，不允许使用第三方安保解决方案，如果安装的第三方应用没有供应商的确认或批准，可能会失去服务的支持。

（9）通信

在 OT 的环境中用于现场设备控制和内部处理器通信的通信协议和媒体，通常与 IT 环境中的不一样，可能是专有的。

（10）变更管理

变更管理对保持 IT 和控制系统的完整性至关重要。未打补丁的软件对系统而言是最大的漏洞之一。IT 系统的软件更新，包括安全补丁，通常按照相应的安全策略和规程及时更新。此外，这些规程经常使用基于服务器的工具自动执行。OT 的软件更新不总是能及时实施，因为这些更新需要工业控制应用供应商进行彻底的测试，然后应用的最终用户才能实施，还必须在数天或数周提前计划和安排 OT 停机。作为更新过程的一部分，OT 可能还需要重新确认。另一个问题是，许多 OT 利用旧版本的操作系统，供应商已不再支持。因此，可用的修补程序可能不适用。变更管理也适用于硬件和固件。在变更管理的过程中，对 OT 的部分，需要 OT 专家（如控制工程师）与安保和 IT 人员一起工作，仔细评估。

（11）管理支持

典型的 IT 系统允许多元化的支持方式，由于互联的技术架构，支持的内容可能完全不同。对于 OT，服务支持通常要通过单一的供应商，其他的供应商可能提供不了多元化和互操作的解决方案。

（12）组件使用寿命

典型的 IT 组件都有 3 ~ 5 年的使用寿命，由于技术的快速演变，问题比较简单。对于 OT，许多技术都针对特定的应用，部署技术的生命周期通常为 15 ~ 20 年，有时甚至更长。

（13）访问组件

典型的 IT 组件，通常在本地易于访问，而 OT 的组件有时是孤立和远程的，访问它们比较费力。

随着工业信息化的快速发展，工业控制系统也在利用最新的计算机网络技术提高系统间的集成、互联以及信息化管理水平。例如，逐步采用一些 PC 服务器、终端、操作系统和数据库等通用 IT 产品，逐步采用基于传输控制协议 / 互联网协议（TCP/IP）的工业以太环网和 OPC 通信协议。这将促使 TCP/IP 协议逐步成为工业控制系统的基础通信协议，为保持工业控制系统的兼容性，专用的工业控制协议将会逐步迁移到应用层。通用互联网技术的采用将为企业打破生产系统的封闭性，实现管理与控制的一体化、提高企业信息化水平，实现生产、管理系统的高效集成奠定基础。

OT 与 IT 的融合旨在降低工业成本，优化工业业务流程，降低工业过程风险，更快实施开发和集成，推进通信和控制工业过程设备的标准化。二者融合之后，现有的 IT 软硬件及其环境设备可以便捷地访问 OT 设备及其运行过程数据，OT 设备和过程数据可以通过 IT 基础设施进行传播，进而在整个企业（或更大的范围）中共享这些设备和过程数据。在运行过程中，可以利用新的 IT 技术（如人工智能、边缘计算、区块链等）快速、精准地分析应用工业设备及工业过程数据，进而实现企业信息共享方式的全局优化，为工业制造及其过程管理提供全面的决策支持。

OT 与 IT 的融合能够打通 OT 设备和环境设施数据、IT 基础设施数据，实现双向互用。一方面，OT 系统借助 IT 基础设施获取工业设备及过程的数据，利用 IT 领域的各种算法模型开展 OT 工业设备及过程的状态监控和风险边界预估，有效降低工业组织的潜在风险。另一方面，IT 领域的云和虚拟化等新技术，可以提高 OT 工业设备和过程数据的可访问性、稳定性和流动性。部署通用的 IT 基础设施，兼顾 OT 数据的存储和流动，OT 端可以访问 IT 端的海量数据；在不影响 OT 方面的数据采集与监视控制（SCADA）系统工作的情况下，借助云和虚拟化技术，企业工厂或生产车间的服务器可以迁移到云上，有助于减少设备数量并易于实施更新。

2. OPC UA 基本概念

（1）概述

工业控制领域用到大量的现场设备，在 OPC 出现以前，软件开发商需要开发大量的驱动程序来连接这些设备。即使硬件供应商在硬件上做了一些小小改动，应用程序也可能需要重写。同时，由于不同设备甚至同一设备不同单元的驱动程序也有可能不同，软件开发商很难同时对这些设备进行访问以优化操作。为了消除硬件平台和自动化软件之间互操作性的障碍，建立了 OPC 软件互操作性标准，最终目标是在工业控制领域建立一套数据传输规范。

OPC 全称是 OLE（object linking and embedding，对象连接与嵌入）for Process Control，即用于过程控制的 OLE。为了便于自动化行业不同厂家的设备和应用程序能相互交换数据，定义了一个统一的接口函数，就是 OPC 协议规范。OPC 是基于 Windows COM/DOM 的技术，可以使用统一的方式访问不同设备厂商的产品数据。简单来说，OPC 就是为了在设备和软件之间交换数据。

UA 全称是 unified architecture（统一架构）。为了应对标准化和跨平台的趋势，以及更好地推广 OPC，OPC 基金会近些年在之前 OPC 成功应用的基础上，推出了一个新的 OPC 标准——OPC UA。OPC UA 接口协议包含了之前的 A&E、DA、OPC XML DA or HDA，只使用一个地址空间就能访问之前所有的对象，而且不受 Windows 平台限制，因为它是从传输层以上来定义的，导致灵活性和安全性比之前的 OPC 都得到提升。

OPC UA 实质上是一种抽象的框架，是一个多层架构，其中的每一层完全是从其

相邻层抽象而来的。这些层定义了线路上的各种通信协议，以及能否安全地编码/解码包含有数据、数据类型定义等内容的信息。利用这一核心服务和数据类型框架，人们可以在其基础上轻松添加更多功能。

OPC UA 是一个与平台无关的标准，使用该标准可在位于不同类型网络上的客户端和服务器间发送消息，以实现不同类型系统和设备间的通信。它支持稳健、安全的通信，可确保客户端和服务器的识别并抵御攻击。OPC UA 定义了服务器可提供的服务集，以及针对客户端所规定的每个服务器支持的服务集。使用 OPC UA 定义的数据类型、制造商定义的数据类型来传递信息，客户端能动态发现的对象模型由服务器定义。服务器能提供对当前数据和历史数据的访问以及对报警和事件的访问，以向客户端通知重要变化。OPC UA 可被映射到不同的通信协议，并对数据可按不同方式进行编码以平衡可移植性和效率。

（2）设计目标

OPC UA 提供一致的、集成的地址空间和服务模型，这允许一个 OPC UA 服务器将数据、报警、事件和历史数据集成到地址空间，并使用集成的服务集对其进行访问。这些服务也包括集成的安全模型。

OPC UA 允许服务器向客户端提供其地址空间中可访问对象的类型定义，也允许使用信息模型描述地址空间内容。OPC UA 允许数据按不同格式表示，包括二进制结构和 XML 文件。数据格式可由 OPC、其他标准组织或制造商定义。通过地址空间，客户端能向服务器查询描述数据格式的元数据。在多数场景中，客户端在没有预先得知数据格式编码方式的情况下，能动态确定数据格式并适当地使用数据。

OPC UA 补充了对节点间多种关联的支持，而不是限定为一种层次结构。在这种方式下，OPC UA 服务器可根据客户端的需求按不同的层次结构展现数据。这种灵活性结合对类型定义的支持，使得 OPC UA 适用于更广泛的应用领域。如图 1–20 所示，使用 OPC UA 的目的不仅是用于数据采集与监视控制系统（SCADA）、PLC 和 DCS 接口，还可为更高层应用间提供互操作性方法。

3. OPC UA 架构

OPC UA 系统架构将 OPC UA 客户端和服务器建模为交互伙伴。每个系统可以包

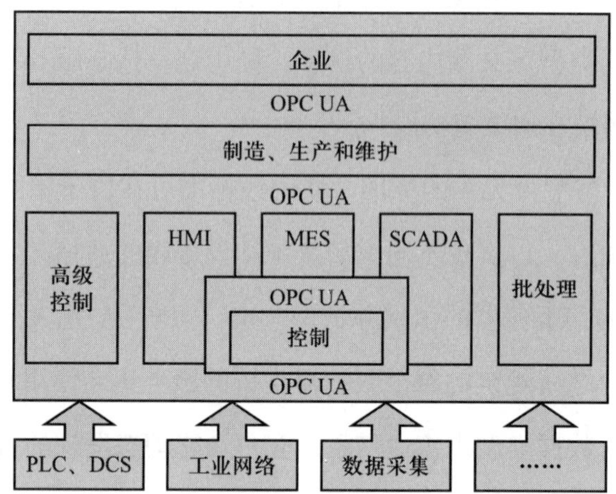

图 1–20　OPC UA 目标应用环境

含多个客户端和服务器。每个客户端可同时与一个或多个服务器交互，每个服务器可以与一个或多个客户端交互。一个应用可以将服务器和客户端组合在一起，并与其他服务器和客户端交互。图 1–21 给出了服务器和客户端组合在一起的架构。

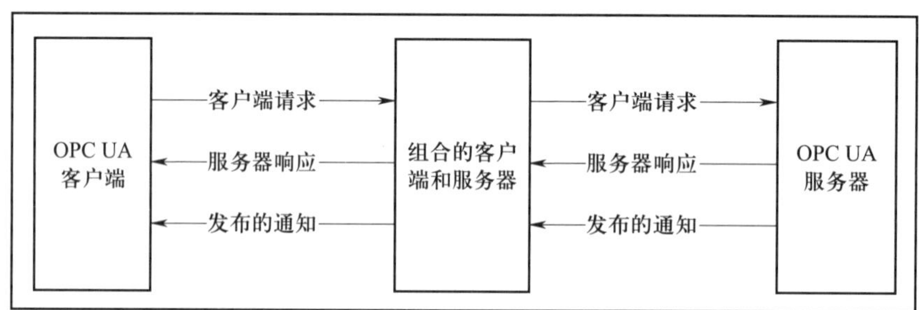

图 1–21　OPC UA 系统架构

（1）OPC UA 客户端

OPC UA 客户端架构建立了客户端 / 服务器交互的客户端模型。图 1–22 给出了典型 OPC UA 客户端的主要元素，以及这些元素之间的关联关系。

客户端应用是实现客户端功能的代码，它使用 OPC UA 客户端 API 向 OPC UA 服务器发送和接收 OPC UA 服务请求和响应。OPC UA 客户端 API 是一个内部接口，用于分离客户端应用代码和 OPC UA 通信栈。当有客户端应用请求时，OPC UA 通信栈将 OPC UA 客户端 API 调用转换到消息中，通过底层通信实体将消息发送给服务器。OPC UA

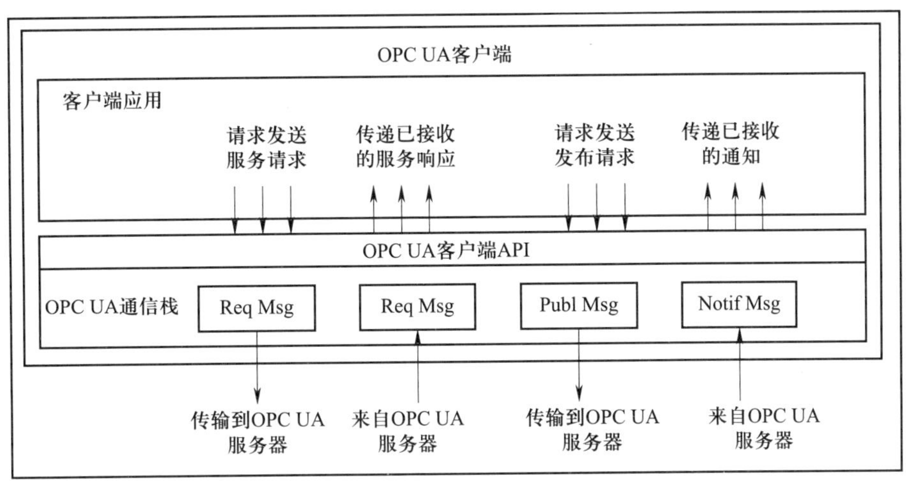

图 1–22　OPC UA 客户端架构

通信栈也接收来自底层通信实体的响应和通知消息（notification messages），并通过 OPC UA 客户端 API 将消息传递给客户端应用。

（2）OPC UA 服务器

OPC UA 服务器架构建立了客户端 / 服务器交互的服务器端模型。图 1–23 给出了 OPC UA 服务器的主要元素和它们关联的方式。

实际对象是 OPC UA 服务器应用可访问的，或 OPC UA 服务器内部维护的物理或软件对象。例如，物理设备和诊断计数器等。

OPC UA 服务器应用是实现服务器功能的代码，可使用 OPC UA 服务器 API 发送和接收来自 OPC UA 客户端的 OPC UA 消息。注意："OPC UA 服务器 API"是将服务器应用代码与 OPC UA 通信栈分离的内部接口。

地址空间是客户端使用 OPC UA 服务器（接口和方法）可以访问的节点集。地址空间节点被用于表示实际对象、对象定义和对象间的引用。

视图是地址空间的子集。视图可用于服务器限制向客户端公开的节点，同时也限制了客户端发送的服务请求的地址空间范围。缺省视图是整个地址空间。服务器可以有选择地定义其他视图。视图在地址空间中隐藏了一些节点或引用。地址空间视图是可见的，客户端能浏览这些视图以确定它们的结构。视图常为层次结构，这种结构使客户端更容易以树形结构来定位和表示。

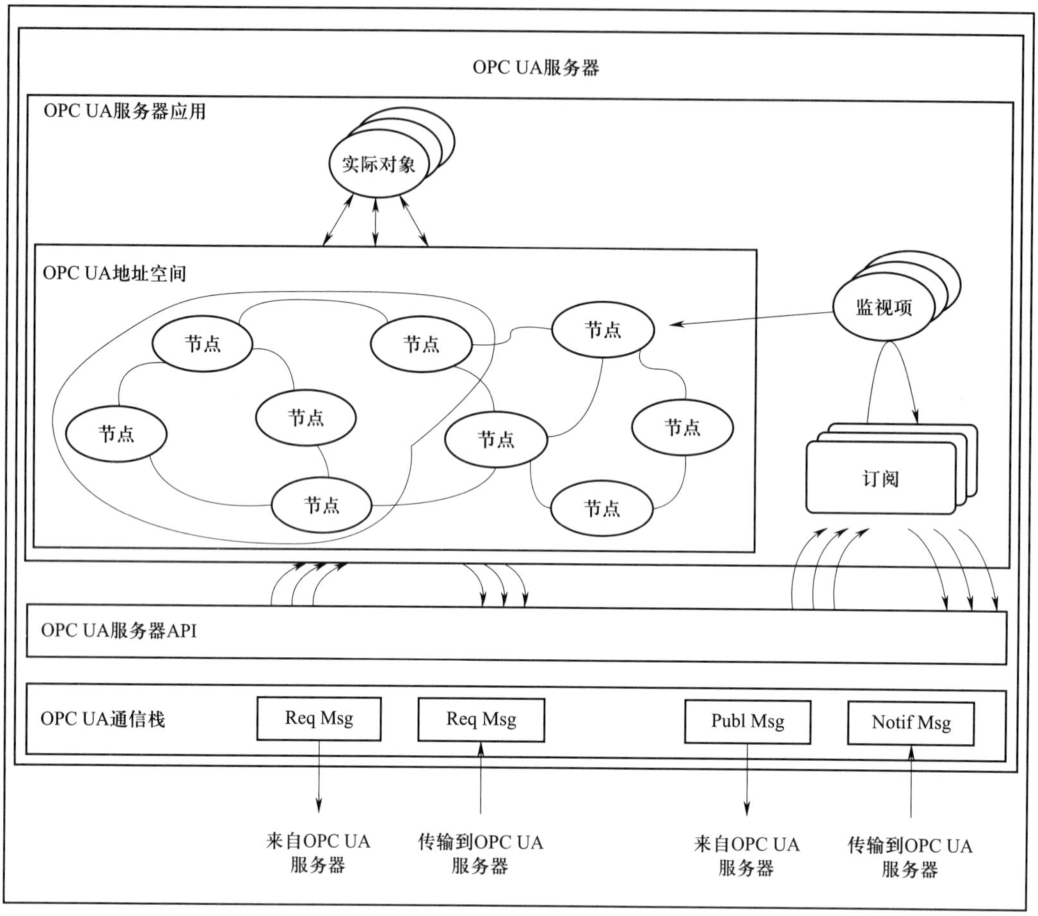

图 1–23　OPC UA 服务器架构

OPC UA 地址空间通过以下方式支持信息模型：

1）允许地址空间中对象建立彼此联系的节点引用。

2）为实际对象（类型定义）提供语义信息的对象类型节点。

3）支持类型定义的子类的对象类型节点。

4）允许使用工业特定数据类型的地址空间中可见的数据类型定义。

5）允许工业团体定义如何在 OPC UA 地址空间中表示其特定信息模型的 OPC UA 兼容标准。

监视项是由客户端产生的服务器中的实体，用于监视地址空间节点和其在实际中的对应项。当监视项侦测到数据变化或事件 / 报警发生时，应产生通知，并通过订阅

传递给客户端。

订阅是服务器中向客户端发布通知的端点。客户端通过发送 Publish（发布）消息控制发布发生的频率。

OPC UA 服务器 API 是可由客户端调用的接口，由此向客户端提供所需的服务。一般服务器 API 有两类：

1）请求 / 响应服务，是指执行在地址空间中的一个或多个节点的特定任务，并返回响应。

2）发布者服务，是指用于周期性地向客户端发送通知。通知包括事件、报警、数据交换和程序输出。

（3）服务器与服务器的交互

在服务器与服务器之间的交互过程中，一个服务器作为另一个服务器的客户端。对于服务器的开发，服务器与服务器的交互允许：

1）以对等方式彼此间交换信息，包括冗余或用于维护系统的类型定义的远程服务器（见图 1–24）。

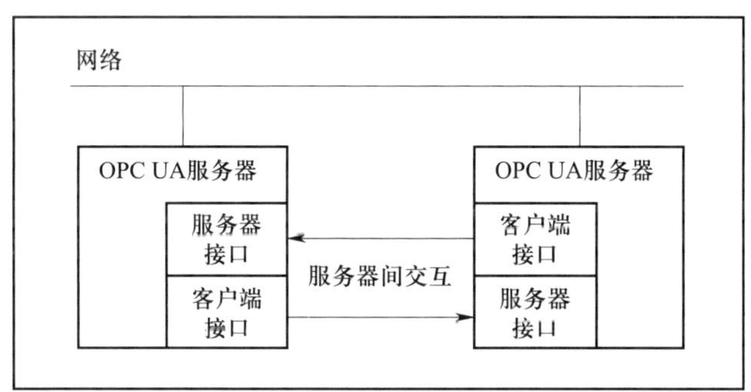

图 1–24 服务器间的对等交互

2）在服务器分层结构中被链接以提供：来自底层服务器的数据聚合；高层数据结构给客户端；对客户端的集成接口，可通过一个访问点对多个底层服务器进行访问。图 1–25 对之前示例进行了扩展，给出了 OPC UA 服务器之间的链接，可用于企业内对数据的纵向访问。

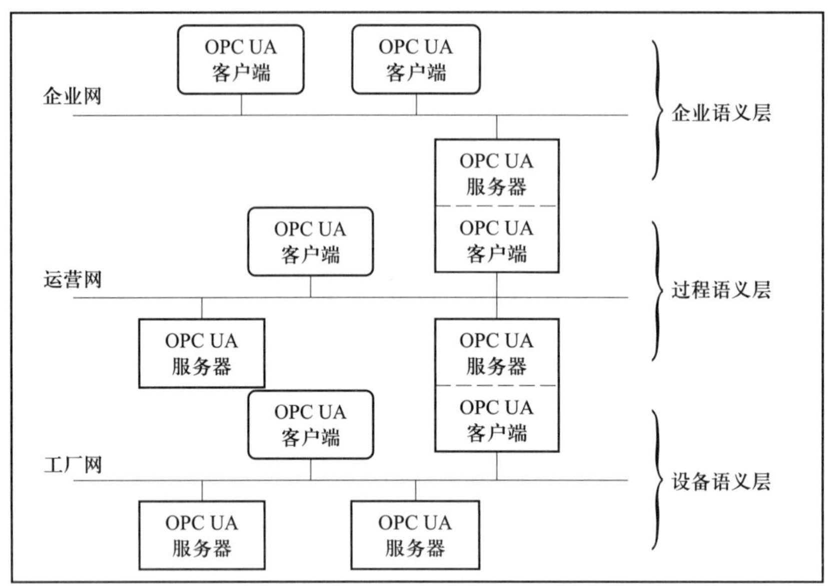

图 1–25　链接的服务器示例

4. OPC UA 服务集

OPC UA 服务被分成若干服务集，每个服务集定义了服务的逻辑分组，可用于访问服务器的特定部分。

（1）发现服务集

该服务集定义了用于发现系统中使用的 OPC UA 服务器的服务，也提供客户端读取连接服务器所要求的安全配置的方法。发现服务由单个服务器或专用发现服务器实现。众所周知的专用发现服务器为客户端提供了一种方法，以发现所有注册的 OPC UA 服务器。

（2）安全通道服务集

该服务集定义了用于打开确保与服务器间交换的所有消息的保密性和完整性的通信通道。

安全通道服务与其他服务不同，因为通常该服务集不是由 OPC UA 应用直接实现的，而是由 OPC UA 应用下层的通信栈提供的。例如，UA 服务器可构建在简单对象存取协议（SOAP）栈之上，SOAP 栈允许应用使用 WS- 安全会话（secure conversation）规范建立安全通道。在这种情况下，OPC UA 应用只是简单地需要验证当接收到消息

时 WS- 安全转换是活动的。

安全通道是建立在一个客户端和一个服务器之间的长时运行的逻辑连接。该通道维护仅对于客户端和服务器已知的密钥集，该密钥集用于鉴别和加密在网络上发送的消息。安全通道服务允许客户端和服务器安全地协商将要使用密钥。

OPC UA 应用会话与安全通道间的关系如图 1–26 所示。OPC UA 应用使用通信栈交换消息。首先，安全通道服务用于在两个道信栈间建立安全通道，允许在两个通信栈间以安全方式交换消息。其次，OPC UA 应用使用会话服务集建立 OPC UA 应用会话。

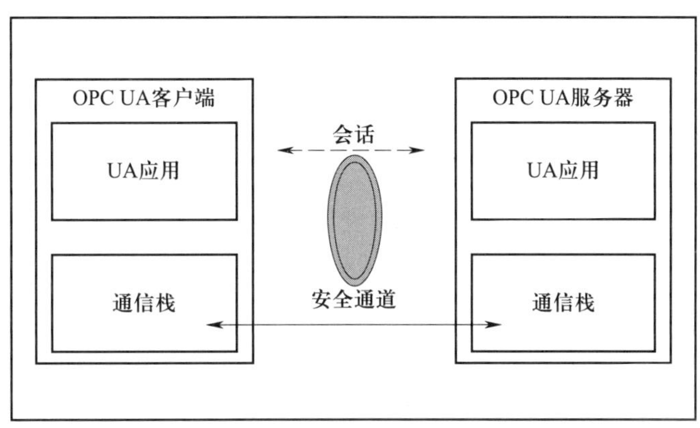

图 1–26　安全通道和会话服务

（3）会话服务集

本服务集定义了在代表特定用户的会话中，建立应用层连接所使用的服务。

（4）节点管理服务集

节点管理服务集允许客户端添加、修改和删除地址空间的节点。这些服务提供用于服务器配置的接口。

（5）视图服务集

视图是公开定义的由服务器建立的地址空间子集。整个地址空间是缺省视图，而且视图服务能在整个地址空间中操作。视图服务集允许客户端通过浏览发现视图中的节点。浏览允许客户端在层次结构中向上 / 下导航，或跟随包含在视图中节点的引用，浏览也允许客户端发现视图结构。

（6）查询服务集

查询服务集允许用户在不浏览也不了解内部存储数据逻辑结构的情况下，访问地址空间。查询允许客户端基于客户端提供的过滤准则选择视图中节点的子集。通过查询语句从视图中选择的节点被称为结果集。

服务器可能发现处理要求访问实时数据的查询是困难的，例如，设备数据，这些实时数据涉及资源敏感操作或重要的延时。在这种情况下，服务器可拒绝该查询。

（7）属性服务集

属性服务集用于读写属性值。属性是由 OPC UA 定义的节点的原始特性。属性可以不由客户端或服务器定义。在地址空间中只有属性是唯一允许具有数据值的元素。数值属性是特殊属性，用于定义变量的值。

（8）方法服务集

方法表示对象的功能调用。方法被调用并在完成后，无论成功与否都要返回信息。方法的执行时间是不同的，这取决于方法执行的功能。

方法服务集定义了调用方法的手段。方法是对象的组件，可通过浏览和查询服务来发现。

因为方法可以控制某些厂级操作，所以方法调用可能取决于环境或其他条件，例如，当在执行完方法后尝试立即重新调用方法。调用方法要求的条件可能不会返回到允许方法重新开始的状态。此外，某些方法可能支持并行调用，而其他方法在给定时间内可能只执行单个调用。

（9）监视项服务集

客户端使用监视项服务集建立和维护监视项。监视项监视变量、属性和事件通知。当监视项检测到某些条件时产生通知。监视项监视变量的值或状态、值的属性是否变化，以及是否有新产生的报警和事件报告的事件通知者。

每个监视项识别要监视的项，并标识用于周期发布客户端通知的订阅。每个监视项也规定对项进行监视（采样）的频率，对于变量和事件通知者，过滤标准被用于确定什么时间产生通知。

监视项定义的采样频率可能比订阅的发布频率快。为此，可将监视项配置为对所

有通知排队或仅对订阅要传输的最新的通知排队。在后一种情况，对列长度为1。

监视项服务也定义监视模式。监视模式可配置为禁止采样和报告、仅允许采样或允许采样和报告。当允许采样时，服务器采样该数据项。此外每个采样被评估以确定是否应产生通知。如果判断应该产生，则将通知加入队列。如果允许产生报告，通知被设置为订阅可见的。

最后，可以配置监视项以触发其他监视项产生报告。在这种情况下，被触发的数据项的监视模式通常被设置为仅采样。当触发监视项产生通知时，任何加入队列的被触发的监视项的通知可用于传输订阅。

（10）订阅服务集

客户端使用订阅服务建立和维护订阅。订阅是为分配给它们的监视项周期地发布通知消息的实体。通知消息包含一个通用的头和附加其后的一系列通知。通知格式对于监视项类型是特定的（变量、属性和事件通知）。

一旦产生订阅，订阅的存在就与客户端和服务器的会话无关。这允许一个客户端产生订阅，允许另一个（可能是一个冗余客户端）接收订阅的通知消息。

为防止客户端不使用的订阅存在，订阅有一个可配置的生命周期，可由客户端定期更新。如果任何客户端无法更新生命周期，导致生命周期到期，服务器关闭该订阅。当关闭订阅时，所有分配给订阅的监视项被删除。

订阅包括支持丢失消息侦测和恢复的特性。每个通知消息包含允许客户端侦测丢失消息的序列号。当在保持活动的时间间隔内没有发送通知时，服务器发送保持活动消息，该消息包含下一个要发送的通知消息的序列号。如果客户端在保持活动间隔到期后没有接收到消息，或已确定有丢失消息，客户端请求服务器再次发送一个或更多消息。

二、软件集成技术

工业4.0时代的软件按技术形态来说，包含系统软件、应用软件、中间件软件、嵌入式软件等，大致可以分成两类，一类是指植入硬件产品或生产设备的嵌入式软件，它可以细分为操作系统、嵌入式数据库和开发工具、应用软件等，通过植入硬件产品或嵌入生产设备系统，并采用各种智能化传感器，实现设备的自动化、智能化，从而对各种设备和系统运行过程进行控制、监测、管理。另一类是生产过程或管理过程的应用软件。生产和管理过程覆盖产品研发、设计、生产、制造、流通的全过程，应用软件则是这些过程进行集成的顶层软件。例如，MES、ERP、SCM（供应链管理）、PLM（产品生命周期管理）、CRM（客户关系管理）等。

1. 软件架构的概念

软件架构（software architecture）是一系列相关的抽象模式，用于指导大型软件系统各个方面的设计。软件体系结构是构建计算机软件实践的基础。

从本质上来看，软件架构属于一种系统草图。软件架构所描述的对象就是对系统构成进行抽象形成的组件，各个组件之间的连接就是做到把组件之间存在的通信比较明确与相对细致地进行描述。处于相应的系统实现环节，那么就会使得细化这些抽象组件成为现实的组件，例如，可以是具体的某个类或者对象。从面向对象领域进行分析，那么各个组件之间连接的具体实现往往是接口。

软件架构为软件系统提供了一个结构、行为和属性的高级抽象，由构件的描述、构件的相互作用、指导构件集成的模式以及这些模式的约束组成。软件架构不仅显示了软件需求和软件结构之间的对应关系，而且指定了整个软件系统的组织和拓扑结构，提供了一些设计决策的基本原理。

对软件架构的定义有很多种。通用的定义是：某个软件或计算机系统的软件架构是该系统的一个或多个结构，它们由软件元素、软件元素的外部可见属性以及软件元素之间的关系组成。这里所说的某个元素的“外部可见属性”是指其他元素对该元素所做的假设，如它所提供的服务、性能特征、错误处理、共享资源的使用等。其他的定义还有：架构是一种高层设计。架构是系统的总体结构。架构是组件和连接器。架构模式是对元素和关系类型以及一组对其使用方式限制的描述。参考模型是一种考虑数据流的功能划分。参考架构是映射到软件元素（它们相互协作，共同实现在参考模型中定义的功能）及元素之间数据流上的参考模型。

2. 软件架构模式

在进行软件架构设计时，根据不同的抽象层次可分为三种不同层次的模式：架构模式（architectural pattern）、设计模式（design pattern）和代码模式（coding pattern）。

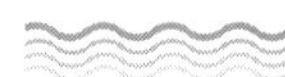

架构模式是一个系统的高层次策略。涉及大尺度的组件以及整体性质。架构模式的好坏可以影响到总体布局和框架性结构。

设计模式是中等尺度的结构策略。这些中等尺度的结构实现了一些大尺度组件的行为和它们之间的关系。设计模式的好坏不会影响到系统的总体布局和总体框架。设计模式定义了子系统或组件的微观结构。

代码模式是特定的范例和与特定语言有关的编程技巧。代码模式的好坏会影响到一个中等尺度组件的内部、外部的结构或行为的底层细节，但不会影响到一个部件或子系统的中等尺度的结构，更不会影响到系统的总体布局和大尺度框架。

对于软件系统而言，软件架构设计工作非常重要，它描述了软件系统的基本结构组织，为软件系统提供了最基础的框架。所以，在需求分析之后，在系统分析与设计之前，参考经验模式，选择或设计软件系统的架构是很必要的。架构模式提供一些事先已经定义好的子系统，指定它们的责任，并给出把它们组织在一起的法则和指南。

当前常见的架构模式包括单机应用系统、客户端/服务器（包括两层 C/S、三层 C/S、多层 C/S、B/S）结构、MVC（model view controller）结构、SOA（service-oriented architecture）多服务结构、企业数据交换总线结构等。

（1）单机应用系统

单机应用系统是最简单的软件结构，是指运行在一台物理机器上的独立应用程序。当然，该应用可以是多进程或多线程的。

在信息系统普及之前，大多数软件系统其实都是单机应用系统。单机应用系统并不意味着它们简单，实际上这样的系统有时候更为复杂。这是因为软件技术最初普及时，多数行业只是将软件技术作为辅助手段来解决自己专业领域的问题，其中大多是较深入的数学问题或图形图像处理算法的实现。这些软件系统，从今天的软件架构上来讲，却很简单，是标准的单机系统。即便是分层结构普及的今天，复杂的单机系统也还有很多，它们大多是专业领域的产品，例如，CAD/CAM 领域的 ProEngineer、Autodesk 的 AutoCAD，还有熟悉的 Photoshop、CorelDraw 等。

（2）客户端/服务器

客户端/服务器（Client/Server）结构是一种常见的软件结构。该概念来源于基于

TCP/IP 协议的进程间通信（IPC）编程的“发送”与“反射”程序结构，即 Client 方向 Server 方发送一个 TCP 或用户数据报协议（UDP）包，然后 Server 方根据接收到的请求向 Client 方返回 TCP 或 UDP 数据包（这里是指建立 TCP/IP 连接以后的应用程序逻辑，不涉及如 TCP 建立连接的三方握手过程）。IPC 编程的客户端 / 服务器逻辑如图 1–27 所示。

上述 IPC 编程中的客户与服务，在过去只是一个普通的标准程序结构与编程方法，不会有人将其提高到软件架构的高度。但其实，现代流行的各种 C/S 架构，其本质却正是如此。目前，还没有任何一种客户端 / 服务器架构的软件超出这个范围。因此，现代各种客户端 / 服务器模式的软件结构实际上是对 IPC 编程中客户 / 服务程序结构更加产品化与成熟化的结果。

现代流行的客户端 / 服务器的软件结构有两层 C/S 结构、三层 C/S 结构、多层 C/S 结构。

1）两层 C/S 结构。两层 C/S 结构其实就是人们所说的“胖客户端”模式，它完全是 IPC 客户端 / 服务器结构的应用系统体现。

在实际的系统设计中，这类结构主要是指前台客户端加上后台数据库管理系统。在两层 C/S 结构中，前台界面加上后台数据库服务的模式最为典型，很多数据库前端开发工具（如 PowerBuilder、Delphi、C++Builder、VB）等都是用来专门开发这种结构的软件系统。

两层 C/S 结构实际上是将前台界面与相关的业务逻辑处理服务的内容集成在一个可运行单元中，如图 1–28 所示。

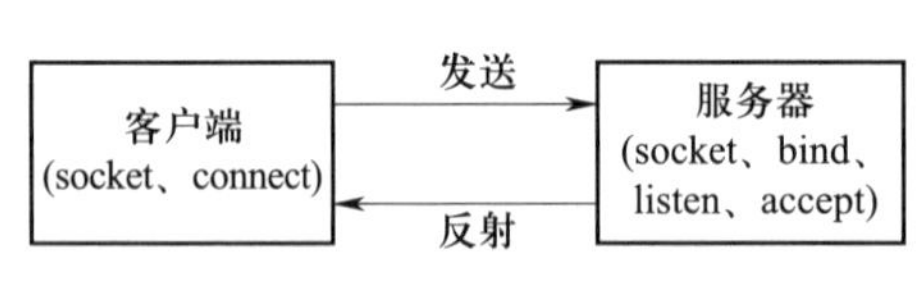

图 1–27　客户端 / 服务器逻辑

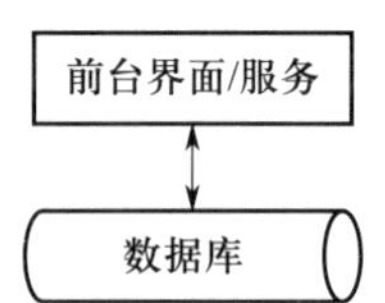

图 1–28　两层 C/S 结构

2）三层 C/S 结构。三层 C/S 结构如图 1–29 所示，前台界面除把数据库存取操作请求送到后台服务之外，还会把很多其他业务逻辑需要处理的请求送到后台服务进行处理。三层 C/S 结构的前台界面与后台服务之间必须通过一种协议来通信（包括请

求、回复、远程调用等）。这些协议的实现方式通常包括以下几种：

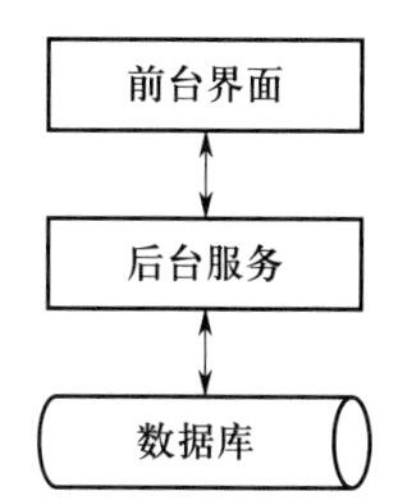

图 1–29　三层 C/S 结构

①基于 TCP/IP 协议，直接在底层 socket API 基础上自行开发。这种实现方式一般只适合需求与功能简单的小型系统。

②自定义的消息机制（封装 TCP/IP 与 socket 编程），前台与后台之间的通信通过该消息机制来开发。消息机制可以基于 XML，也可以基于字节流（Stream）定义。虽然是自定义的协议，但可以基于此构建大型分布式系统。

③基于 RPC 编程。

④基于 CORBA/IIOP 协议。

⑤基于 Java RMI。

⑥基于 J2EE JMS。

⑦基于 HTTP 协议。如浏览器与 Web 服务器之间的交互便是如此。需要指出的是，HTTP 不是面向对象的，面向对象的应用数据会被首先平面化后进行传输。

目前，最典型的基于三层 C/S 结构的应用模式是 B/S（Brower/Server，浏览器 / 服务器）结构，如图 1–30 所示。B/S 结构中，Web 浏览器用于文档检索和显示客户应用程序，并通过超文本传输协议 HTTP 与 Web 服务器相连。在 B/S 结构里，通用的、低成本的浏览器节省了两层 C/S 结构模式中客户端软件的开发和维护费用。这些浏览器大家都很熟悉，包括微软 Internet Explorer、Mozilla、FireFox 等。

Web 服务器是指运行在因特网上某种类型计算机中的程序。当 Web 浏览器（客户端）连到服务器上并请求文件或数据时，服务器将处理该请求并将文件或数据发送到该浏览器上，附带的信息会告诉浏览器如何查看该文件（即文件类型）。服务器使用 HTTP 进行信息交换，这就是人们常把它们称为 HTTPD 服务器的原因。

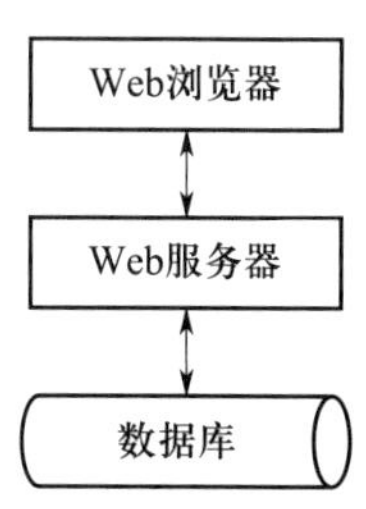

图 1–30　B/S 结构

从上面对 B/S 结构的介绍可以看到，在 B/S 结构里，浏览器与 Web 服务器之间的通信仍然是 TCP/IP，只是将协议格式在应用层标准化了而已。实际上，B/S 结构是采用了通用客户端界面的三层 C/S

结构。

3）多层 C/S 结构。多层 C/S 结构一般是指三层以上的结构，在实际使用中主要是三层和四层，四层 C/S 结构即前台界面（如浏览器）、Web 服务器、中间件（或应用层）、数据库，典型的客户端 / 服务器软件结构如图 1–31 所示。

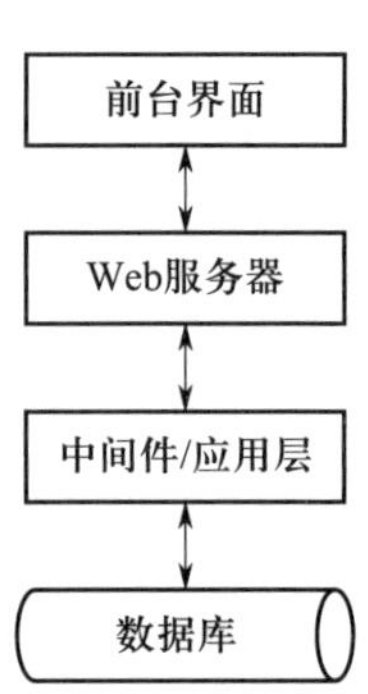

图 1–31　多层 C/S 结构

多层 C/S 结构主要用于较大规模的企业信息系统建设，其中，中间件 / 应用层主要完成以下几个方面的工作：

①增强系统可伸缩性，提高并发性能。在大量并发访问发生的情况下，Web 服务器可处理的并发请求数可以在中间件一层得到更进一步的扩展，从而提高系统整体并发连接数。

②中间件 / 应用层专门完成请求转发或一些与应用逻辑相关的处理，具有这一作用的中间件一般可以作为请求代理，也可作为应用服务器。中间件的这种作用在 J2EE 的多层结构中比较常用，例如，BEA WebLogic、IBM WebSphere 等提供的 EJB 容器，就是专门用于处理复杂业务逻辑的中间件技术组成部分。

③增加数据安全性。在网络设计中，Web 服务器一般处于非军事区，即直接可以被前端用户访问到，如果是一些在公网上提供服务的应用，则 Web 服务器一般可以被所有能与服务器联网的用户直接访问。因此，如果在软件结构设计上从 Web 服务器就可以直接访问企业数据库是不安全的。中间件的存在，可以隔离 Web 服务器对企业数据库的访问请求，Web 服务器将请求先发给中间件，然后由中间件完成数据库访问处理后返回结果。

（3）MVC 结构

MVC 的概念在目前信息系统设计中非常流行。严格来讲，MVC（model–view–controller）实际上是多层 C/S 结构的一种常用的标准化模式，或者可以说是从另一个角度去抽象多层 C/S 结构。

在 J2EE 架构中，Model 模型层指应用逻辑实现及数据持久化的部分；View 表示层指浏览器层，用于图形化展示请求结果；Controller 控制器指 Web 服务器层。目前流行的 J2EE 开发框架，如 JSP、Struts、Spring、Hibernate 等及其之间的组合，如

Struts+Spring+HibernateSSH、JSP+Spring+Hibernate 等都是面向 MVC 架构。另外，PHP、Perl、MFC 等语言都有 MVC 的实现模式。

在以前传统 JSP 程序中，网页与数据访问是混合在一起的，在 MVC 中强制要求表示层（View）与模型层（Model）代码分开，控制器（如 Servlet）则可以用来连接不同的模型和视图去完成用户的需求。

从分层体系的角度来讲，MVC 结构如图 1–32 所示，控制器与视图通常处于 Web 服务器一层，根据“模型”有没有将业务逻辑处理分离成单独服务处理，MVC 可以分为三层或四层体系。

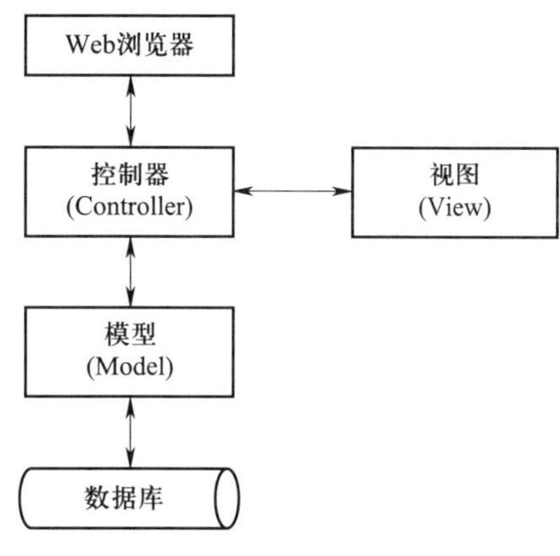

图 1–32　MVC 结构

（4）SOA 多服务结构

在 SOA 的概念中，将由多层服务组成的一个节点应用看作一个单一的服务。在 SOA 的定义里，对“服务”的概念进行了广义化，即它不是指计算机层面的一个后台线程，而是指向外提供一组整体功能的独立应用系统。所谓独立应用系统，是指无论该应用系统由多少层服务组成，去掉任何一层，它都将不能正常工作，对外可以是一个提供完整功能的独立应用。这个特征可以将多服务体系与多层单服务体系完全区分开。

在 SOA 中，两个应用之间一般通过消息进行通信，可以互相调用对方的内部服务、模块或数据交换、驱动交易等。在实际使用中，通常借助中间件实现 SOA 的需求，如消息中间件、交易中间件等。

多服务结构的实质是消息机制或远程过程调用（RPC）。虽然其具体的实现底层并不一定采用了熟悉的 RPC 编程技术，但两个应用之间的相互配合确实是通过某种预定义的协议来调用对方的“过程”实现的，这与多层架构的单点应用系统中，两个处于不同层的运行实例相互之间通信的协议类型基本是相同的。

（5）企业数据交换总线结构

实践中，还有一种较常用的结构：企业数据交换总线结构，即不同企业应用之间进行信息交换的公共通道，如图 1–33 所示。

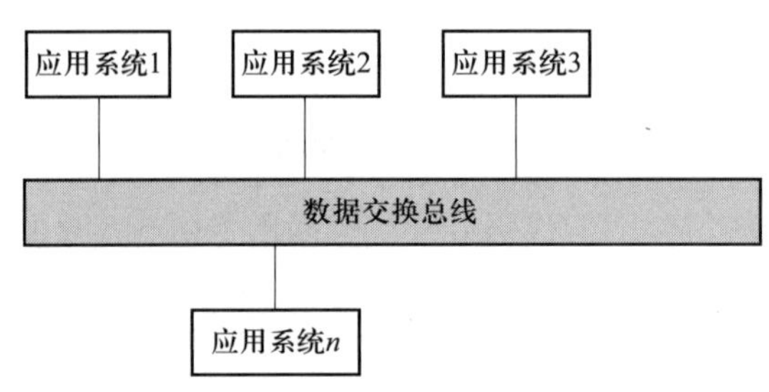

图 1–33　企业数据交换总线结构

企业数据交换总线结构在大型企业不同应用系统进行信息交换时使用较普遍，在国内，主要应用在银行或电信等信息化程度较高的行业。其他许多行业虽然也有类似的需求，但大多是以手工或半自动化来实现该项需求的，并没有达到“企业数据交换总线”的层次。

关于数据总线本身，其实质是一个可称之为连接器（connector）的软件系统，它可以基于中间件（如消息中间件或交易中间件）构建，也可以基于 CORBA/IIOP 协议开发，主要功能是按照预定义的配置或消息头定义，进行数据（data）、请求（request）或回复（response）的接收与发送。

从理论上来讲，企业数据交换总线可以同时具有实时交易和大数据量传输的功能，但在实际应用中，成熟的企业数据交换总线主要是为实时交易而设计的，对可靠的大数据量传输需求往往要另外单独设计。如果采用 CORBA 为通信协议，交换总线就是对象请求代理（object request broker，ORB）。另外，在交换总线上挂接的软件系统，有些也可以实现代理的功能，各代理之间可以并行或串行的方式进行工作，通过挂接在同一交换总线上的控制器来协调各代理之间的活动。

3. 数据集成技术

（1）企业数据总线

企业数据总线（enterprise data bus）是从分析企业各类数据的产生、流转、整合、应用等各个阶段入手，在把握企业数据的流动性、方向性、交互性特征基础上，形成的以某几类数据为主线的数据网络拓扑结构。在企业数据总线中，汇集了企业运转所需要的各类数据，通过这些数据可以全面反映企业的经营状况。

目前，很多企业都面临以下问题：数据架构规划缺位带来的数据异构分布问题；数据孤岛、冗余和流程割裂带来的数据不一致问题；元数据管理不统一带来的数据血缘关系混乱问题；数据私有化、应用部门条块化带来的数据质量不高问题等。数据服务总线概念的提出正是解决这些问题的一种新思路。

建立企业级信息总线来实现业务系统与各渠道系统以及各业务系统之间的集成是实现柔性架构的较好选择。各系统之间不再相互连接，而是通过信息总线实现间接连接，从而构成一个星形的、松耦合的应用体系架构。信息总线是个逻辑概念，其具体形式可以很灵活，可以是一个元总线概念，而不一定是一个中心，甚至还可以部分采取点对点直连的方式，以此满足应用系统客观上的差异需求。

企业级信息总线的建设要超越“部门级”和“产品级”的视野，根据整个企业的发展方向来构建信息化体系，以此保证 IT 总体架构的柔性。企业级信息总线系统的建设可分为以下两个阶段：第一阶段是建立面向服务的企业级信息总线，实现渠道系统、业务系统和管理系统的应用与数据共享；第二阶段是实现基于信息总线的业务流程整合，利用业务流程管理（BPM）技术实现不同系统间流程的衔接，解决流程割裂的问题。

企业级信息总线首要任务应是建设企业应用服务总线（enterprise application service bus，EASB）和企业数据服务总线（enterprise data service bus，EDSB）。EASB 通过注册和发布不同系统的应用服务、屏蔽不同系统在通信和数据提供方式上的差异，实现应用服务的共享。EDSB 提供不同系统间数据传输的高速通道，同时实现数据基于一定标准的转换和存储，并对外提供直接数据服务。通过 EDSB 可实现不同系统之间数据关系的松耦合，以更加直接的方式实现企业的信息资源共享。

从信息获取的角度看，EDSB 有别于 EASB 之处在于它获取的信息是“生”（raw）的，对数据的操作是批量的、直接的。EDSB 的实现是数据从单个部门、单个系统通过公共服务提供平台从专有迈向共享的过程。数据服务，即面向服务的数据共享本质上是一种设计风格，它通过松耦合的可重复服务将相关的数据直接呈现给各种用户和流程，并利用开放标准获得数据的可互操作性。

数据服务总线由有组织的数据及其集成平台构成，数据集成平台能够提供强大的数据级功能和共享服务方法，支持数据使用者以一致和可重复的方式访问任何位置、任意形式的数据。借助数据集成平台提供开放的、基于标准的数据服务功能（包括数据访问、语义调解、数据管理等），可以提高企业范围内数据的可用性。

（2）WebService 技术

WebService（Web 服务）也叫 XML WebService。WebService 是一种可以接收从 Internet 或者 Intranet 上的其他系统中传递过来的请求，是轻量级的、独立的通信技术。通过 SOAP 在 Web 上提供的软件服务，使用 WSDL 文件进行说明，并通过 UDDI 进行注册。

XML：扩展型可标记语言（extensible markup language）。面向短期的临时数据处理、面向万维网络，是 SOAP 的基础。

SOAP：简单对象存取协议（simple object access protocol），是 XML WebService 的通信协议。当用户通过 UDDI 找到 WSDL 描述文档后，通过 SOAP 调用建立的 Web 服务中的一个或多个操作。SOAP 是 XML 文档形式的调用方法的规范，它可以支持不同的底层接口，像 HTTP（S）或者简单邮件传输协议（SMTP）。

WSDL：WSDL（web services description language）文件是一个 XML 文档，用于说明一组 SOAP 消息以及如何交换这些消息。大多数情况下由软件自动生成和使用。

UDDI：统一描述、发现和集成（universal description discovery and integration）协议，是一个主要针对 Web 服务供应商和使用者的新项目。在用户能够调用 Web 服务之前，必须确定这个服务内包含哪些商务方法，找到被调用的接口定义，还要在服务端来编制软件，UDDI 是一种根据描述文档来引导系统查找相应服务的机制。UDDI 利用 SOAP 消息机制（标准的 XML/HTTP）来发布、编辑、浏览以及查找注册信息。它采用 XML 格式来封装各种不同类型的数据，并且发送到注册中心或者由注册中心来返回需要的数据。

Web 服务有两层含义：第一层，是指封装成单个实体并发布到网络上的功能集合体；第二层，是指功能集合体被调用后所提供的服务。简单地讲，Web 服务是一个统一资源标识符（URI）资源，客户端可以通过编程方式请求得到它的服务，而不需要知道所请求的服务是怎样实现的，这点与传统的分布式组件对象模型不同。

Web服务的体系结构是基于Web服务提供者、Web服务请求者、Web服务中介者三个角色和发布、发现、绑定三个动作构建的。简单地说，Web服务提供者就是Web服务的拥有者，它等待为其他服务和用户提供自身已有的功能；Web服务请求者就是Web服务功能的使用者，它利用SOAP消息向Web服务提供者发送请求以获得服务；Web服务中介者的作用是把一个Web服务请求者与合适的Web服务提供者联系在一起，它充当管理者的角色，一般是UDDI。这三个角色是根据逻辑关系划分的，在实际应用中，角色之间很可能有交叉：一个Web服务既可以是Web服务提供者，也可以是Web服务请求者，或者二者兼而有之。Web服务中，“发布”是为了让用户或其他服务知道某个Web服务的存在和相关信息；“查找（发现）”是为了找到合适的Web服务；“绑定”则是在提供者与请求者之间建立某种联系。

实现一个完整的Web服务包括以下步骤：

1）Web服务提供者设计实现Web服务，将调试正确后的Web服务通过Web服务中介者发布，并在UDDI注册中心注册。（发布）

2）Web服务请求者向Web服务中介者请求特定的服务，Web服务中介者根据请求查询UDDI注册中心，为Web服务请求者寻找满足请求的服务。（发现）

3）Web服务中介者向Web服务请求者返回满足条件的Web服务描述信息，该描述信息用WSDL写成，各种支持Web服务的机器都能阅读。（发现）

4）利用从Web服务中介者返回的描述信息生成相应的SOAP消息，发送给Web服务提供者，以实现Web服务的调用。（绑定）

5）Web服务提供者按SOAP消息执行相应的Web服务，并将服务结果返回给Web服务请求者。（绑定）

4. 中间件技术

中间件是位于平台（硬件和操作系统）和应用之间的通用服务，这些服务具有标准的程序接口和协议。针对不同的操作系统和硬件平台，它们可以有符合接口和协议规范的多种实现。很难给中间件一个严格的定义，但中间件应具有以下一些特点：满足大量应用的需要；运行于多种硬件和操作系统平台；支持分布计算，提供跨网络、硬件和操作系统的透明性应用或服务的交互；支持标准的协议；支持标准的接口。

中间件是基础软件的一大类，属于可复用软件的范畴，是一种介于应用软件和操作系统之间的、独立的系统软件或服务程序。它能屏蔽操作系统和网络协议的差异，帮助管理各种复杂的、异构的分布系统，并为处于上层的应用程序提供一个标准的开发与运行环境，使得分布式应用软件能够独立于特定的硬件和操作系统，帮助用户灵活、高效地开发和集成复杂的应用软件。在中间件产生以前，应用软件都是直接与操作系统交互，直接处理通信协议、直接访问数据库，而操作系统、通信协议、数据库这些都是计算机的底层设施，应用软件与底层的交互越多，应用软件开发的复杂性越高，开发者需要处理的棘手问题越多，软件开发的效率越低。

在不同的角度或不同的层次上，对中间件的分类也会有所不同。由于中间件需要屏蔽分布环境中异构的操作系统和网络协议，它必须能够提供分布环境下的通信服务，这种通信服务称为平台。基于目的和实现机制的不同，将平台分为以下两类：通信中间件技术和消息中间件技术。

（1）通信中间件技术

通信中间件技术可分为分布式组件技术、远程过程调用技术、CORBA 等。

1）分布式组件技术。分布式组件技术是面向对象技术之后为满足网络应用和软件复用要求出现的重大新兴技术。目前，分布式组件技术正在取代传统的软件设计方法。分布式组件技术解决了软件复用和软件“积木化”，而复用导致更快的软件开发和高质量的软件。同时，分布式的架构完美地支撑了网络应用的开发，并为应用提供了很好的开放性和可伸缩性。组件软件易于维护，因为它的结构是内在松耦合的，这样，当进行修改时，产生极小的副作用。分布式技术在工业自动化领域也取得了广泛的应用，如数据访问的标准 OPC。

从分布式组件技术的观点看，基于组件的应用程序由组件、框架和对象总线组成。与面向对象技术比较，组件技术实现了软件的二进制代码复用，它是开发网络环境下分布式异构平台应用的一个有力工具。组件是软件开发和使用时具有一定功能并可以打包和维护的基本单位。它的特点是具有特定的功能，是完成一定任务的部件，并可以组合成更大的部件，可自我描述。它具有工作在不同环境下的能力，可无缝插用。组件可以被打包成软件部件，可维护。组件的划分和设计应该使之成为易于维护和升

级的单位。

框架是用于运行和集成组件的结构。利用组件技术实现的应用程序，其结构由框架负责管理和实现，组件之间不再互相调用，而是由框架调用这些组件。更重要的是，框架作为软件设计的统一解决方案，可以像组件一样在不同的应用中复用，从而实现更高层次的代码复用。框架分为三种：水平框架、复合文档框架和垂直框架。水平框架不针对特殊的领域，提供了普遍意义上的框架。复合文档框架面向数据和文档，如OpenDoc、OleDocument 和 JavaBeans 等。垂直框架被设计成能处理给定领域的各种特定问题的框架。

对象总线是一种特殊的机制，它使一个应用程序中的组件和框架可以调用分布式环境中其他组件和框架的服务和功能，从而把组件和对象的能力扩展到整个网络中，使成千上万的独立组件可以在不同的软硬件平台和环境中无缝协调地工作。例如，CORBA、MOM 等都是典型的对象总线。对象总线通过接口定义语言，将不同的对象连接在一起，使之成为可在网络中被调用的中间件。总之，在组件技术中，组件提供软件单元，框架负责把这些单元组合排列成有机的应用，而对象总线则在不同的框架和组件之间完成透明的调用服务，从而实现网络上不同的节点处的分布式应用。

2）远程过程调用技术。远程过程调用（remote procedure call，RPC）协议，是一种通过网络从远程计算机程序上请求服务，而不需要了解底层网络技术的协议。RPC 协议假定某些传输协议的存在，如 TCP 或 UDP，为通信程序之间携带信息数据。在开放系统互联（OSI）网络通信模型中，RPC 跨越了传输层和应用层。RPC 使得开发包括网络分布式计算在内的应用程序更加容易。

RPC 采用客户端 / 服务器模式。请求程序就是一个客户端，而服务提供程序就是一个服务器。首先，客户端调用进程发送一个有进程参数的调用信息到服务进程，然后等待应答信息；在服务器端，进程保持睡眠状态直到调用信息到达为止。当一个调用信息到达时，服务器获得进程参数，计算结果，发送答复信息，然后等待下一个调用信息，最后，客户端调用进程接收答复信息，获得进程结果，然后调用执行继续进行。

运行时，客户端对服务器的一次 RPC 调用，其内部操作大致有以下 10 步：

①调用客户端句柄，执行传送参数。

②调用本地系统内核发送网络消息。

③消息传送到远程主机。

④服务器句柄得到消息并取得参数。

⑤执行远程过程。

⑥执行的过程将结果返回服务器句柄。

⑦服务器句柄返回结果，调用远程系统内核。

⑧消息传回本地主机。

⑨客户端句柄由内核接收消息。

⑩客户端接收句柄返回的数据。

3）CORBA。公共对象请求代理体系结构（common object request broker architecture，CORBA）是由对象管理组织（OMG）制定的一种标准的面向对象应用程序的体系规范。或者说，CORBA 体系结构是 OMG 为解决分布式处理环境（DCE）中，硬件和软件系统的互联而提出的一种解决方案。

1991 年，OMG 提出了 CORBA1.1，定义了接口定义语言（IDL），开发出对象请求代理（ORB）中间件，在客户端 / 服务器结构中，ORB 通过一定的应用程序编程接口（API），实现对象之间的交互；1994 年 12 月，OMG 完成了 CORBA2.0，提出了互联网内部对象请求代理协议（internet inter–ORB protocol，IIOP），用以规范不同厂家的 ORB 之间的真正互通，同时增加了互操作性和对 C++ 及 SmallTalk 的匹配，OMG 期望通过上述规范，建立一种“连接世界的体系结构”。使用 CORBA，用户能在不知道软件和硬件平台以及网络位置的情况下透明地获取信息；CORBA 自动进行许多网络规划任务，例如，对象注册、定位、激活；多路径请求；分帧和错误处理机制；并行处理以及执行操作。

在 CORBA 体系规范中定义了多种类型的服务（service），如命名（naming）、生存期（life cycle）、事件（event）、事务（transaction）、对象持久化（persistent object）、查询（query）、特征（property）、时间（time）等服务功能。

在 CORBA 规范中，没有明确说明不同厂商的中间件产品要实现所有的服务功能，并且允许厂商开发自己的服务类型。因此，不同厂商的 ORB 产品对 CORBA 服务的支持能力不同，在针对待开发系统的功能进行中间件产品选择时，有更多的选择余地。

CORBA 服务内容包括下面几项：

①对象命名服务（naming service）。在命名服务中，通过将服务对象赋予一个在当前网络空间中的唯一标识来确定服务对象的实现。在客户端，通过指定服务对象的名字，利用绑定（bind）方式，实现对服务对象的查找和定位，进而可以调用服务对象实例中的方法。

②对象安全性（security）服务。在分布式系统中，服务对象的安全性和客户端应用的安全性一直是一个比较敏感的问题，安全性要求影响着分布式应用计算的每个方面。对于分布在互联网中的分布式应用来讲，为防止恶意用户或未经授权的方法调用对象的服务功能，CORBA 提供严格的安全策略，并制定相应的对象安全服务。安全服务可以实现以下功能：

a. 服务请求对象的识别与认证。

b. 授权和访问控制。

c. 安全监听。

d. 通信安全的保证。

e. 安全信息的管理。

f. 行为确认。

CORBA 系统将对象请求的安全性管理的功能交由 ORB 负责，系统组件只需负责系统本身的安全管理，使得基于分布式应用在安全性控制方面的责任十分明确。

③并发控制（concurrency control）服务。CORBA 规范中定义并发控制服务的目的在于实现多客户访问情况下的并发性控制和对共享资源的管理。并发控制服务由多个接口构成，能够支持访问方法的事务模型和非事务模型。两种模型的引入，非事务模型的客户在访问共享资源时，如果该资源被拥有事务模型的方法锁定（lock），则该客户转入阻塞状态，直到事务型方法执行结束，将共享资源锁打开，非事务模型的客户才能够访问该共享资源。并发控制服务使多个对象能够利用资源锁定的方式来对共享资源进行访问。在访问共享资源之前，客户对象必须从并发控制服务中获得锁定。在确认资源目前空闲时，获得资源的使用权。每个锁定是一个资源 - 客户对，说明哪个客户正在访问何种类型的资源。

④对象生命期（life cycle）服务。CORBA 中的生命期服务定义和描述了创建、删除、复制和移动对象的方法。通过生命期服务，客户端应用可以实现对远程对象的控制。

（2）消息中间件技术

基于消息中间件（message-oriented middleware，MOM）的分布式系统，是一种以消息为核心的分布式系统。分布式系统的节点之间不再以同步通信来协作，节点之间的亲和度下降。分布在不同节点的程序可在不同的时间运行，程序不在网络上直接相互通话，而是间接地将消息放入消息队列，因为程序间没有直接的联系，所以它们不必同时运行。消息放入适当的队列时，目标程序甚至根本不需要正在运行，即使目标程序在运行，也不意味着要立即处理该消息。基于 MOM 的分布式系统对应用程序的结构没有约束，在复杂的应用场合中，通信程序之间不仅可以是一对一的关系，还可以采取一对多和多对一方式，甚至是多种方式的组合。多种通信方式的构造并没有增加应用程序的复杂性。程序与网络复杂性相隔离，程序将消息放入消息队列或从消息队列中取出消息来进行通信，与此关联的全部活动，例如，维护消息队列、维护程序和队列之间的关系、处理网络的重新启动和在网络中移动消息等是 MOM 的任务，程序不直接与其他程序通话，并且它们不涉及网络通信的复杂性。

消息代理（message broker）是一种在数据源与目的地之间移动数据使信息处理流畅的软件技术，数据源与目的地包括已有的应用、文件、数据库、对象（如 CORBA）、硬拷贝输出及 Web 客户端等。消息代理技术实现之后的产品形式就是一种中间件。作为面向消息中间件的一部分，消息代理中间件在企业应用集成（enterprise application integration，EAI）中的作用日趋明显。在分布式环境下，业务单位四处散布，包罗万象的应用运行在不同的软、硬件平台上，消息代理中间件主要提供应用集成所必需的数据递送、收集、翻译、过滤、映射和路由等功能，屏蔽不同的硬件平台、数据库、消息格式、通信协议之间的鸿沟与差异，提供应用到应用之间高效、便捷的通信能力。

消息代理最典型的应用环境包括：许多程序，特别是混合多种语言；多个数据源以及异构数据库；应用的生命周期期望在 3 年以上；处理的高吞吐量，复杂的系统设计；在客户 / 服务器中存在“老的”或者已有的应用；进行系统的增强、增加和修改；复杂应用间的通信，既有企业内部的通信，又有企业间的通信。

消息传送模型分为点对点模型和发布 / 订阅模型：

1）点对点模型。点对点消息传送模型允许客户端通过队列这个虚拟通道同步和异步发送、接收消息。在点对点模型中，消息生产者称为发送者，消息消费者则称为接收者。点对点模型是一个基于提取或基于轮询的消息传送模型，这种模型从队列中请求消息，而不是自动地将消息推送到客户端。点对点消息传送模型的一个突出特点是发送到队列的消息被一个而且仅仅一个接收者所接收，即使可能有多个接收者在一个队列中侦听同一消息时，也是如此。

2）发布 / 订阅模型。在发布 / 订阅模型中，消息会被发布到一个名为主题（topic）的虚拟通道中。消息生产者称为发布者，消息消费者则称为订阅者。与点对点模型不同，使用发布 / 订阅模型发布到一个主题的消息，能够被多个订阅者所接收，因此，也称这项技术为广播消息。每个订阅者都会接收到每条消息的一个副本。总的来说，发布 / 订阅消息传送模型基本上是一个基于推送的模型，其中消息自动地向消费者广播，它们无须请求或轮询主题来获得最新消息。

第五节　实　　验

实验一：智能制造工业软件系统集成

一、实验目的

1. 熟悉 PLM、订单及仓储管理 /ERP、MES 等系统功能。

2. 熟悉各系统之间的信息集成内容。

3. 掌握各系统之间的信息集成方法。

二、实验相关知识点

1. 智能制造各系统功能，包括 PLM、订单及仓储管理 /ERP、MES。

2. 信息集成与应用集成技术。

三、实验内容

实现各系统（PLM、订单及仓储管理 /ERP、MES）之间的信息集成，具体包括 PLM 与订单系统的集成、PLM 与 MES、订单系统与 MES 的集成、仓储管理系统与 MES 之间的集成。

四、实验步骤

1. 根据各系统（PLM、订单及仓储管理 /ERP、MES）功能，确定需要集成的信息内容。

2. 设计数据集成方案，包括数据内容及格式、采用的数据集成方法。

3. 根据集成要求，选择相关方式（应用系统接口、数据库中间表等）实现各系统间的数据集成：

（1）PLM 与订单系统的集成，主要包括物料、物料清单（BOM）等。

（2）PLM 与 MES 的集成，主要包括工艺数据、工序库、工艺图纸等。

（3）订单系统与 MES 的集成，主要包括生产工单、工单执行情况反馈等。

（4）仓储管理系统与 MES 的集成，主要包括库存信息与 MES 的交互。

4. 测试集成效果，记录问题并修改完善。

实验二：MES 与智能产线的集成

一、实验目的

1. 掌握 MES 与智能产线的通信逻辑。

2. 掌握中间件的开发，实现 MES 与智能产线的集成。

二、实验相关知识点

1. MES。

2. OPC UA 协议、HTTP 协议。

3. JAVA。

三、实验内容

开发中间件，实现 MES 与智能产线的集成。

四、实验步骤

1. 步骤一：设计中间件功能。

要求如下：

（1）接收 MES 下发的工单信息，转发给智能产线。

（2）采集智能产线的运行数据，上报给 MES。

2. 步骤二：确定智能产线的通信参数和逻辑流程。

3. 步骤三：编写中间件。

（1）MES 下发工单给中间件。中间件提供 HTTP 接口供 MES 调用，MES 将工单信息和相关参数下发给中间件。

（2）中间件下发工单参数给智能产线。中间件通过 OPC UA 协议将 MES 下发的工单和参数信息，经过转换后发送给产线。

（3）定时监控与上报。中间件通过 OPC UA 协议定时监控产线的运行状态，并将状态数据通过 HTTP 协议上报给 MES。

4. 步骤四：测试及完善中间件。

编写测试，测试中间件的功能和性能，并记录测试问题，修复和改进中间件。

思考题

1. 智能制造系统集成的关键要素是什么？

2. 系统集成项目的实施阶段有哪些？

3. 工业企业信息化集成系统的典型架构有哪些？

4. 信息集成有几种模式？各有什么特点？

5. OPC UA 的概念与架构都是什么？

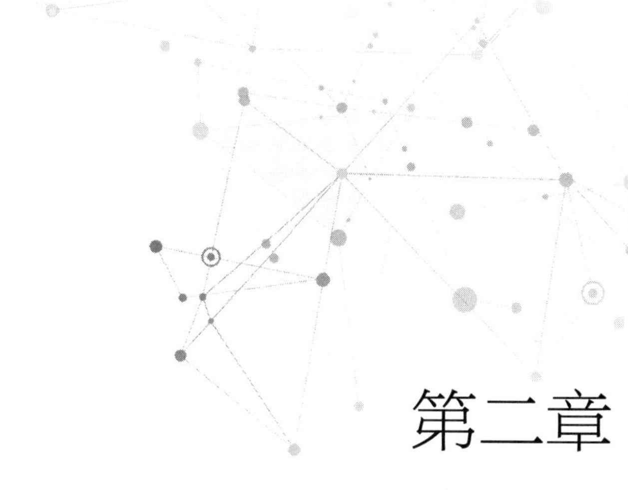

第二章 工业网络与通信技术

目前，我国正处在以信息技术、智能制造、新能源和新材料等战略性新兴产业为代表的新一轮技术创新浪潮中，传统工业控制系统与信息技术的结合日益紧密。工业网络与通信技术是构成智能化工业控制系统的关键所在，本章围绕工业网络与通信技术，介绍了工业网络基本概念、工业网络交换技术、工业网络路由技术、典型网络案例分析和实施流程。

- **职业功能：**智能制造共性技术运用。
- **工作内容：**应用工业网络交换技术和路由技术，搭建工业网络系统。
- **专业能力要求：**工业网络系统的设计。
- **相关知识要求：**工业网络基础、工业网络交换技术、工业网络路由技术等。

第一节 工业网络基础

考核知识点及能力要求：

- 掌握工业网络基础概念。
- 掌握工业现场总线特点、现状和发展趋势。
- 掌握以太网和工业以太网的概念、区别及应用。

一、工业网络概述

工业网络是指应用于工业领域的一种综合的集成网络，涉及计算机技术、通信技术、多媒体技术、控制技术和现场总线技术等。完整的工业网络一般为跨地区、信息与控制集成的网络。工业网络的目标在于实现全范围内的信息资源共享以及与外部世界的信息沟通，因此，工业网络可能同时存在局域网（local area network，LAN）、广域网（wide area network，WAN）、现场总线，并涉及不同网络互联。

控制网络同信息网络的主要差异在于：控制网络的数据传输与系统处理对实时性的要求远高于信息网络。控制网络能在恶劣环境中保持稳定、完整的数据传输。

工业网络有狭义和广义两种定义：

（1）狭义定义

工业网络是一种数字化的串行双向通信系统。这一技术可将所有的现场设备（如传感器、执行机构、驱动器等）与控制器用一根电缆连接在一起，形成现场设备级和车间级的数字化通信控制网络，可完成现场状态监测、控制、远程传输等功能。

（2）广义定义

在一个企业范围内将信号检测、数据传输、处理、存储、计算、控制等设备或系统连接在一起，以实现企业内部的资源共享、信息管理、过程控制，并能够访问企业外部资源和提供限制性外部访问，使得企业的生产、管理和经营能够高效率地协调运作，从而实现企业集成管理和控制的一种网络环境。

二、工业现场总线技术简介

现场总线应用于现场测量和控制目的。现场总线也称为现场总线控制系统（fieldbus control system，FCS）、现场总线系统、现场总线网络、现场总线网络系统或现场总线网络控制系统。

国际电工学会 IEC 61158 标准对现场总线的定义是：现场总线是一种用于底层工业控制和测量设备之间连接的数字式、串行、多点通信的数据总线。

1. 现场总线的特点

（1）实时性

现场总线具有较高的数据传输率，能合理分配总线资源，每个节点均能够及时收发信息。

（2）互操作性

互操作性是指不同厂商的现场设备可以实现互联，并可以进行信息交换和统一组态。

（3）互换性

互换性要求不同制造商生产的性能类似的设备可进行互换，即实现互用。

（4）开放性

开放性是指通信协议公开，各个不同厂家的设备之间可进行互联并实现信息交换。

（5）现场设备的智能化与功能自治性

这一特点是指传感测量、补偿计算、工程量处理与控制等功能分散到现场设备中完成，仅靠现场设备即可完成自动控制的基本功能，并可随时诊断设备的运行状态。

（6）经济性

经济性要求节点、传输介质价格廉价，减少电缆使用，解决现场装置的供电问题。

（7）安全性

安全性要求现场总线解决防爆问题，满足本质安全防爆要求。

（8）可靠性

可靠性要求现场总线解决环境适应性问题，具有较强的抗干扰能力。

2. 现场总线国际标准

由于刚开始没有一个统一的国际标准，各企业相继开发自己的总线产品，制定现场总线标准。据不完全统计，市场上的现场总线多达上百种，称为开放标准的也有很多。

制定现场总线国际标准的机构：

（1）国际标准化组织（international organization for standardization，ISO）

（2）国际电工委员会（international electrotechnical commission，IEC）

（3）国际电信联盟（international telecommunication union，ITU）

各个国家均有制定国家标准的组织。我国制定国家标准的组织是：国家标准化管理委员会（standardization administration of China，SAC）。

现场总线国际标准主要包括以下 5 个：

ISO 11898 是现场总线最早的国际标准，针对主要影响车辆、运输工具等方面的控制器局域网（control area network，CAN）总线。

ISO 11519 同 ISO 11898 一样，也是针对道路交通运输工具制定的现场总线标准。区别于 ISO 11898 针对高速 CAN，ISO 11519 针对低速 CAN 和车载局域网（vehicle area network，VAN）。

IEC 61784（连续和离散制造用现场总线行规）是对 IEC 61158 的解释和补充，涉及除 IEC 61158 报告外 7 个协议簇的 18 个工业自动化网络协议子集。

IEC 62026 和 IEC 61158 协议簇是国际电工委员会制定的两个应用于工业控制领域的现场总线标准。IEC 62026（控制电器与电器设备接口）标准比较简单，包括四种协议。IEC 61158 标准的第 4 版定义了 20 种现场总线，包括实时以太网 / 工业以太网，如图 2–1 所示为 IEC 61158 V4 现场总线汇总。

➢Type1	IEC/TS61158	现场总线	
➢Type2	CIP	现场总线/实时以太网	Allen- Bradley
➢Type3	PROFIBUS	现场总线	SIEMENS
➢Type4	P-NET	现场总线/实时以太网	丹麦Process-Data A/S
➢Type5	FF HSE	高速以太网(实时以太网)	现场总线基金会
➢Type6	SwiftNet	被撤销	
➢Type7	WorldFIP	现场总线	FIP
➢Type8	INTERBUS	现场总线/实时以太网	德国Phoenix
➢Type9	FF H1	现场总线	现场总线基金会
➢Type10	PROFINET	实时以太网	SIEMENS
➢Type11	TCnet	实时以太网	
➢Type12	EtherCAT	实时以太网	
➢Type13	Ethernet Powerlink	实时以太网	
➢Type14	EPA（中国）	实时以太网	
➢Type15	MODBUS-RTPS	实时以太网	Modicon
➢Type16	SERCOS-Ⅰ,Ⅱ	现场总线	
➢Type17	VNET/IP	实时以太网	
➢Type18	CC-Link	现场总线	日本三菱
➢Type19	SERCOS-Ⅲ	实时以太网	
➢Type20	HART	现场总线	Rosemount

图 2–1　IEC 61158 V4 现场总线汇总

3. 现场总线发展现状

目前在各行各业中现场总线应用多种多样，形成了多种现场总线并存的局面，表 2–1 列举了一些常用现场总线的应用情况。

表 2–1　常用现场总线的应用情况

总线类型	技术特点	主要应用场合	价格	支持公司
FF	功能强大，本质安全，实时性好，总线供电；但协议比较复杂	流程控制	较贵	Honeywell、Rosemount、ABB、Foxboro、横河、山武等
WorldFIP	有较强的抗干扰能力，实时性好，稳定性好	工业过程控制	一般	ALSTOM
Profibus PA	本质安全，总线供电，实际应用较多；但支持的传输介质较少，传输方式单一	过程自动化	较贵	Siemens
Profibus DP/FMS	速度较快，组态配置灵活	车间级通信、工业、楼宇自动化	一般	Siemens
InterBus	开放性好，与 PLC 的兼容性好，协议芯片内核由国外厂商垄断	过程控制	较便宜	独立的网络供应商支持

续表

总线类型	技术特点	主要应用场合	价格	支持公司
P-NET	系统简单，便宜，再开发简易，扩展性好；但响应较慢，支持厂商较少	农业、养殖业、食品加工业	便宜	PROCES-DATA A/S
SwiftNET	安全性好，速度快	航空	较贵	Boeing
CAN	采用短帧，抗干扰能力强，速度较慢，协议芯片内核由国外厂商垄断	汽车检测、控制	较便宜	Philips、Siemens、Honeywell 等
LonWorks	支持 OSI 七层协议，实际应用较多，开发平台完善，协议芯片内核由国外厂商垄断	楼宇自动化、工业、能源	较便宜	Echelon

4. 现场总线发展趋势

由于现场总线的种类很多，仅国际标准现场总线就多达 20 多种，而不同现场总线协议 / 规范的兼容性较差，因此，要实现不同现场总线之间的通信是非常困难的。

为此，人们寻求建立一个统一的开放的通信标准。在技术、价格、开放性及普及程度等方面具有优势的以太网（EtherNet）成为首选，应用于工业环境 / 工业自动化领域的以太网——工业以太网（Industrial EtherNet）被纷纷推出。随着大数据时代的到来，数字化企业、智能制造的发展需求，贯穿企业管理层至现场设备层的工业以太网通信技术已成为主流选择。

三、以太网与工业以太网

以太网作为通用基础设施的现代网络，无论是在企业还是在生活中，数字通信都非常重要。在工厂中，将会在大量设备之间传送信号状态、生产订单或诊断消息等数据。

1. 现代网络的分类

（1）局域网（LAN）

由 LAN 覆盖的区域是有限的，因为网络的允许范围取决于所使用的网络技术。

LAN 通常覆盖一个建筑或公司设施。所使用的技术对 LAN 的边界有着重大影响，精确的边界取决于由运营者提供的定义。无线 LAN（WLAN）和以太网是 LAN 领域中的典型网络技术。

（2）城域网（MAN）

MAN 是覆盖城市地区的网络。在 MAN 中，传输介质通常是支持较长距离的光缆。

（3）广域网（WAN）

与 LAN 或 MAN 相比，WAN 覆盖的范围更大，可以覆盖几个城市地区。WAN 将产生一个可用来连接多个数据交换网络的连接网络。一个 WAN 可覆盖最大 1 000 km 的范围。

（4）全域网络（GAN）

GAN 在覆盖范围上没有限制。在 GAN 中，传输介质是以海底光缆形式提供的数据通道。这意味着，理论上 GAN 没有范围限制，可以覆盖全球。

2. 开放系统互联（OSI）参考模型

OSI 参考模型如图 2–2 所示，该模型分为 7 层，除最上层之外的每一层均向上面一层提供其功能。

（1）物理层

物理层用于定义与传输介质的电气、光纤和机械连接。

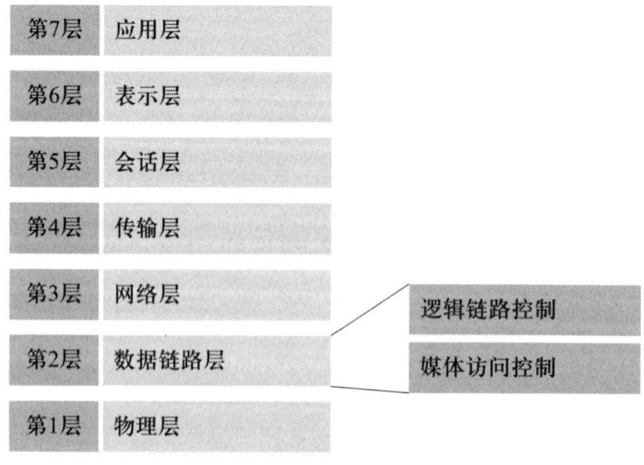

图 2–2　OSI 参考模型

（2）数据链路层

数据链路层用于规定传输、可传输单元中具体位的分组以及网络访问方法。第二层的功能也称为“媒体访问控制”（MAC），这就是有时也谈及 MAC 层的原因。

（3）网络层

网络层主要为数据在节点之间传输创建逻辑链路，通过路由选择算法为分组选择最佳路径，从而实现拥塞控制、网络互联等功能。网络层是以路由器为最高节点俯瞰网络的关键层，它负责把分组从源网络传输到目标网络的路由选择工作。

（4）传输层

传输层是网络体系结构中高低层之间衔接的一个接口层。传输层不仅仅是一个单独的结构层，而是整个分析体系协议的核心。传输层主要为用户提供 End-to-End（端到端）服务，处理数据报错误、数据包次序等传输问题。

（5）会话层

会话层的主要功能是负责维护两个节点之间的传输连接，确保点到点传输不中断，以及管理数据交换等功能。会话层在应用进程中建立、管理和终止会话。会话层还可以通过对话控制来决定使用何种通信方式，全双工通信或半双工通信。会话层通过自身协议对请求与应答进行协调。

（6）表示层

表示层为在应用过程之间传送的信息提供表示方法的服务。表示层以下各层主要完成的是从源端到目的端可靠地传送数据，而表示层更关心的是所传送数据的语法和语义。表示层的主要功能是处理在两个通信系统中交换信息的表示方式，主要包括数据格式变化、数据加密与解密、数据压缩与解压等。

（7）应用层

应用层是 OSI 参考模型中的最高层，是直接面向用户的一层，用户的通信内容要由应用进程解决，这就要求应用层采用不同的应用协议来解决不同类型的应用要求，并且保证这些不同类型的应用所采用的底层通信协议是一致的。

类似于所有与网络相关的标准，以太网网络遵循 OSI 参考模型。以太网标准描述了物理层的机制和介质，以及在媒体访问控制中对这些机制的访问。对于以太网较为重要的是第 1 层和第 2 层。

3. 以太网的传输介质

（1）介质的定义

在以太网网络中，物理层描述了不同传输介质以及所得的数据编码。在以太网标准中，每种介质都有一个具体子范围。

（2）IEEE 802.3 物理层子范围的描述

子范围的描述分为三部分：传输速率、传输方法和传输介质。100Base-TX 代表传输速率为 100 Mbit/s、基带传输（Base）和双绞线介质（TX）。如图 2-3 所示为以太网传输介质规范。

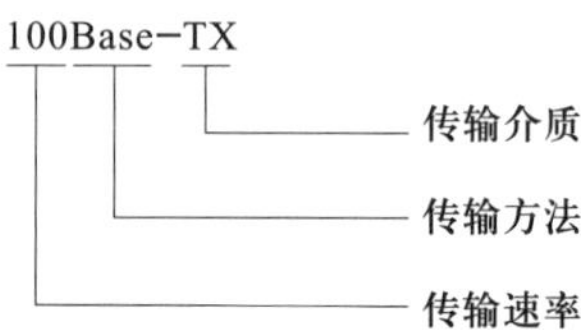

典型标准：

子范围	传输速率	介质
10Base5	10 Mbit/s	同轴电缆
10Base-T	10 Mbit/s	双绞线电缆 (TP)
100Base-TX	100 Mbit/s	双绞线电缆 (TP)
100Base-SX	100 Mbit/s	光纤电缆
1 000Base-T	1 000 Mbit/s	双绞线电缆 (TP)
1 000Base-LX	1 000 Mbit/s	光纤电缆

图 2-3　以太网传输介质规范

4. 以太网中的访问

（1）访问方法的定义

若要有目标地传输数据，物理层的功能描述是不够的。只有通过数据链路层的 MAC 层上的定义，才可以传输数据并在网络内有目标地发送数据。以太网标准描述了带有冲突检测的访问方法以及在 MAC 层上发生冲突后的步骤。

（2）帧格式和寻址定义

描述了以太网帧的格式和寻址方案。这对于保证一致的数据处理来说是必要的。如图 2-4 所示为以太网中的帧格式和寻址。

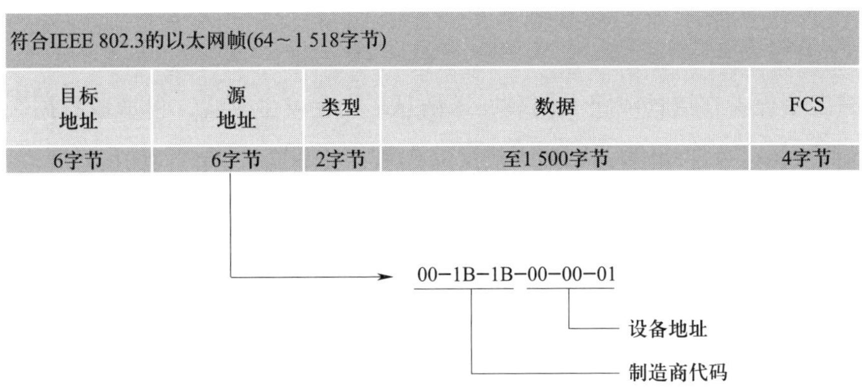

图 2-4　以太网中的帧格式和寻址

数据链路层上以太网定义的重要部分是以太网帧的格式。帧的长度为 64 ~ 1 518 B，基本上分为 5 部分：

1）目标地址。帧的目标 MAC 地址。该地址可以是节点或者多个节点的占位符。

2）源地址。发送节点的 MAC 地址。

3）类型。类型字段描述了在该帧中传输的协议的类型。该协议可以是以太网或者基于以太网的协议。

4）数据。帧的用户数据。

5）帧校验序列。帧校验序列（FCS）是一个从目标地址、源地址、类型和数据计算而来的字节序列。它由接收方使用以验证帧的有效性。如果帧因线路上的错误而改变，那么可借助于 FCS 检测到这种改变。

（3）MAC 地址

MAC 地址是以太网节点的物理接口。其长度为 6 B，通常为十六进制，且必须在网络中是唯一的。最初，该地址必须具有全局唯一性并进行硬编码，但很多节点现在具有可调整的地址。

该地址分离为代表设备制造商的组织唯一标识符（OUI）以及由制造商分配的设备地址。

（4）带冲突检测的载波侦听多路访问（CSMA/CD）方法

以太网是一个采用共享介质的协议。这意味着在任意时刻，一条线路上只能有一个设备发送数据。在经典以太网中，使用了仅提供两条线路的同轴电缆总线结构。

如果多个设备在这种线路上同时发送信息，则会发生重叠，可造成数据丢失，这种情况称为冲突，并将可能发生冲突的区域称为“冲突域”。在经典以太网中，整个网络就是一个冲突域。

CSMA/CD 是为了检测线路上的冲突并重新发送数据而开发的一种访问方法。该术语可以做如下划分：

1）载波侦听（CS）。发送数据前，系统会检查是否另一个节点正在发送数据。

2）多路访问（MA）。尽管有之前的检查，但还会有两个或更多个节点同时发送数据的情况。这种情况会造成冲突。

3）冲突检测（CD）。发送数据时，节点会检查线路上是否有冲突。发送的数据与线路上实际存在的数据进行比较。如果存在偏差，说明发生了冲突。

（5）以太网中的访问模式

1）半双工模式。在通信中，半双工模式是指通信只能在一个方向上交替进行。经典以太网总是在半双工模式下运行，因为通过同轴电缆仅提供一个通道。通过该通道，只能在一个方向上实现同时数据通信。借助于 CSMA/CD，以太网可确保无论是否有冲突，数据都会到达终端节点。

2）全双工模式。采用现代以太网技术，不再有只能在一个方向上同时发送数据的限制。如果适用双绞线电缆或光缆，则通常可以在全双工模式下运行。在这种模式下，可以同时在两个方向上发送数据，不会发生冲突，并且这种情况下会禁用 CSMA/CD。

5. 以太网常用设备

（1）以太网集线器

在以太网网络中，带有多个接口的星形连接分配器称为集线器。集线器通常具有以下基本功能：

1）提高信号质量。

2）增加冲突域。

3）帧转发的原理。

在帧转发方面，集线器并不是智能的。这意味着无论相关的帧类型如何，所有帧都转发到所有接口。与广播一样，单播转发到所有节点。如图 2-5 所示为集线器的帧转发，如果节点 C 发送一个目标地址为节点 B 的帧①，该帧将转发到所有节点②。因此，集线器在 OSI 参考模型的物理层上运行。

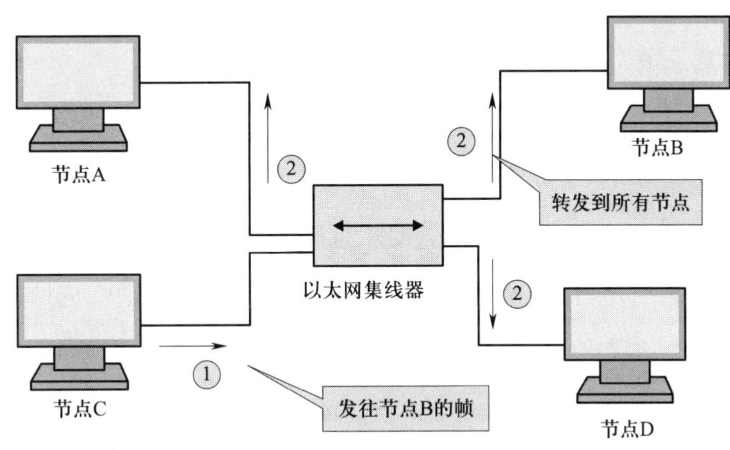

图 2-5 集线器的帧转发

（2）以太网交换机

在网络技术中，以太网交换机是一种在物理上和逻辑上将网络节点连接在一起的设备。

1）减小冲突域。交换机将物理接口（也称为端口）相互解除耦合。在半双工模式下，每个端口都有自己的冲突域。现代交换机和节点通常支持全双工模式，从而产生一种无冲突网络。

2）帧转发的原理。交换机具有某种程度的智能，仅将帧转发到已知的目标地址，其余网络站不接收数据交换的任何内容。各终端节点之间没有物理连接。在单播中，源 MAC 地址和目标 MAC 地址用于决定将哪个帧转发到哪个端口。因此，交换机是一种在 OSI 参考模型的数据链路层上运行的设备。多播和广播转发到多个或全部节点。因此，理想情况下，每个终端节点仅接收预定发送给它的数据。

3）交换机功能

①自动协商。“自动协商”端口功能在 IEEE 802.3 中实现了标准化的过程，此功能可让两个连接的以太网端口协商连接参数，包括传输模式（半双工或全双工）和带宽（10/100/1 000…Mbit/s）。在激活自动协商端口连接期间，首先应确定伙伴端口也支持此功能，如果支持，将会协商统一的连接参数。为此，系统始终会尝试使用最佳参数。

②减速功能。两个千兆端口通过一根四线制电缆相连时，需要此功能。若没有此功能，不会建立链路，因为虽然协商了 1 000 Mbit/s 的速度，实际传输速度只能达到 100 Mbit/s。在几次连接尝试失败之后，具有减速功能的节点从其寄存器中移除 1 000 Mbit/s 链路，并协商 100 Mbit/s。

③接口交叉（MDI/MDI–X）功能。使用没有 MDI/MDI–X 功能的交叉电缆进行连接，如果在各节点之间使用交叉电缆，则可进行通信。这些电缆会进行交叉连接，例如，一端的 TX+ 会连接到另一端的 RX+，这可确保针脚连接正确。一个节点的发送针脚与另一个节点的接收针脚相连，反之亦然。如果一个节点在其发送针脚上发送数据，那么该数据将在另一个节点的接收针脚上接收。如图 2–6 所示为没有 MDI/MDI–X 功能的交叉电缆连接方式。

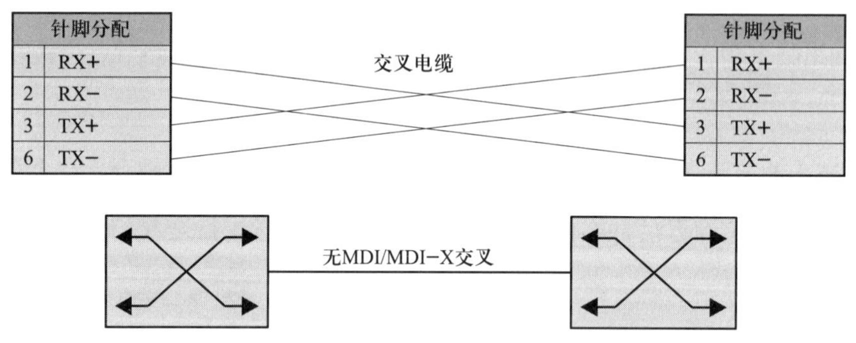

图 2–6　没有 MDI/MDI–X 功能的交叉电缆连接方式

使用跳接电缆和 MDI/MDI–X 交叉机制进行连接，通过该端口功能，可以确定两个端口之间的接线。如果端口与一根跳接电缆相连（换言之，不使用交叉电缆），那么，交叉机制会检测到这种情况，并更改相关端口之一的针脚内部逻辑接线。结果是针脚正确连接，可以进行通信。如图 2–7 所示为具有 MDI/MDI–X 功能的交叉电缆连接方式。

图 2-7　具有 MDI/MDI-X 功能的交叉电缆连接方式

注意：MDI/MDI-X 交叉机制只能交换接收和发送端口对；无法纠正 RX 和 TX 之间的错误分配。

4）交换机的转发方法

①存储转发。使用此交换方法时，在转发之前完全读入每个以太网帧。如果帧长度在以太网标准的有效范围内，则计算校验并与存在该帧中的 FCS 比较。如果值不同，则丢弃该数据，不转发。如果值匹配，则交换机经历不同的帧转发阶段。使用这种方法时，无效、过短或过长的以太网帧不在网络上转发。存储转发是最常见的交换方法。

②直通。使用直通方法时，目标 MAC 地址一导入，就立即将帧转发，还会计算 FCS 并进行比较。但是，转发过程中无法将已转发的帧撤回，只能取消尚未转发的帧。因此，将会转发可能无效、过短或过长的帧。这些帧必须由其他网络组件或终端节点进行筛选。直通转发用于对时间要求非常严格的应用。

③无碎片。这种方法是一种特殊形式的直通转发。同样，仅读入帧的一部分。但是，在转发过程开始之前，始终会读入至少 64 B。因此，可以实现对时间要求非常严格的应用，并至少确保不会转发过短的帧。无碎片转发是一个非常特殊的过程，不经常使用。

5）以太网中的经典拓扑。以太网中的经典拓扑结构主要包括总线型拓扑、环形拓扑、星形拓扑、树形拓扑和网状拓扑等。

①总线型拓扑，如图 2-8 所示。

在自动化环境中，经常会使用这种拓扑。I/O 和控制器等组件通常在本地使用，并且经常具有多个连接。此时的线路设置一般十分方便。

特性：

- 可使用的传输能力可以预测。
- 易于扩展，易于理解，便于故障排查。
- 所需的线路较少，经济有效。
- 无冗余。

②环形拓扑，如图 2–9 所示。

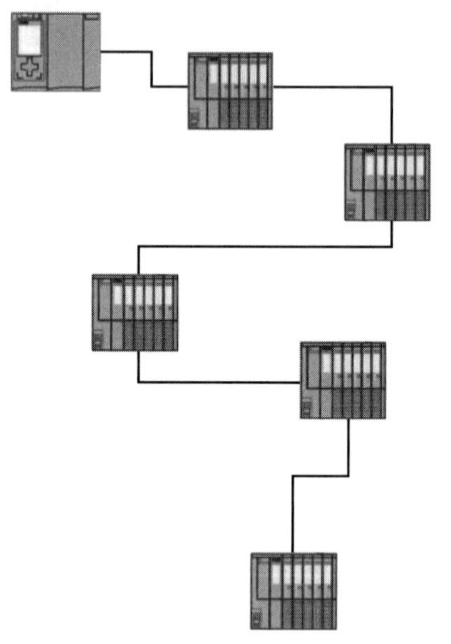

图 2–8　总线型拓扑结构

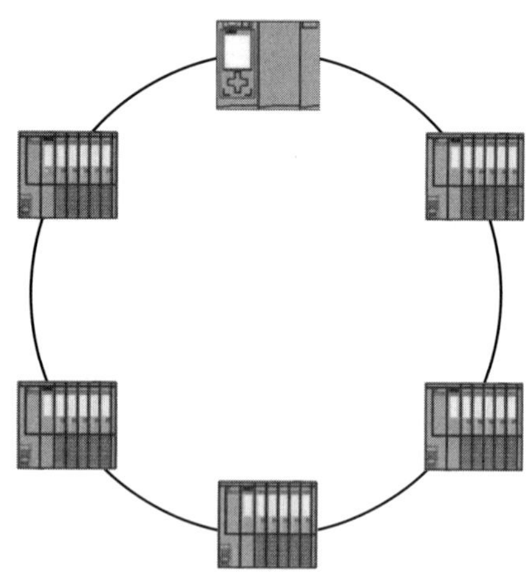

图 2–9　环形拓扑结构

这种拓扑是总线型拓扑的延伸，用于提高可用性并用于诊断。

特性：

- 可使用的传输能力可以预测。
- 易于扩展，易于理解，便于故障排查。
- 所需的线路较少，经济有效。
- 介质冗余。
- 容错。

③星形或树形拓扑，如图 2–10 所示。

星形网络是指多个终端设备通过一个中央设备连接在一起。如果连接了多个星形网络，那么这种拓扑就是树形拓扑。这种拓扑是办公环境中的典型拓扑，也在工业领域中使用。

特性：

- 可实现很大的网络范围。
- 网络可扩展性很高。
- 布线工作量可能会增加。
- 简单可用性；如果中央设备出现故障，则很多节点出现故障。

④网状拓扑，如图 2-11 所示。

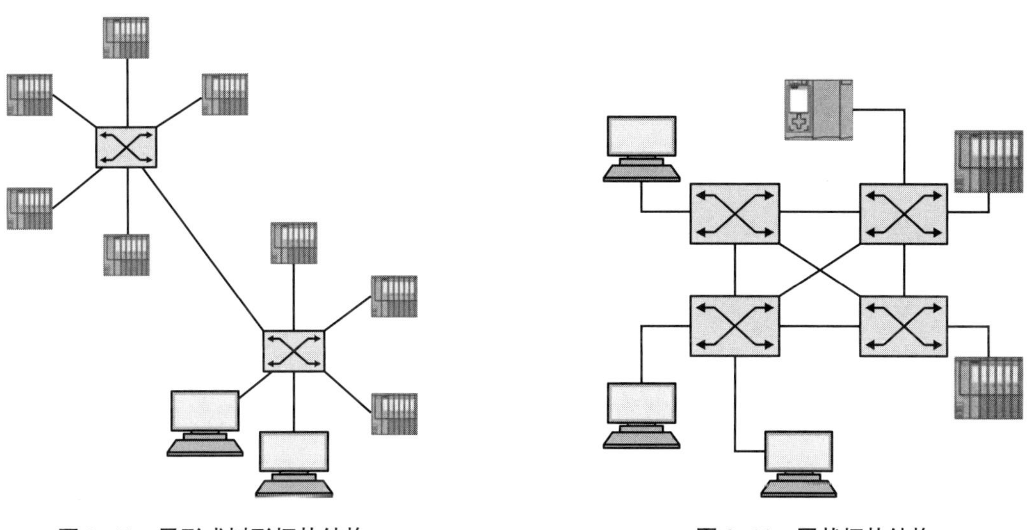

图 2-10 星形或树形拓扑结构　　**图 2-11 网状拓扑结构**

如果网络组件连接了多次，那么这种拓扑就是网状拓扑。如果每个组件与每个其他组件相连，则该网络就是完全网状拓扑。这种拓扑通常在办公环境中使用，在特殊情况下也在工业领域（如电力输送）中使用。

特性：

- 可实现很高的冗余程度。
- 网络拓扑难以复制。
- 成本较高。

- 布线工作量较大。

（3）以太网路由器

路由器又称为网关设备。路由器是在开放系统互联参考模型（OSI/RM）中完成的网络层中继以及第三层中继任务，对不同的网络之间的数据包进行存储、分组转发处理，其主要功能是将不同子网之间的数据进行传递。

1）路由器的具体功能有以下几点：

①实现 IP、TCP、UDP、ICMP（因特网控制报文协议）等网络的互联。

②对数据进行处理。收发数据包，具有对数据的分组过滤、复用、加密、压缩及防护墙等各项功能。

③依据路由表的信息，对数据包下一传输目的地进行选择。

④进行外部网关协议和其他自治域之间拓扑信息的交换。

⑤实现网络管理和系统支持功能。

2）路由器支持的信息传输协议主要包括以下两种类型：

①静态路由。静态路由是指信息传输路径被预先设定，对于路由选择已经很清楚的场合的小型网络非常有用，但无法根据网络拓扑的变化进行改变传输方向。

②动态路由。动态路由是指路由器能够自动地建立自己的路由表，并且能够根据实际情况的变化适时地进行调整。当网络中节点或节点间的链路发生故障，或存在其他可用路由时，动态路由可以自行选择最佳的可用路由并继续转发报文。

a. 常见的动态路由协议有以下几个：

- 动态路由 RIP。
- 动态路由 OSPF。
- 动态路由 IS-IS。
- 动态路由 BGP。

b. 动态路由协议的特点：

- 无须管理员手工维护，减轻了管理员的工作负担。

● 占用了网络带宽。

● 在路由器上运行路由协议，使路由器可以自动根据网络拓扑结构的变化调整路由条目。

● 网络规模大、拓扑复杂的网络。

6. 工业以太网

以太网应用于工业现场所面临以下问题：

（1）通信实时性 / 确定性

以太网采用的带冲突检测的载波侦听多路访问方法，其本质上是非实时的，具有不确定性。这是以太网在工业现场中应用的致命弱点和主要障碍。

（2）对工业现场环境的适应性与可靠性

以太网是按办公环境设计的，将它应用于工业现场环境，必须解决其鲁棒性、抗（电磁）干扰能力等问题。

（3）统一的应用层协议

以太网包括物理层、数据链路层、网络层和传输层，而对较高的层次如会话层、表示层、应用层等没有作技术规定。目前，请求评论（request for comment，RFC）组织文件中的一些应用层协议，如 FTP、HTTP、Telnet、SNMP、SMTP 等，仅仅规定了用户应用程序该如何操作，并不是统一的应用层协议，因此，以太网不是一个完整的工业网络协议。

1）总线供电。所谓总线供电或总线馈电，是指连接到现场设备的电缆不仅传送数据信号，还能给现场设备提供工作电源。

采用总线供电可减少网络线缆，降低安装复杂性与费用，提高网络和系统的易维护性。特别是在环境恶劣与危险场合，总线供电具有十分重要的意义。由于 EtherNet 以前主要用于商业计算机通信，一般的设备或工作站（如计算机）本身已具备电源供电，没有总线供电的要求，因此，其传输介质只用于传输信息。

2）本质安全。以太网要用在易燃、易爆与有毒的恶劣工业环境中，就必须考虑其本质安全防爆问题。

3）网络安全性。由以太网构成的控制系统也必须解决其网络安全性问题。

4）传输距离。以太网的通信速率比较高，传输距离较短。如对于 10 Mbit/s 以太网，每一段双绞线（10Base-T）的长度不超过 100 m，每一段细同轴电缆（10Base-2）的长度不超过 185 m，每一段粗同轴电缆（10Base-5）的长度不超过 500 m；对于 100 Mbit/s 以太网，每一段双绞线（100Base-TX）的长度不超过 100 m。

工业以太网是实时的以太网，它的发展促使 IT 技术和自动化世界正在不断融合，开放的 IT 标准也得到越来越广泛的应用。

第二节　工业网络交换技术

考核知识点及能力要求：

- 掌握环形冗余以及冗余协议的必要性。
- 掌握 MRP 冗余协议的工作原理。
- 掌握冗余环网耦合、链路聚合和虚拟局域网的应用。

一、工业冗余环形网络

工业自动化环网冗余技术使用一个连续的环将每台设备连接在一起。它能够保证一台设备上发送的信号可以被环上其他所有的设备都看到。环网冗余是指交换机是否支持网络出现线缆连接中断时，交换机接收到此信息，激活其后备端口，使网络通信恢复正常运行。通俗地讲，以太网环冗余技术能够在通信链路发生故障的时候，启用另外一条健全的通信链路，提高网络通信的可靠性。

IEC 62439 收录了介质冗余协议 MRP、并行冗余协议 PRP、网间冗余协议 CRP、“指路灯”冗余协议 BRP 和分布式冗余协议 DRP 5 种冗余协议标准。

介质冗余协议（media redundancy protocol，MRP）制定了一种基于环形拓扑结构的恢复协议，是对使用交换机、可能发生的单一失效、具备确定性反应的网络而设计。MRP 基于 IEEE 802.3 与 802.1d 的特性，包括过滤数据库的功能，位于数据链路层和应用层之间。

MRP 包括一个服务和一个协议体。如图 2-12 所示为 MRP 的构成。

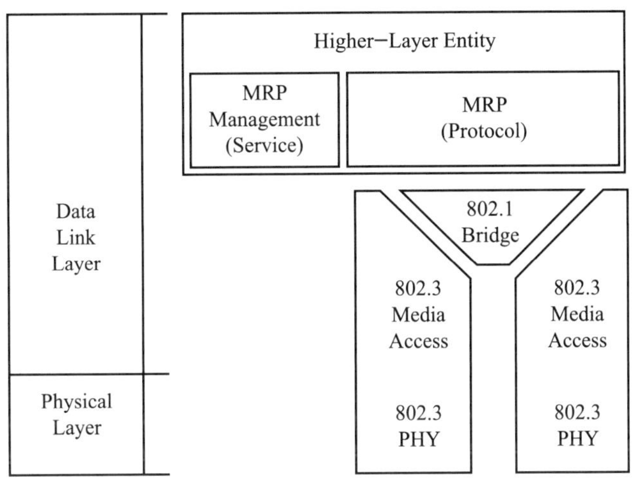

图 2-12　MRP 的构成

遵从协议的网络应具有环形的网络结构，带有多个节点。网络中的一个节点扮演冗余管理器（MRM）的角色，冗余管理器的功能是监视和控制环形拓扑结构。一旦网络失效便立即反应。通过一个环端口往环上发送测试帧，然后在另一个端口接收测试帧来完成其作用，在相反方向上也是一样。在环中的其他节点扮演介质冗余客户端（MRC）的角色。MRM 的第一个环端口连接到 MRC 的一个环端口，MRC 的另一个环端口连接另一个 MRC 的一个环端口或者 MRM 的第二个环端口，从而形成一个环形网络拓扑结构。如图 2-13 所示为环形网络拓扑结构。

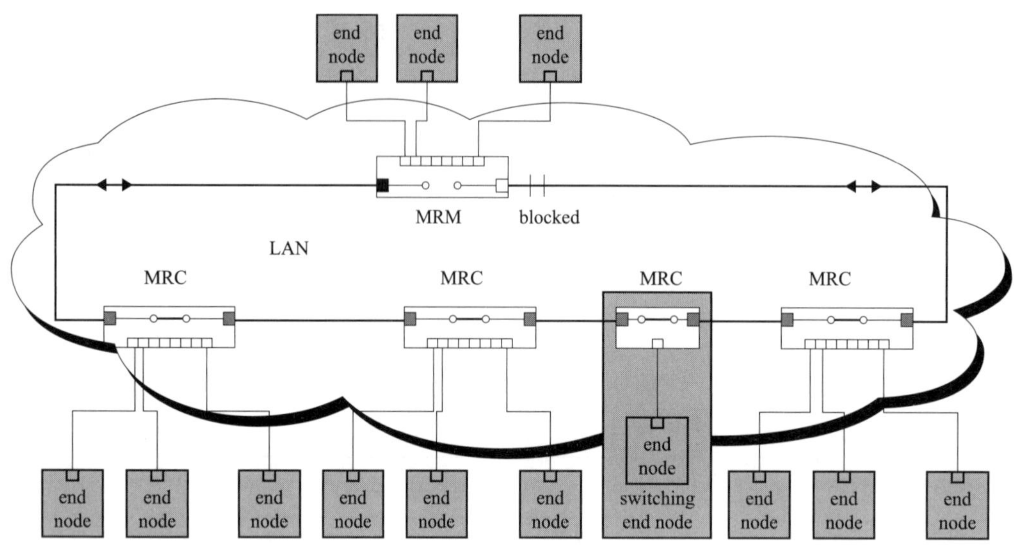

图 2–13　环形网络拓扑结构

二、冗余环网的环间耦合

1. 环网耦合应用场景

如图 2–14 所示为环形网络无耦合结构，自动化主干网和产线网络均采用环形网络结构，为保证系统网络具有高的可靠性和稳定性，产线网络与主干网络需要进行冗余耦合，且使用合适的耦合协议，如西门子的 STANDBY 协议、MOXA 的 TURBO RING 协议等。

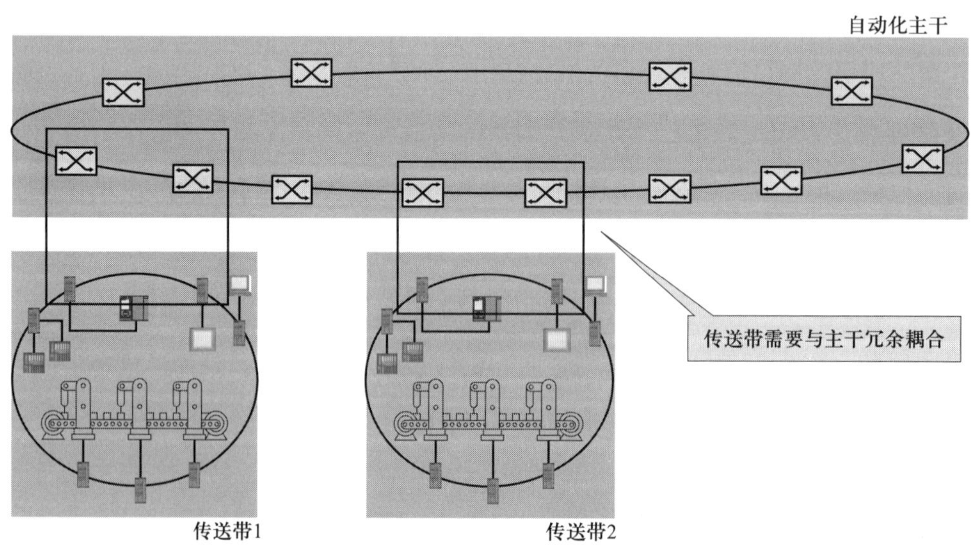

图 2–14　环形网络无耦合结构

2. 环网连接方式

如图 2–15 所示为环形网络耦合结构，自动化主干网与产线的连接，每两个环网之间需要有两根网络电缆连接，这意味着只要使用合理的通信协议，当其中一条网络发生故障时，另一条备用网络将发挥作用，以确保主干网与产线之间的正常通信。

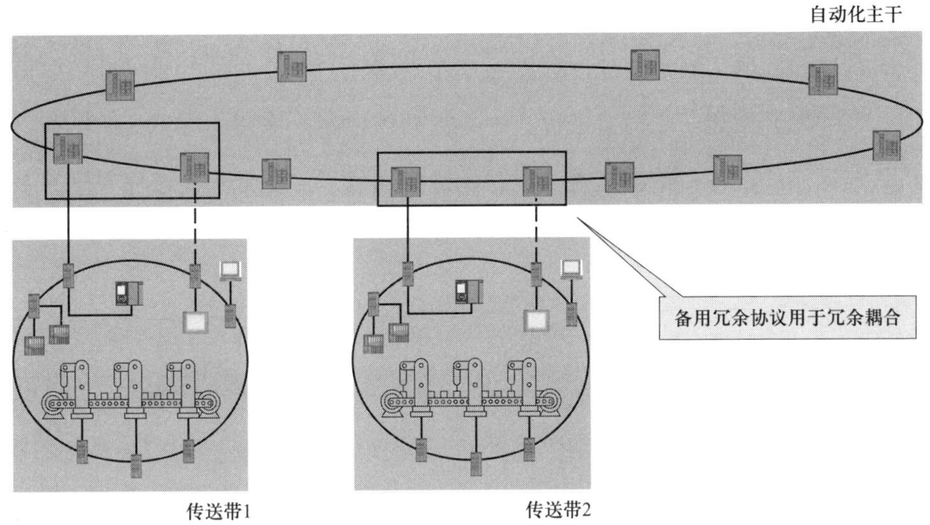

图 2–15　环形网络耦合结构

3. 环间耦合通信原理

如图 2–16 所示为无协议管理的环间耦合，如果没有适当的协议就会产生环网，如果一个网络节点向网络中发送广播，则该广播会在环网间的环路中无限循环。几秒之后，网络负荷变高，以至于通信无法进行。

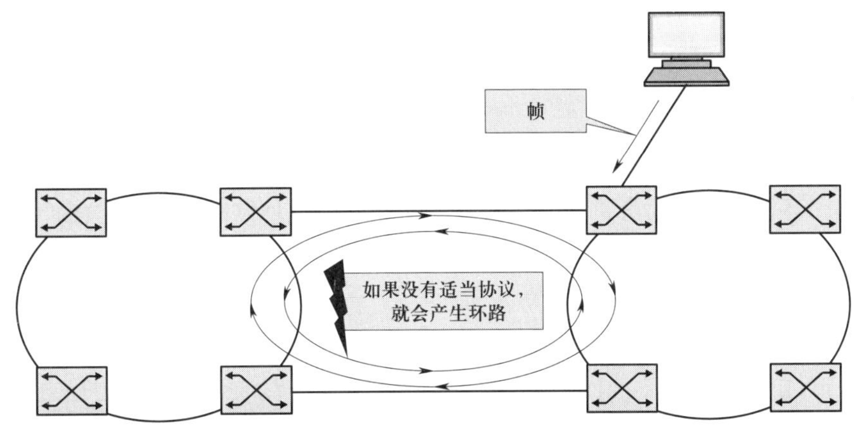

图 2–16　无协议管理的环间耦合

（1）正常状态下的通信

如图 2–17 所示为协议管理的环间耦合，环网中交换机第一次启动时，当备用主交换机发送一个信号到环网中，并且该信号被备用从交换机接收到时，可以说明备用主交换机已经准备就绪；当备用从交换机发送一个信号到环网中，并且该信号被备用主交换机接收到时，可以说明备用从交换机已经准备就绪。这样备用主交换机和备用从交换机都成功完成了启动，环网便可以开始采用适当的环间耦合协议进行通信，也就是说，在环网开始通信之前会进行一个关键帧的检测，检测备用主交换机和备用从交换机是不是已经准备就绪，是否可以开始进行通信了。正常工作过程中仅有一条线路处于激活状态。

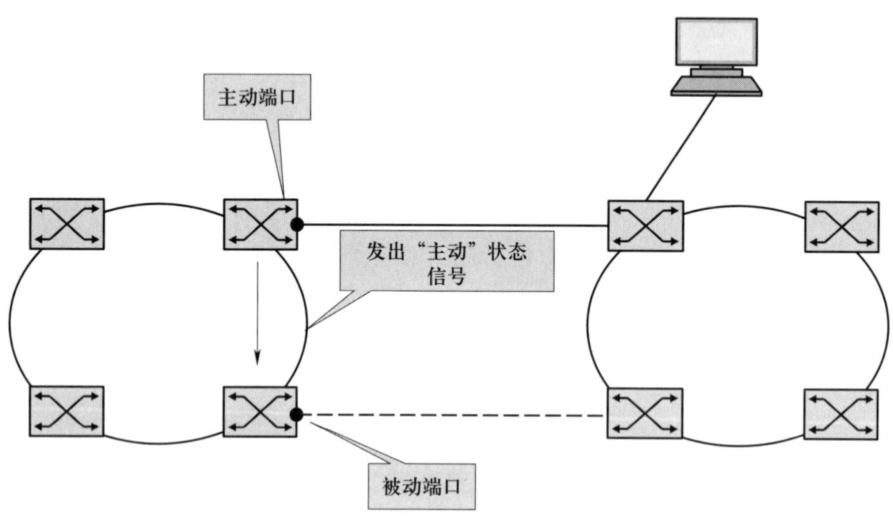

图 2–17　协议管理的环间耦合

（2）发生错误时的备用耦合

当出现故障时，主交换机向从交换机发出故障信号，备用从交换机将拓扑更改帧发送到两个环网中，此时会进行通信链路的切换，保证环网间的正常通信。如图 2–18 所示为发生错误的环间耦合。

4. 总结

（1）产线中的环网与主干环网之间进行数据通信，为提高可靠性，耦合应该是冗余的。

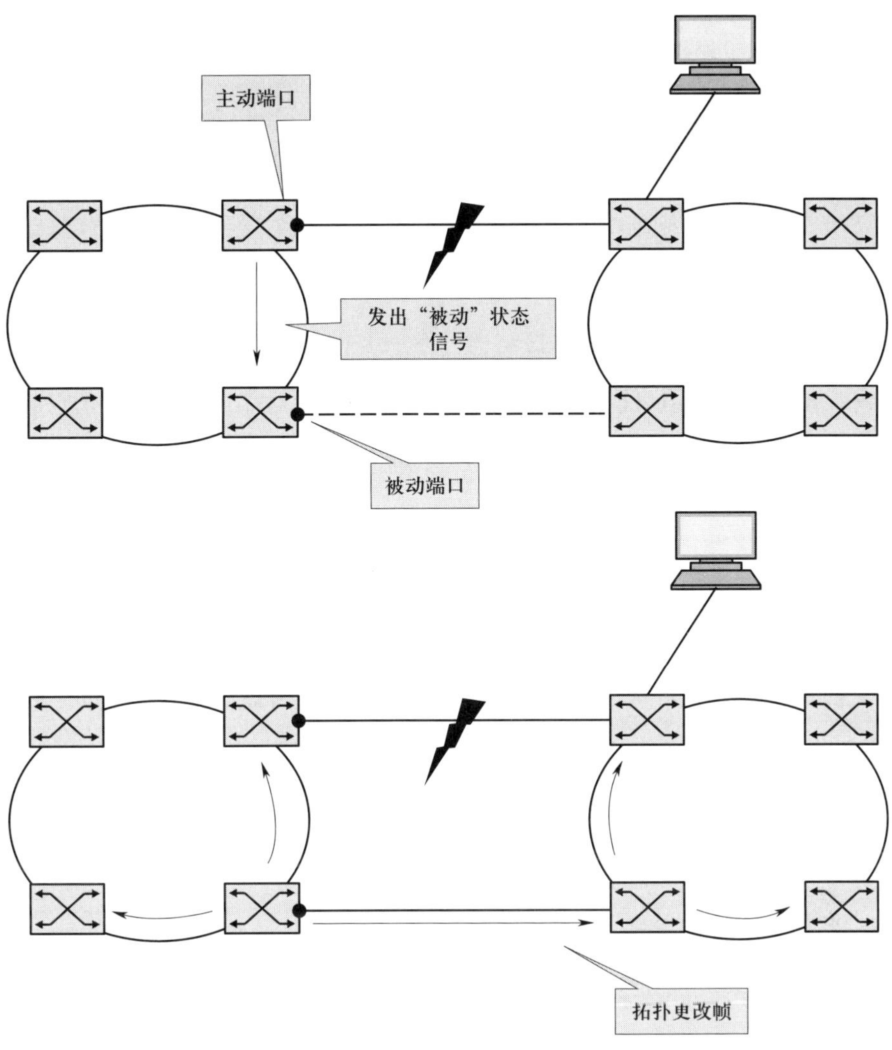

图 2-18　发生错误的环间耦合

（2）所用的冗余协议应该与冗余环网协议兼容。

（3）如果主交换机备用端口有链路连接，那么，备用从交换机的备用端口始终处于“已禁止”模式。如果主交换机的连接出现故障，从交换机将接管环网之间的通信网络。

三、链路聚合

链路聚合（link aggregation）是指将多个物理端口汇聚在一起，形成一个逻辑端口，以实现出 / 入流量吞吐量在各成员端口的负荷分担，交换机根据用户配置的端口负荷分担策略，决定网络封包从哪个成员端口发送到对端的交换机。当交换机检测到其中一个成员端口的链路发生故障时，就停止在此端口上发送封包，并根据负荷分担策略在剩下的链路中重新计算报文的发送端口，故障端口恢复后再次担任收发端口。链路聚合在增加链路带宽、实现链路传输弹性和工程冗余等方面是一项很重要的技术。

基于 IEEE 802.3ad 标准的 LACP（链路汇聚控制协议）是一种实现链路动态汇聚的协议。LACP 协议通过 LACPDU（链路汇聚控制协议数据单元）与对端交互信息。启用某端口的 LACP 协议后，该端口将通过发送 LACPDU 向对端通告自己的系统优先级、系统 MAC 地址、端口优先级、端口号和操作 Key。对端接收到这些信息后，将这些信息与其他端口所保存的信息比较，以选择能够汇聚的端口，从而双方可以对端口加入或退出某个动态汇聚组达成一致。

1. 链路聚合的应用场景

链路聚合也被称为链路绑定。链路聚合技术不仅可以运用在交换机之间，还可以应用在交换机与路由器之间、交换机与服务器之间、路由器与服务器之间、路由器与路由器之间、服务器与服务器之间。原理上，个人计算机（PC）也是可以实现链路聚合的，但是成本较高，所以现实中没有真正实现。链路聚合往往用在两个重要节点或繁忙节点之间，既能增加互联带宽，又提供了连接的可靠性。

2. 链路聚合的连接方式

链路聚合的连接方式如图 2–19 所示。

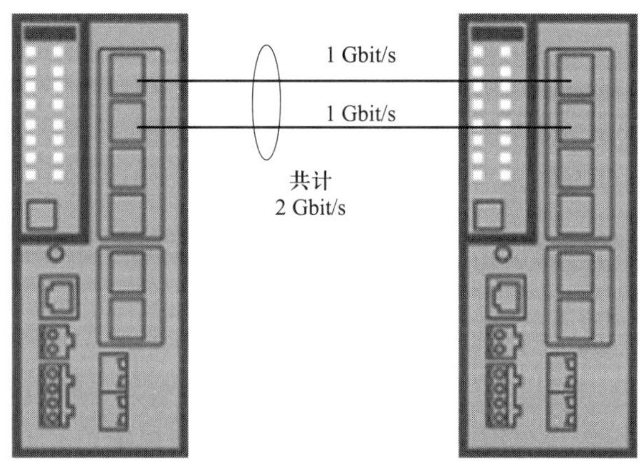

图 2–19　链路聚合的连接方式

3. 链路聚合的原理

采用 LACP 聚合的双方通过 LACPDU（LACP data unit）协议报文来交互本端（actor）和对端（partner）的聚合信息，以对整个链路聚合的认识达成一致。协议报文主要包含以下信息：本端和对端系统优先级、本端和对端系统 ID、本端和对端的端口操作 Key、本端和对端的端口优先级、本端和对端的端口 ID、本端和对端的端口状态。聚合的双方根据这些信息，按照一定的选择算法选择合适的链路，控制聚合的状态。被选中的成员链路可以正常转发流量，未被选中的成员链路将被置为阻塞状态，不能转发任何流量。聚合链路的总带宽等于被选中的成员链路的带宽之和，并且聚合链路上的流量会按照一定的规则分担到各个选中的成员链路上。由于 LACPDU 是周期性交互，即聚合的双方每隔一段时间便互发一次协议报文，所以当有选中成员链路因为某种原因不能工作时，链路聚合可以很快地感知到，并重设链路状态，置该链路为阻塞，流量被重新分配给其他选中成员链路，这样就实现了增加带宽、链路动态备份的功能。

按照聚合方式的不同，链路聚合可以分为两种模式：静态汇聚模式和动态汇聚模式。

（1）静态汇聚

静态汇聚由用户手工配置，不允许系统自动添加或删除汇聚组中的端口。汇聚组中必须至少包含一个端口，当汇聚组只有一个端口时，只能通过删除汇聚组的方式将该端口从汇聚组中删除。

（2）动态汇聚

动态汇聚是一种系统自动创建 / 删除的汇聚，不允许用户增加或删除动态汇聚中的成员端口。只有速率和双工属性相同、连接到同一个设备、有相同基本配置的端口才能被动态汇聚在一起。即使只有一个端口也可以创建动态汇聚，此时为单端口汇聚。动态汇聚中，端口的 LACP 协议处于使能状态。

4. 链路聚合的注意事项

（1）链路聚合物理端口类型应一致。

（2）链路聚合传输介质应一致。

（3）链路聚合端口的传输速率应一致。

四、虚拟局域网

虚拟局域网（VLAN）是一组逻辑上的设备和用户，这些设备和用户并不受物理位置的限制，可以根据功能、部门及应用等因素将它们组织起来，相互之间的通信就好像它们在同一个网段中一样，由此得名虚拟局域网。由于交换机端口有两种 VLAN 属性，其一是 VLANID，其二是 VLANTAG，分别对应 VLAN 对数据包设置 VLAN 标签和允许通过的 VLANTAG（标签）数据包，不同 VLANID 端口，可以通过相互允许 VLANTAG，构建 VLAN。

VLAN 可以为信息业务和子业务以及信息业务间提供一个符合业务结构的虚拟网络拓扑架构，并实现访问控制功能。与传统的局域网技术比较，VLAN 技术更加灵活，它具有以下优点：网络设备的移动、添加和修改的管理开销减少；可以控制广播活动；可提高网络的安全性。

1. VLAN 标记

如图 2–20 所示为带有 VLAN 标记的以太网帧，每个帧均必须能够唯一分配给一个 VLAN。帧是使用一个标记分配的，标记的长度为 4 B，用于扩展以太网报头。该标记中记录有以下信息：

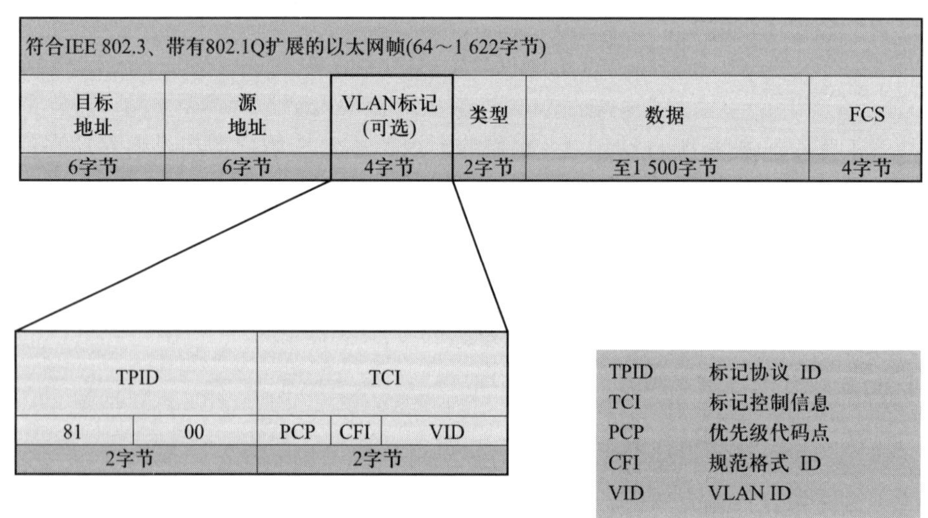

图 2–20　带有 VLAN 标记的以太网帧

（1）TPID：“标记协议标识符”指定了所包含的标记的类型。对于用户 VLAN 标记，TPID 值为 0x8100。

（2）TCI：“标记控制信息”包含关于帧的 VLAN 的实际信息。该信息分为 PCP、CFI 和 VID。

1）PCP：“优先级代码点”是介于 0 与 7 之间的一个值，它规定了帧的优先级。

2）CFI：“规范格式 ID”位规定了信息格式。

3）VID：VLAN ID 规定了 VLAN 数目，因而定义了与 VLAN 的附属关系。ID 的大小为 12 位。这意味着 VID 可以是 0 ～ 4 095 之间的值。但是，VID 0 仅用于优先排序；4 095 是保留值。

2. 帧的入口和出口处理

在分配 VLAN 并转发特定 VLAN 的帧时，通常会区分入口处理和出口处理，即帧到达交换机时发生的情况以及帧离开交换机时发生的情况。

（1）入口处理

如果一个帧到达具有 VLAN 功能的交换机，那么该交换机首先会检查是否已存在 VLAN 标记。如果已存在这种标记，则该标记保持不变，帧转发到相应端口。切换时，将会遵循该帧的优先级。如果一个没有标记的帧到达交换机，那么该交换机必须向该帧添加一个 VLAN 标记。在此过程中，仅考虑基于端口的 VLAN 分配。该帧接收该端口的 VID 以及为该端口设置的优先级。在入口侧，一个端口只能是一个 VLAN 的成员。

（2）出口处理

交换机的出口设置确定了转发该帧的目标端口。出口设置基本上指定哪个 VLAN 转发到哪个端口。可通过两种不同方式来转发带有 VLAN 标记的帧：不带标记（“U”）和带有标记（“M”）。所用的设置取决于将帧转发的那个设备。与入口标记不同的是，在出口侧，一个端口可以是多个 VLAN 的成员。

（3）交换机之间的出口设置

通过交换机相互连接的端口通常会在出口设置中将所有 VLAN 设置为带标记 VLAN。因此，VLAN 信息在从一台交换机转发到另一台交换机时不会丢失。若 VLAN

不在本地连接，而是跨多台交换机连接，这种设置尤其必要。端口模式“trunk”是专门针对交换机之间的连接设计的，能够使所有为该设备组态的 VLAN 都转发到该带标记端口。

（4）终端设备的出口设置

大多数终端设备不支持 VLAN 标记，因此，无法使用 VLAN 信息执行任何操作。还有一些设备会丢弃带 VLAN 标记的帧，将会移除发送到终端设备的帧的标记，这些端口仅转发 VLAN，帧会丢失其 VLAN 标记。

3. VLAN 的优先排序

VLAN 标记的 PCP（优先级代码点）中记录有一个数字。使用该数字，可对流量类型进行分类。一些帧的优先级高于其他帧。当一台交换机得到充分利用且帧无法足够快地转发时，就会有这种情况，必须对数据进行缓冲，在最差情况下，需将数据丢弃。如果一个帧的优先级高于其他帧的优先级，则可确保该帧第一个转发。优先级 IEEE 802.1q–2005 中规定了以下不同优先级，见表 2–2。

表 2–2　　不同优先级定义

PCP	优先级	分类
1	0（最低）	背景
0	1	最大努力
2	2	出色努力
3	3	关键应用
4	4	视频
5	5	语音
6	6	网间控制
7	7（最高）	网络控制

如图 2–21 所示，交换机中的队列使用交换机的交换专用集成电路（ASIC）中的队列实现优先排序。仅当交换机过载或多个帧同时到达时，才会对帧进行优先排序。根据具体性能等级，交换机具有不同数目的队列（2 ~ 8 个）。严格优先级队列总是按一定顺序清空队列：首先清空队列 4，然后是队列 3，等等。如果队列 4 中的帧已缓

冲，则不会发送其他队列中的帧。如果帧在队列 3 中挂起，则不会从队列 2 或 1 转发任何帧。加权循环调度优先级队列，所有队列都是从最高优先级到最低优先级排列的。如果一个队列中存在帧，则将这些帧转发。任何时刻最多会从一个队列发送 X 个帧，X 取决于优先级。这可确保在高优先级设备产生过高负荷的情况下（如发生错误时），没有帧保留在低优先级队列中。PCP 到队列映射 VLAN 标记的 PCP 值用于判定哪个帧在哪个队列中缓冲。每个交换机内部都存储有一个表，在该表中，队列可以分配给每个 PCP 值。这种映射关系通常在出厂时已根据 IEEE 802.1q 组态好。使用现代交换机时，可以经常调整映射以满足自己的需要。

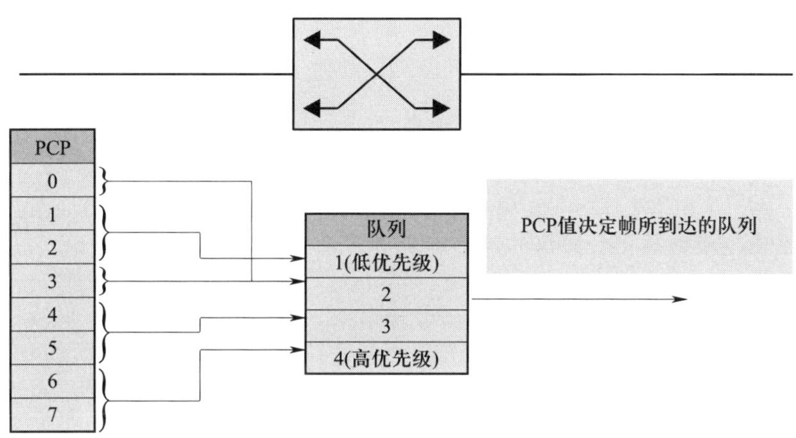

图 2–21　交换机中的优先排序

4. VLAN 之间的通信

尽管大部分的通信流量发生在 VLAN 内，但仍然有一部分的通信流量要跨越不同的 VLAN。目前，解决 VLAN 之间的通信主要采用路由器技术。

第三节　工业网络路由技术

考核知识点及能力要求：

- 熟悉 Internet 协议、IP 路由、路由表。
- 掌握静态路由和动态路由协议。
- 掌握虚拟路由器冗余协议的工作原理和应用。

一、Internet 协议

VLAN 隔离措施会阻止各节点经由单纯的以太网实现通信需求。为了实现各控制器的同步并将生产数据从控制器传输到现场办公网络，需要采用 Internet 协议。借助于适当设备（IP 路由器），IP 数据流量可从一个 VLAN 传输到另一个 VLAN。在自动化主干网中安装了 IP 路由器，该路由器即可参与所有 VLAN 并允许在传送带和现场办公网络之间进行 IP 数据通信。

根据开放系统互联（OSI）参考模型定义，网络层控制网络中的数据包转发和路径查找（路由）。此时，通过寻址来定义可用于到达特定目的地的路径。如果网络中的多个站相互交换数据，那么，这种数据交换必须按一定顺序进行且必须使用一种协议。用于计算机之间数据交换的应用最广泛的协议是 Internet 协议（RFC 791、RFC 2460）。Internet 协议的第一个稳定版本是 V4，该协议在 20 世纪 70 年代就已使用。

与有关网络的所有标准类似，IP 可对应到 OSI 参考模型中。它是 OSI 中第 3 层的

一种协议，该协议的运作需基于两个更低层的功能才可实现。

1. IP 报头

IP 报头的结构如图 2–22 所示。

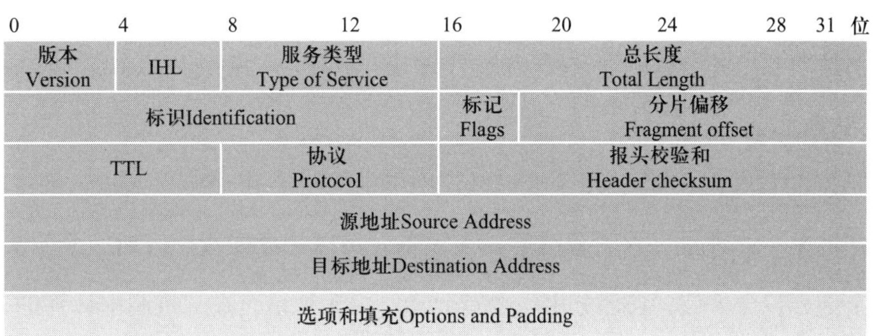

图 2–22　IP 报头的结构

使用 Internet 协议发送的数据包报头的长度至少为 20 B，由于有可选信息，最长可达 40 B。

1）版本（4 位）：“版本”字段指定所用 IP 协议的版本。IP 版本分为版本 4（也就是 IPv4）和版本 6（也就是 IPv6）。

2）IP 报头长度（IHL，4 位）：此字段以 32 位的倍数指定报头长度。

3）服务类型（8 位）：数据包在此区域中进行优先级标识。前 6 位表示差分服务代码点（DSCP），此代码点主要用于优先级排序。

4）总长度（16 位）：这里说明整个数据包的长度，包括报头。

5）标识（16 位）：已拆分的 IP 数据包可基于此字段明确地再次合并。

6）标记（3 位）：这里指定是否可以将数据包分片（拆分）或者是否数据包已分片且其余分片跟在后面。

7）分片偏移（13 位）：对于已分片（拆分）的 IP 数据包，该偏移规定了数据包内分片开始的位置。分片偏移始终是 8 B（32 位）的倍数。

8）生存时间（TTL，8 位）：TTL 指明是否可以继续转发数据包。每个路由器都必须针对路由将该值减去 1。如果该值为 0，则必须放弃该数据包。

9）协议（8 位）：此字段指明通过 IP 协议传输的协议。

10）报头校验和（16位）：是从报头数据计算的，可保证所发送的报头也是实际到达的报头。每个网络节点（主机和路由器）都会重新计算校验和。

11）源地址（32位）：发送主机的IP地址保存在这里。

12）目标地址（32位）：该字段包含接收方的IP地址。

13）选项和填充：这里是数据包的可选扩展内容。

2. IP地址

IP地址的宽度为32位，用于唯一标识网络中的一个IP节点。与以太网中的MAC地址不同的是，此地址不永久分配给一个设备，可以任意配置。该地址分四个部分显示，每个部分包含8位，各部分由一个点分离。由于地址是在二进制中计算的，因此，出于可读性原因，将使用十进制数来书写。每个部分可采用0 ~ 255范围内的值，如图2–23所示。

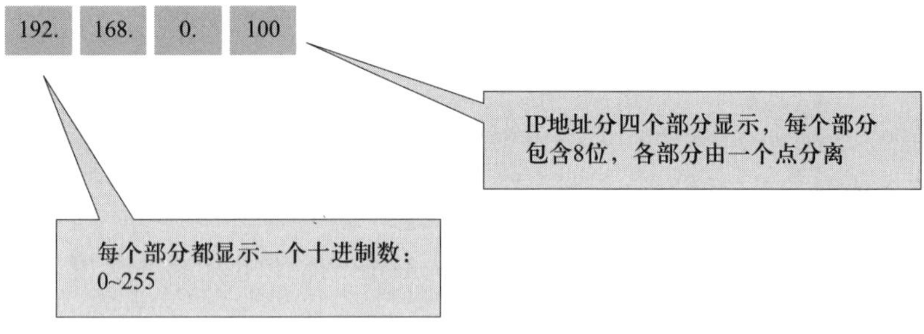

图2–23　IP地址

3. 子网掩码

与IP地址类似，子网掩码是一个32位宽的数。与IP地址一起，子网掩码定义了网络的大小。基于子网掩码，终端节点可以检查通信伙伴是位于相同子网中，还是位于不同子网中。在用二进制读取时，子网掩码包含一组连续的“1”（从左侧数起），后跟有“0”。子网的书写形式与IP地址类似，分为4个区域，每个区域包含8位；或者是指定“1”的个数的一个数字。后一种书写方法总是通过把“/”附加到一个IP地址的后面。这样，具有子网掩码255.255.255.0的IP地址192.168.0.100（24个“1”后跟8个“0”）也可以书写为192.168.0.100/24。如图2–24所示为子网掩码。

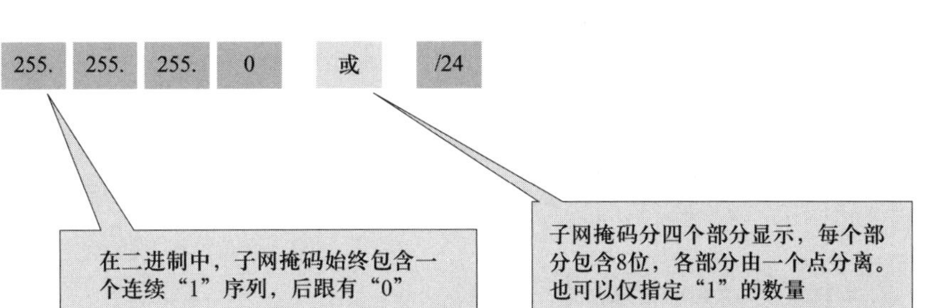

图 2–24　子网掩码

4. 网络地址

为了对网络中的设备正确分类，必须为 IP 地址指定一个子网掩码。要检查两个 IP 地址是否位于同一子网中，需对 IP 地址与子网掩码执行“与”运算（二进制且逐位进行）。这意味着，IP 地址中的每一位都通过逻辑“与”与子网掩码的相应位对照。运算的结果就是该 IP 地址所在的网络的地址。如图 2–25 所示为网络地址计算方法。

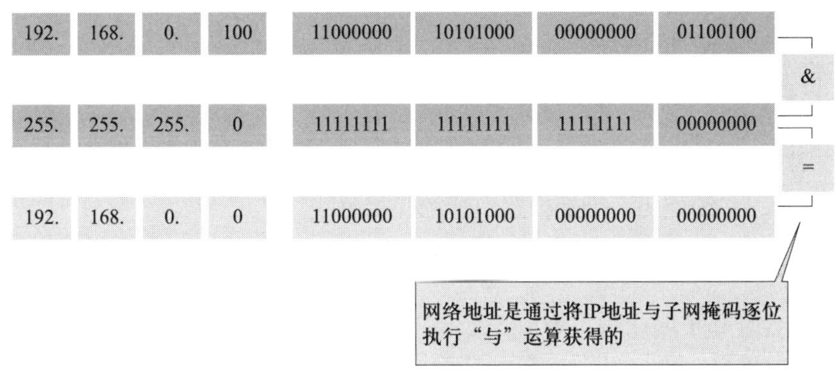

图 2–25　网络地址计算方法

5. 发送 IP 数据包时的步骤

如图 2–26 所示为 IP 数据包发送步骤，如果 PC1 要向 PC2 发送 IP 数据包，它将会经历以下步骤：

1）计算通信伙伴所在的网络。这是通过将目标 IP 地址与其自身的子网掩码执行“与”运算实现的。通信伙伴的子网掩码是未知的。此时，结果是网络地址 192.168.0.0。

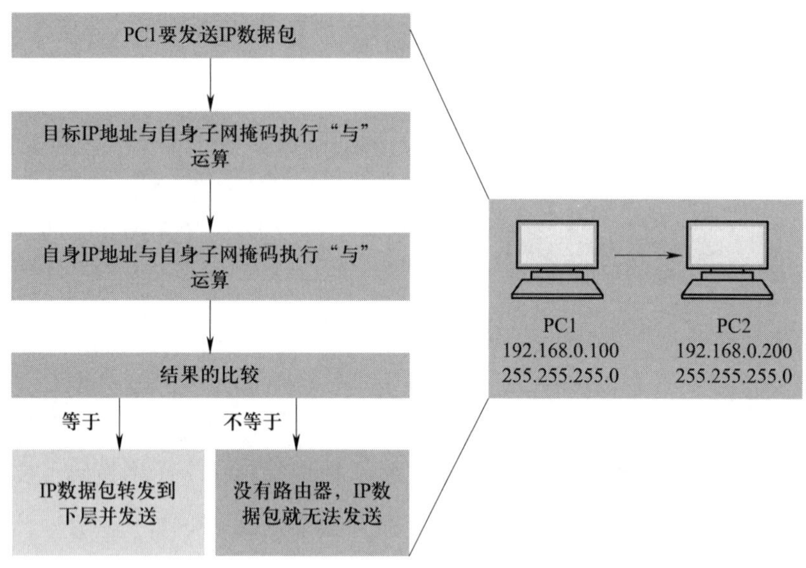

图 2–26　IP 数据包发送步骤

2）计算 PC1 自身所在的网络。这是通过将自身 IP 地址与自身的子网掩码执行“与”运算实现的。结果是网络地址 192.168.0.0。

3）将两个结果相互比较。如果计算的网络地址相同，则 PC1 认为 PC2 位于同一网络中，因此，可直接对其进行访问。IP 数据包传输到 OSI 参考模型的两个最低层并发送。如果两个计算的网络地址不同，则 PC1 认为 PC2 位于其他网络中。它无法直接访问通信伙伴，必须使用一个经由路由器的间接路线。

6. 地址解析协议（ARP）

基于 IP 地址和子网掩码，PC1 已确定 PC2 和自己位于同一子网中。IP 数据包转发到第 2 层以便发送。为了能够在基于以太网的 LAN 中发送 IP 数据包，必须将数据包封装到一个以太网帧中。为了能够正确发送以太网帧，必须确定通信伙伴的 MAC 地址，可借助于地址解析协议实现。通过 ARP，可以将 MAC 地址对应给某个 IP 地址。PC1 知道其通信伙伴的 IP 地址，但仍不知道关联的 MAC 地址。ARP 以广播方式向网络发送 ARP 请求。该请求包含问题“Who has the IP address 192.168.0.200？”（谁拥有 IP 地址 192.168.0.200？）。PC2 通过消息“I have 192.168.0.200”（我是 192.168.0.200）来应答。作为以太网帧中的 IP 数据包发送的该应答包含 PC2 的 MAC 地址。PC1 将 IP 地址是 192.168.0.200 的 PC2 的 MAC 地址这一事实保存在“ARP 表”中，下次无须再

执行该请求。一段特定时间之后，必须将 ARP 表的条目更新。IP 数据包此时可封装到该以太网帧中并正确发送。

7. IP 路由

在前面的示例中，两台 PC 位于同一网络中，并可以正确通信。但是，Internet 协议与以太网通信相比之下的优势在于，节点或主机可以位于不同子网中和广播域中，但仍然可以互相通信。为此，必须满足两个要求：一方面，网络中需要有一个 IP 路由器；另一方面，终端节点需要将该路由器配置为“默认路由器”或“默认网关”。路由器在其所连接的任一网络中都必须有一个 IP 地址，用于将它与其他网络相连。该地址也被称为 IP 接口。通过这种方式，路由器可将一个子网的 IP 数据包发送到另一个子网。

如图 2–27 所示为 IP 路由步骤。

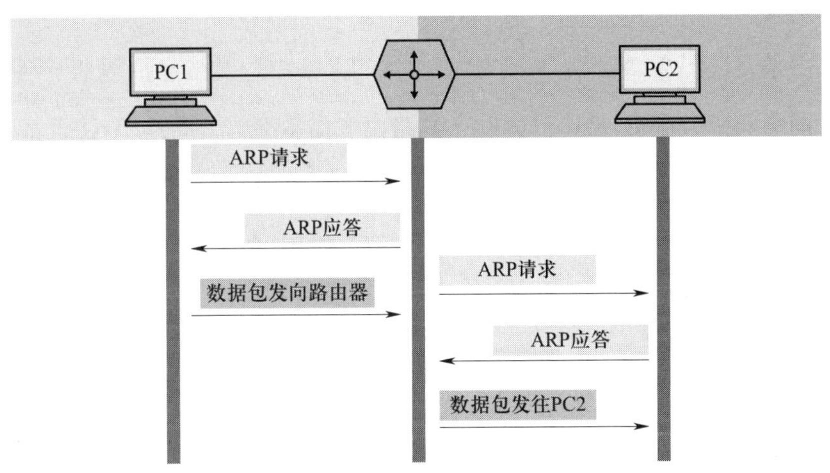

图 2–27　IP 路由步骤

PC1 要向 PC2 发送 IP 数据包。基于 IP 地址和子网掩码，PC1 已确定 PC2 一定位于其他网络中。它需要将 IP 数据包转发到其默认网关（路由器）。为此，它需要知道路由器的 MAC 地址。借助于地址解析协议，PC1 向其子网发送一个 ARP 请求，路由器应答该请求中，已为 IP 地址（网关地址）输入路由器的 MAC 地址，而 IP 数据包可作为以太网帧发送到路由器。在 PC1 的内部 ARP 表中，路由器检查其是否具有可用来转发 IP 数据包的 IP 接口。在检查确认之后，它还会向相应的目标网络发送一个 ARP 请求以确定目标 IP 地址的 MAC 地址。PC2 发出一个 ARP 应答，路由器在其 ARP

表中输入相应的 MAC 地址并将 IP 数据发送到 PC2。

8. 路由表

每个具有 IP 功能的设备都有一个路由表。这些表包含已知的网络以及如何到达它们（路由）。终端节点的路由器中通常具有一个条目用于自身网络。这种特殊的条目也常常被称为“本地”路由或“已连接”路由。因此，不需要网关或是将“0.0.0.0”作为网关。这意味着，无须路由器就可直接访问本地网络。大多数情况下，默认路由（通常也称为默认网关）也在终端设备中进行配置。路由器的 IP 地址作为网关地址在这里输入。这意味着所有非本地数据包都将经过该 IP 路由器转发到远程网络中。当 IP 路由器的 IP 地址在两个终端设备上都作为默认网关输入之后，在 PC1 和 PC2 就可以进行双向通信。

IP 路由器要能够为每个网络进行数据路由，IP 路由器都必须在每个网络均配置有相应的路由条目。图 2–28 所示基于 IP 路由器的网络中，网络包括两个子网。路由器在每个子网中具有一个 IP 接口。因此，其路由表已填充好。每个 IP 接口都与关联的子网一起自动输入到该路由表中。发往子网 192.168.0.0/24 的数据包在接口 192.168.0.1 处转发。发往子网 192.168.1.0/24 的数据包在接口 192.168.1.1 处转发。

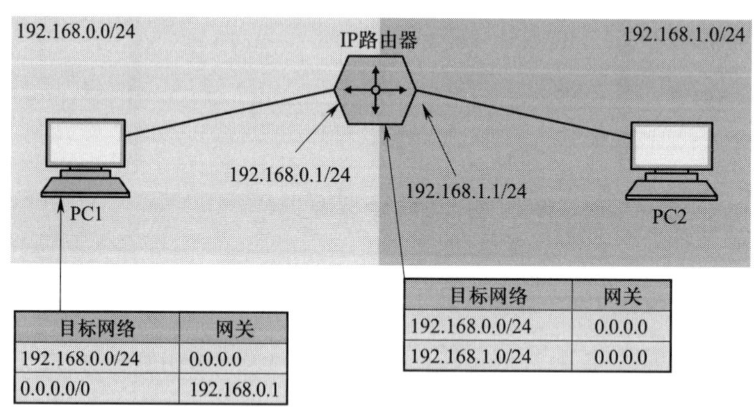

图 2–28　基于 IP 路由器的网络

路由表的结构如图 2–29 所示，条目可划分为三组：

1）目的地网络描述。路由表的前两列描述该条目的目的地。目的地网络 IP 地址与子网掩码相结合，描述了目的地网络及其大小。

目标网络	子网掩码	网关	接口	度量值	路由协议
192.168.0.0	255.255.255.0	0.0.0.0	VLAN 10	0	本地
192.168.1.0	255.255.255.0	0.0.0.0	VLAN 20	0	本地
192.168.2.0	255.255.255.0	0.0.0.0	P1.8	0	本地
192.168.3.0	255.255.255.0	192.168.0.254	VLAN 10	1	静态
10.10.0.0	255.255.0.0	192.168.1.254	VLAN 20	10	OSPF
10.11.0.0	255.255.255.0	192.168.2.254	P1.8	30	RIP

目的地网络描述　　路径描述　　路径开销描述

图 2–29　路由表

2）路径描述。“网关”和“接口”条目描述数据包到达相应目的地网络需要经过的路径。“网关”表示数据包需被转发到目的地网络的相邻路由器的 IP 接口。“接口”是发送 IP 数据包所经由的自身本地接口。该接口可以是 VLAN 接口或路由端口。

3）路径开销描述。度量值和路由协议决定了路由的路径开销。如果存在通往相同目标的多个路由条目，那么将会根据这些值做出使用哪个路由条目的判定。第一个判定由用来获知该路由的路由协议做出（在这方面，“本地”和“静态 ”也作为协议列出，即使两种信息已手动输入到设备中）。顺序如下：本地 > 静态 > OSPF > RIP。如果两个路由通过相同协议来获知，那么通过度量值来做出判断。它规定了一个路由的成本，度量值越高，成本越高。因此，具有较低度量值的路由是首选路由。

二、静态路由

静态路由是一种路由的方式，路由项由手动配置。与动态路由不同，静态路由是固定的，即使网络状况已经改变或是重新被组态。一般来说，静态路由是由网络管理员逐项加入路由表的，如图 2–30 所示。

如果网络变大，仅包含直连网络的路由器将不再足够。如图 2–30 所示，补充了第二个路由器（IP 路由器 2），PC1 和 PC2 不再能够通信，两个路由器之间构建了一个传送网络。传送网络不包含任何终端节点，仅用于连接路由器。一般配置最大化的子网掩码，以节省 IP 地址的使用。所有远程网络（不能直接访问的网络）需要在 IP 路由器中手动输入。静态路由表条目在 IP 路由器 1 中，必须补充如何到达网络

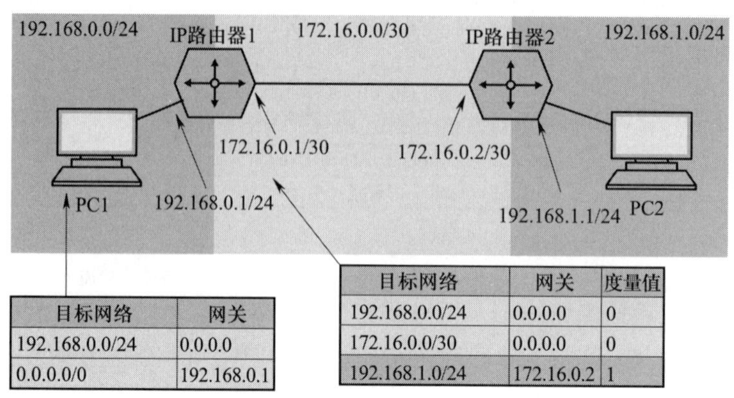

目标网络	网关
192.168.0.0/24	0.0.0.0
0.0.0.0/0	192.168.0.1

目标网络	网关	度量值
192.168.0.0/24	0.0.0.0	0
172.16.0.0/30	0.0.0.0	0
192.168.1.0/24	172.16.0.2	1

图 2–30　静态路由

192.168.1.0/24 的条目。此处，自身 IP 接口不再能够作为网关输入。该网络只能经由 IP 路由器 2 来访问，通过其接口 IP172.16.0.2。反之亦然，在 IP 路由器 2 上，也必须设置到达网络 192.168.0.0/24 的条目，否则 PC2 将不能够访问 PC1。

1. 优点

网络安全保密性高，适用于中小型网络。

2. 缺点

静态路由需手动管理，无法满足大型和复杂的网络需求。

三、动态路由

动态路由是与静态路由相对的一个概念，路由器能够根据路由器之间交换的特定路由信息自动地建立自己的路由表，并且能够根据链路和节点的变化适时地进行自动调整。当网络中节点或节点间的链路发生故障，或存在其他可用路由时，动态路由可以自行选择最佳的可用路由并继续转发报文。

1. 原理

动态路由机制的运作依赖路由器的两个基本功能：路由器之间适时的路由信息交换，对路由表的维护。

1）路由器之间适时地交换路由信息。

2）路由器根据某种路由算法（不同的动态路由协议算法不同）把收集到的路由信

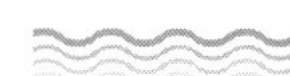

息加工成路由表，供路由器在转发 IP 报文时查阅。

在网络发生变化时，收集到最新的路由信息后，路由算法重新计算，从而可以得到最新的路由表。

需要说明的是，路由器之间的路由信息交换在不同的路由协议中的过程和原则是不同的。交换路由信息的最终目的在于通过路由表找到一条转发 IP 报文的“最佳”路径。每一种路由算法都有其衡量“最佳”的一套原则，大多是在综合多个特性的基础上进行计算，这些特性包括路径所包含的路由器节点数（hop count）、网络传输费用（cost）、带宽（bandwidth）、延迟（delay）、负载（load）、可靠性（reliability）和最大传输单元 MTU（maximum transmission unit）。

2. 常见的动态路由协议

常见的动态路由协议有 RIP、OSPF、IS-IS、BGP、IGRP/EIGRP。每种路由协议的工作方式、选路原则等都有所不同。

（1）RIP

路由信息协议（RIP）是内部网关协议 IGP 中最先得到广泛使用的协议。RIP 是一种分布式的基于距离向量的路由选择协议，是因特网的标准协议，其最大优点是实现简单，开销较小。

（2）OSPF

开放式最短路径优先（open shortest path first，OSPF）是一个为大型路由网络设计的内部网关协议（interior gateway protocol，IGP），用于在单一自治系统（autonomous system，AS）内决策路由。通过该协议，公司的所有基础设施可以实现互联。Dijkstra 最短路径优先算法用于该计算。

OSPF 优点：

1）OSPF 适用于大范围的网络。

2）组播触发式更新：OSPF 协议在收敛完成后，会以触发方式发送拓扑变化的信息给其他路由器，这样就可以减少网络宽带的利用率，同时可以减小干扰。

3）收敛速度快。

4）以开销作为度量值：OSPF 协议是以开销值作为标准，而链路开销和链路带宽正好形成了反比关系，带宽越高，开销就会越小，OSPF 选路主要基于带宽因素。

5）可以避免路由环路。

6）应用广泛。

四、虚拟路由器冗余协议

虚拟路由器冗余协议是一个标准化冗余协议。该协议是为了能够提供冗余路由器，其切换对终端节点完全透明。如图 2–31 所示为虚拟路由器的使用。

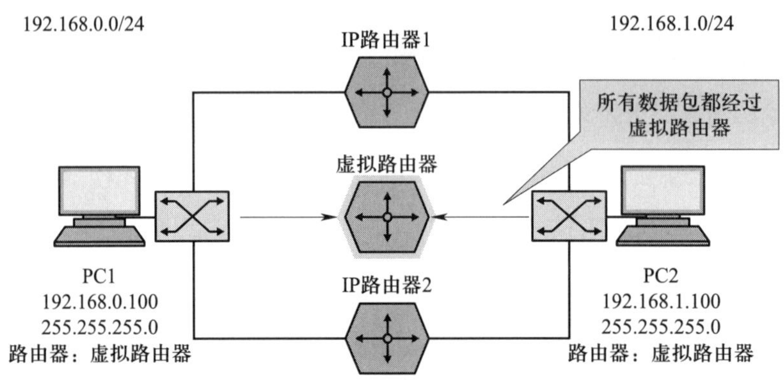

图 2–31　虚拟路由器的使用

虚拟路由器在虚拟路由器冗余协议（VRRP）中是通过虚拟路由器 ID（VRID）、定义的 MAC 地址以及一个或多个它所“监听”的 IP 地址（所谓关联 IP 地址）定义的。确切地说，并不是整个路由器都是虚拟的，而是具体 IP 接口是虚拟的。路由器可以是一个 IP 接口上的主路由器以及另一个 IP 接口上的备份路由器。为了能够向一个组清晰分配两个或多个路由器（它们一起构成一个虚拟路由器），需在每个设备中配置一个 VRID。该 VRID 是介于 1 ~ 255 的一个数字，在子网中必须是唯一的。一个组的所有路由器必须配置相同的 VRID。与每个实际路由器类似，虚拟路由器也需要一个 MAC 地址，终端节点可向该地址转发以太网帧。该 MAC 地址是为 VRRP 保留的，由一个固定部分以及 VRID（十六进制）组成：00–00–5e–00–01–VRID。如图 2–32 所示，关联的 IP 地址上显示了两个路由器，两个路由器在网络 192.168.0.0/24 中都具有一个 IP 接口。IP 路由器 1 具有 IP 地址 192.168.0.2，IP 路由器 2 具有 IP 地址

192.168.0.3。虚拟 IP 地址是借助于 VRRP 定义的，作为虚拟路由器的地址。该地址可以是实际使用的 IP 地址之一（此处为 192.168.0.2 或 192.168.0.3），但也可以是第三个 IP 地址（此处为 192.168.0.1）。一个组中的所有 VRRP 路由器都必须具有相同的关联 IP 地址。

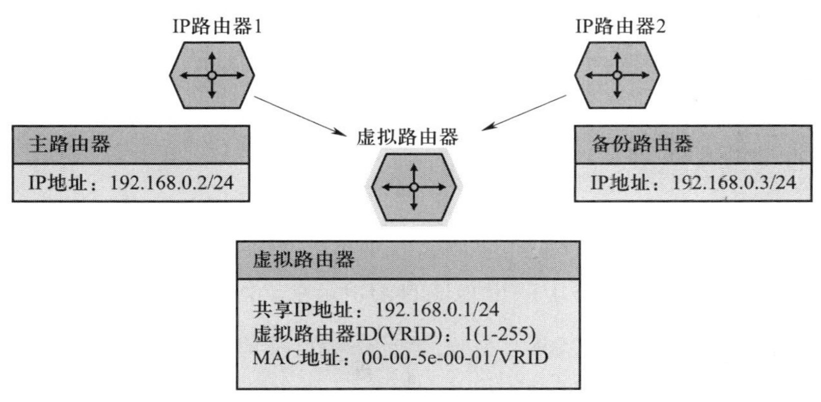

图 2–32 VRRP 的 IP 关联

1. VRRP 主路由器的任务

如果 VRRP 路由器处于主路由器状态，那么它是负责 IP 路由的路由器，执行以下任务：

1）主站向已激活 VRRP 的所有活动 IP 接口循环发送 VRRP 公告。

2）它必须应答虚拟 IP 地址的终端节点的 ARP 请求。虚拟 MAC 地址用作应答的源 MAC。

3）它必须接受以该虚拟 MAC 地址作为目标的 IP 数据包。如果数据包含不同网络的 IP 目标地址，随后将被转发。如果主路由器收到具有较高优先级的路由器的 VRRP 公告，那么随后它会转为备份状态。

2. VRRP 公告的内容

这些数据包作为组播数据包发送到地址 224.0.0.18，主要用于向备份路由器发送状态“active”。默认情况下，公告将会每秒发送一次，可以对时间间隔进行设置。

VRRP 公告数据包包含以下信息：

1）VRRP 版本：值为 2 或 3，具体取决于所用的版本。

2）类型：作为公告，始终具有值“1”。

3）VRID：发送公告的虚拟路由器的 VRID。

4）优先级：该路由器上已配置的 VRID 优先级。

5）IP 地址数：需要由该路由器在 VRID 下面表示的 IP 地址的数量。

6）IP 地址：关联 IP 地址的列表。

3. 备份路由器的任务

只要收到的 VRRP 伙伴的公告中含有比其自身的优先级更高的优先级，VRRP 路由器就会保持在备份状态。备份路由器执行以下任务：

1）具有备份角色的所有路由器都等待主路由器的循环公告。

2）只有主路由器才能应答虚拟 IP 地址的 ARP 请求。备份路由器必须拒绝这些请求。

3）备份路由器将会放弃以虚拟 MAC 地址作为目标地址的所有帧。

4）如果备份路由器不再接收到主路由器的任何公告，那么它本身会在一段超时之后成为主路由器，接管主路由器的任务。

4. 正常模式下的 VRRP

正常模式下，主路由器处于激活状态，备份路由器等待主路由器接管路由，并在激活了 VRRP 的所有 IP 接口上循环发送 VRRP 公告。具体而言，它向两个子网循环发送公告。备份路由器此时不处于活动状态，它会监听主路由器的 VRRP 公告。只要收到这些公告，备份路由器就保持在自己的角色中，正常模式下的 VRRP 如图 2–33 所示。

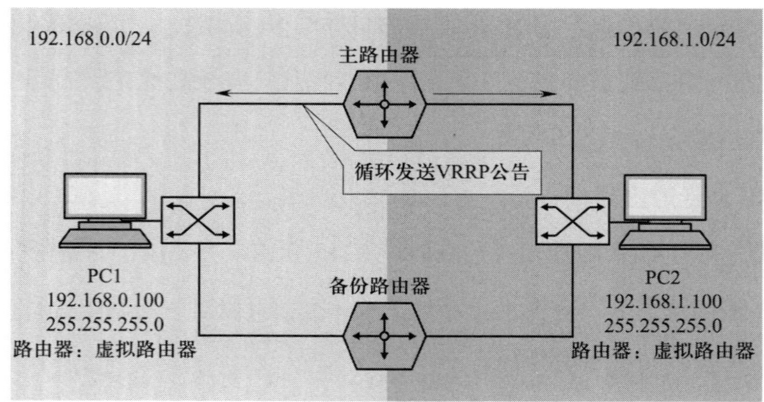

图 2–33　正常模式下的 VRRP

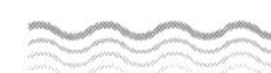

5. 发生错误时的 VRRP

1）检测故障。主路由器出现故障时，备份路由器不再接收任何公告。一段超时之后，具有最高优先级的备份路由器接管主路由器的角色。

2）主路由器宕机超时。备份路由器用于确定主路由器不再发送公告的超时是分别在备份路由器上定义的。具有最高优先级的备份路由器定义了最短超时，这些路由器优先动作，尽快发送其公告。

①超时是根据下式定义的：（3 * 主路由器公告时间间隔）+ 时滞时间。

②时滞时间代表取决于设置的优先级的超时部分。它是使用下式计算的：（256–优先级）/256。

③经过 3 倍的公告时间间隔之后，优先级为 254 的备份路由器接管主路由器功能，而优先级为 1 的备份路由器等待公告时间间隔经过 4 倍。

3）新的主路由器接管。如果超时已过，并且一台备份路由器检测到主路由器不再发送公告，则该备份路由器接管主路由器的任务。为确保网络中的所有交换机都检测到该虚拟地址在网络中的新位置可用，将以广播方式发送免费 ARP。这意味着该虚拟 IP 地址现在属于该新路由器，将通过 VRRP MAC 地址发送。网络中的交换机通过这种方式更新转发数据库（FDB）。切换对于终端设备是完全透明的。

发生错误时的 VRRP 如图 2–34 所示。

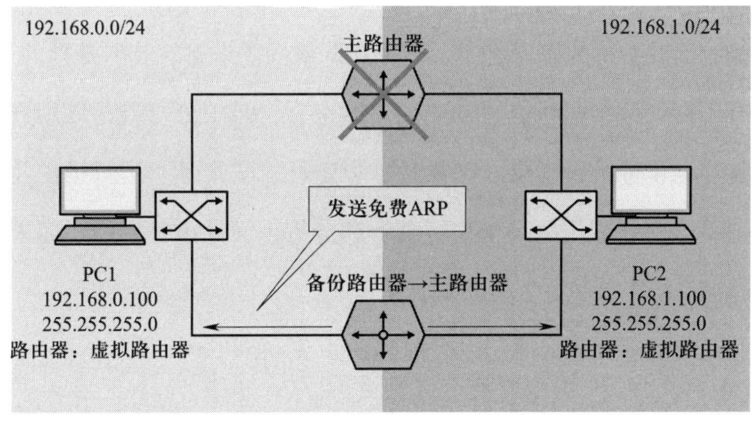

图 2–34　发生错误时的 VRRP

第四节　典型工业网络搭建

考核知识点及能力要求：

- 熟悉工业网络需求。
- 熟悉工业网络架构设计理念。
- 掌握工业网络系统搭建和实施流程。

一、工业网络需求分析

工业网络的主要功能是为工业自动化生产服务，为达到高效地使用、管理、维护、控制工业设备，需要提供确定性服务质量（低时延、低抖动、低丢包率、高可靠、高带宽等）的网络通信平台与技术作为支撑。因此，实时、可靠、稳定、开放、高效、安全，也是工业网络系统的设计之本。但工业网络的需求是有其特殊性的，每个行业、每个工厂都有不同的网络需求，从专业的角度来看，需求分析就是以用户为中心对目标网络在功能、通信能力、性能、可靠性、稳定性、安全性、运行维护及管理等方面的具体分析，结合网络应用的环境进行理解和分析，设计出符合用户需求的工业网络系统，最终进行系统实施。

（1）工业网络需求分析应基于以下原则：

1）必须充分掌握用户的实际需求和实际情况。

2）使用自上而下的方法理解用户的行业背景和项目背景。

（2）工业网络需求分析应从以下几个方面进行：

1）分析用户工业网络系统的目标。

2）分析地理环境及布局，如电磁干扰、振动、粉尘、温度、湿度及防护等级等因素。

3）分析设备类型、设备数量。

4）分析网络服务、通信类型、拓扑结构和数据流量。

5）分析网络容量和性能。

6）分析网络现状等。

7）分析其他需求：

①工业制造的升级需求。

②信息技术的升级需求。

（3）工业网络需求往往随着分析的深入发生变化，在整个需求分析过程中需要与用户保持良好的交流和沟通，确保需求分析满足用户的需要。

二、工业网络架构设计理念

如图 2–35 所示为经典工业网络架构，作为经典工业网络架构应具有以下设计理念。

1. 分层设计、一目了然

从底层采用工业以太网实时通信、SCADA 数据采集、MES 制造执行系统、从 OT 集成至 IT，层次清晰，数据流走向按需设计。经典工业网络大致可分为控制单元网络、骨干控制网络和核心网络。控制单元网络完成底层设备的数据采集和控制网络的指令传输，控制网络完成对底层进行监视和控制，对核心网络提供生产所需的管理数据，起到了承上启下的作用。核心网络及企业管理网络，集生产、设计、销售、客户管理等多部门数据互通互联，能够有效调配资源。清晰的分层设计可使工业网络架构一目了然，便于管理和维护。

2. 工业冗余、毫秒恢复

相对于 IT 网络，工业 OT 网络需要高度的稳定性，采用冗余网络拓扑结构，将具有高可用性，保证一定物理链路冗余的情况下毫秒级别的网络快速恢复。

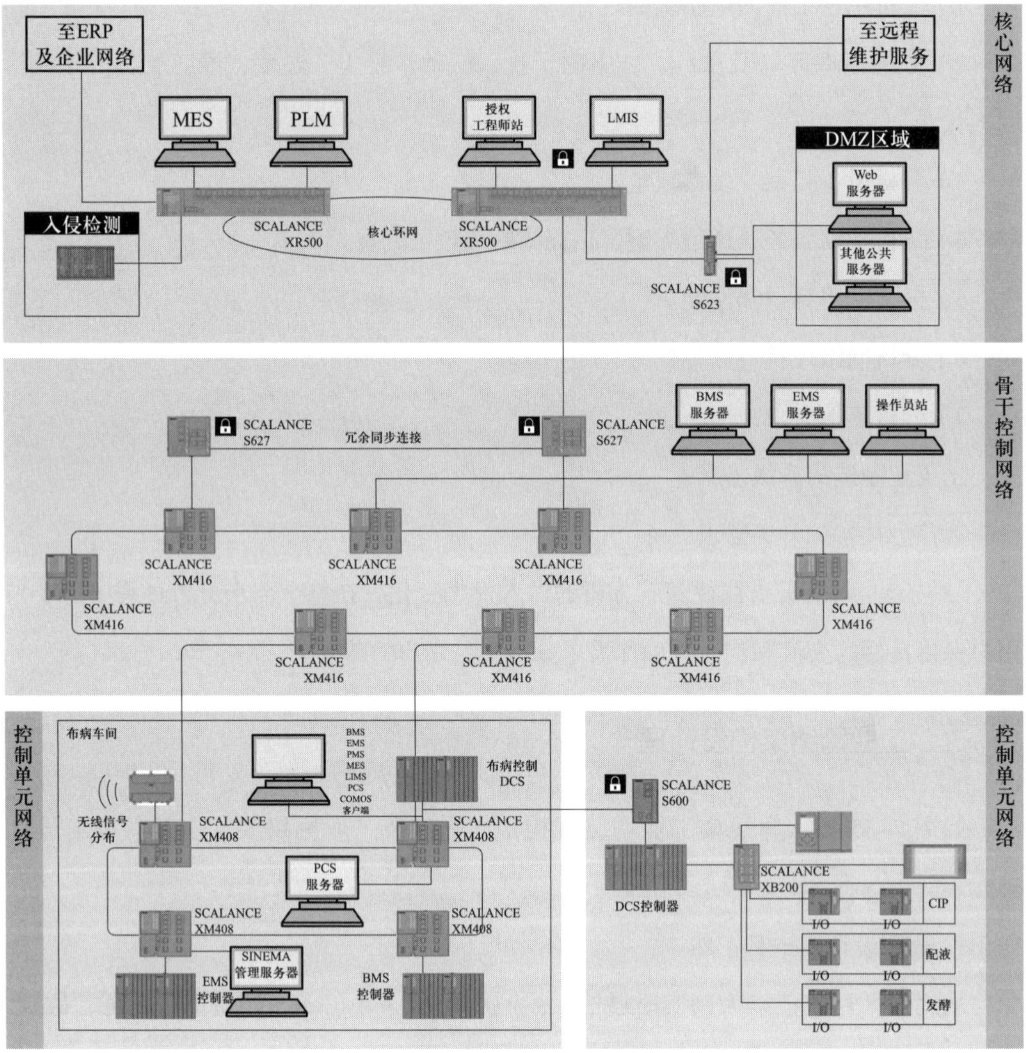

图 2–35　经典工业网络架构

3. 纵深防御、安全生产

网络安全意味着为自动化网络提供保护，防止人员未经授权对其进行访问。其中包括监控所有接口（如办公室与工厂网络之间的接口）以及通过 Internet 进行的远程维护访问，隔离区（DMZ）将工厂网络额外分隔为受保护的具体自动化单元，可最大限度降低风险，如针对恶意软件的水平传播提供保护，有助于提高安全性。根据具体通信和保护要求，将网络划分为多个单元并分配相关设备。各单元之间的数据传输可用虚拟专用网（VPN）进行加密，从而针对窃取和恶意破坏提供保护，通信伙伴事先安全通过认证。

4. 工业无线、智慧互联

基于 IEEE 802.11a/b/g/n/ac 工业无线加上其自身的工业特性功能满足工业无线实时控制和非实时数据的双重要求。可为工业生产带来极为灵活和高效的解决方案。

5. 远程运维、高枕无忧

基于广域网 OpenVPN 的远程运维安全网络设计，让远程数据采集和实时维护变成现实。通过工业远程通信，无论是在工业领域还是在与工业有关的领域中，对偏远的工厂、远程设备与移动应用的全球远程访问变得日益重要。

6. 网络管理、简单高效

工业级的网络管理平台让复杂的工业网络的日常故障维护变得简单、高效，工业网络健康状态一目了然。

三、经典工业网络架构实例

经典工业网络架构案例解析：一汽大众天津工厂喷涂车间 MES 系统工业网络项目。

1. 项目背景

该项目的系统集成商是德国某工程公司在中国分公司承接的项目，其中工业网络项目部分由另一家德国公司进行集成。

2. 解决方案

1）整个项目中使用了 12 台 XM408-8C+60 台 X212-2 交换机，其中中心机房放置 2 台核心 A/BXM408-8C，其他现场的 10 个喷涂工位汇聚点 C1-C10 各放置 1 台 XM408-8C，每个喷涂工位的 XM408-8C 连接若干台工艺段 X212-2。

2）组网的物理连接方式为每个喷涂工位的 C1 ~ C10 XM408-8C 分别与中心机房的 A/B XM408-4C 有 2 条物理连接，同时每个喷涂工位包括的各个工艺段 X212-2 交换机星形接入喷涂工位的 XM408-8C，所有的 XM408-8C 全部使用三层 OSPF 链路，每个 X212-2 对应一个工艺 VLAN，中心的 A/B XM408-8C 同时启用 VRRP 用于其终端的冗余。

3）中心的 2 台 A/B XM408 还需要跟 IT 的 2 台 H3C 路由器使用基于链路聚合的 4 条物理连接进行对接，三层使用静态路由对接技术。

4）MES 业务的服务器接在 IT 路由器上，MES 客户端放置在了工业网络。

如图 2-36 所示为一汽大众天津工厂喷涂车间 MES 系统工业网络结构。

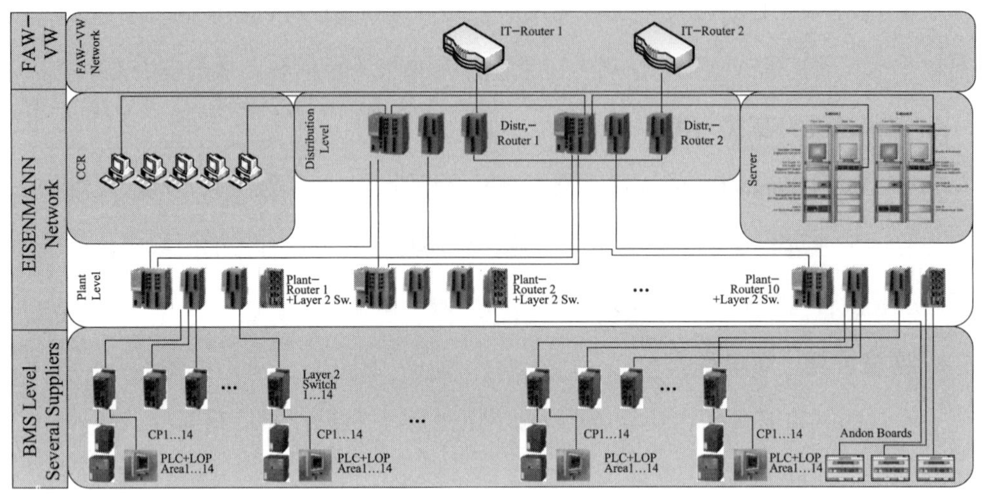

图 2-36　一汽大众天津工厂喷涂车间 MES 系统工业网络结构

3. 最终运营的结果分析

工业交换与路由解决工厂工业骨干网络的问题，实现所有工厂业务终端（PLC、SCADA、MES）的互联互通，同时还需要综合考虑物理链路冗余、工业实时数据交换机、带宽、时延、丢包率、广播风暴隔离、网络快速自愈重构等各方面的需求。

1）适度链路冗余、快速恢复。工业网络通过环网、切环、环间耦合等工业冗余协议技术实现适度的物理链路冗余，同时保证毫秒级别的网络快速收敛和恢复。

2）分层流控、带宽预留：底层实时通信（如 PROFINET）与非实时通信分层设计，同时结合工业冗余二层协议控制，引导所有终端的数据流的合理走向，并为各层之间提供不同的带宽预留，实现网络性能的最优化设计。

3）网络设备和终端冗余。通过基于 VRRP 以及终端双网卡设计实现路由器和终端的双重冗余。

4）网络服务质量控制：工业交换机服务质量（quality of service，QoS）为工业实时数据通信的低延迟，满足工业通信需要提供了保障。

5）单播路由表规模的控制。由于涉及跟 IT 网络的对接，同时 IT 网络复杂，因此，中心机房的 XM408-8C 和 IT 的 H3C 进行对接必须使用静态路由对接，通过 Metric 进行路径控制。

6）和 IT 的 H3C 路由器对接。项目完成初期投入后，只使用了单物理链路传输，无法进行冗余切换，还有一些网络需求变更，因此，请求 CI Local 支持完成网络配置整改，与 H3C 确认对接方案后，最终实现路径切换，满足业务应用。

从整改后运营至今，网络一直稳定，该项目提供了一种汽车行业的组网方案参考，同时为跟 IT 的 4 条链路对接也提供了一条比较好的思路。

四、工业网络系统架构实施

1. 工业网络系统架构实施流程

工业网络系统架构实施流程大致分为五大步骤：

（1）网络架构需求收集

1）收集分析需求。

2）现场平面布局设计。

3）终端设备统计。

4）网络设备布点图。

5）光缆及电气线缆走向规划。

（2）网络架构规划

1）网络拓扑设计，包括详细的端口走向。

2）网络二层策略设计，包括 VLAN 划分、通信协议的确定。

3）网络三层策略规划，包括路由策略、路由冗余等。

4）网络安全策略设计，包括防火墙、VPN 和 NAT（网络地址交换）等。

（3）网络架构 IP 设计

1）全网 IP 和 VLAN 设计。

2）根据终端需求进行模拟仿真以检查是否满足于需求。

（4）现场实施及集成

1）检查所有网络设备的物理链路连接是否正常，包括光纤熔接、光衰检查、电气线缆制作质量等。

2）全网所有交换机设备的配置集成，包括二层、三层及安全策略配置。

（5）系统测试、评估和验收

1）功能测试，包括检查二层、三层、安全策略是否满足终端通信要求。

2）网络质量测试，包括全网的带宽、包时延及丢包率是否满足要求。

3）出具完整的测试报告和系统评估报告。

4）组织相关人员对系统进行验收。

2. 工业网络系统架构实施经验总结

（1）任何一种网络架构都有其优势和劣势，没有哪种网络架构能够完美无缺，相对而言，需要根据用户和行业的实际项目情况，结合二层链路冗余、三层路由、带宽以及线缆铺设成本等因素综合考虑。

（2）在链路冗余的选择上可以结合二层链路（环网、生成树、链路聚合等）和三层链路进行综合考虑。

（3）进行 VLAN、IP 设计时，处理常规业务 IP，交换机的管理和级联 IP 要综合考虑，不能有遗漏。

第五节　实　　验

实验：智能产线网络拓扑搭建

一、实验目的

1. 熟悉智能产线网络拓扑的设计方法。

2. 掌握 VLAN、RSTP、直连路由、QoS 的原理与配置。

3. 掌握解决环网问题的技术方案。

二、实验相关知识点

1. 二层交换机 VLAN 技术、RSTP 技术。

2. 三层直连路由技术。

3. 网络服务质量 QoS。

三、实验内容

利用 1 台路由器、3 台交换机共 4 台网络设备进行网络组网，满足网络隔离、高可靠传输、安全等组网需求。

四、实验步骤

1. 根据技术要求设计网络拓扑，技术要求如下：

（1）不同类型设备之间做 VLAN 隔离，同时需要保证现场设备能够跨网段通信。

（2）整个网络应具备容错能力，不能因单点故障造成大面积网络中断。

（3）PLC 等关键设备，需确保 PLC 数据低延迟、高可靠传输。

（4）采用安全方式对网络设备进行管理，应仅保留一个管理入口。

2. 网络设备设置

（1）二层交换机设置

1）为交换机连接的各服务器设置 VLAN 标签。

2）针对可能存在的环网问题，开启 RSTP 协议。

3）配置各设备的 QoS 等级。

（2）三层路由器设置

配置路由器各端口的 IP 地址，生成直连路由。

3. 网络验证

通过 Ping 检测网络联通性。

思考题

1. 现场总线的特点是什么？
2. OSI 参考模型有几层？各层特点是什么？
3. 交换机与路由器各自特点有哪些？
4. IP 地址与子网掩码分别是什么？
5. 静态路由与动态路由的区别是什么？

第三章 工业大数据

工业大数据是在工业互联网的基础上，通过充分利用工业大数据传输与交换技术，把产品、机器、资源等多源数据有机地组织和融合起来，从中挖掘数据价值，应用于异常识别、趋势预测、动态优化等多种业务场景中，从而推动制造业向工业智能化方向发展。

随着互联网与工业融合创新、智能制造时代的到来，工业大数据成了未来工业在全球市场竞争中发挥优势的关键要素，通过利用工业大数据打造“工业大脑”，赋能制造业转型升级，创新发展制造业的生产力和竞争力，从而推动制造业迈向高质量发展道路。

- **职业功能：** 智能制造共性技术运用。
- **工作内容：** 运用智能赋能技术。
- **专业能力要求：** 能运用工业大数据智能赋能技术，解决智能制造相关单元模块的工程问题。
- **相关知识要求：** 工业大数据技术基础；工业大数据传输与交换；工业大数据组织与融合；工业大数据挖掘与应用。

第一节　工业大数据传输与交换

考核知识点及能力要求：

- 熟悉工业大数据传输的概念，掌握数据传输的机制。
- 熟悉工业大数据传输的手段，掌握各传输方式的优缺点。
- 掌握工业数据链的内涵及意义。
- 熟悉工业大数据路由的组成和路由过程。
- 掌握数据接口的表现形式和访问形式。
- 掌握工业大数据在数据仓库技术（ETL）工具中数据抽取、清洗转换与加载方法。

掌握工业大数据传输与交换基本概念和基本方法是应用工业大数据的基础。随着工业大数据不断地推动着智能制造的发展，掌握大数据传输与交换技术是智能制造工程技术人员必须掌握的能力，持续赋能企业创新发展。

一、工业大数据传输技术

工业大数据传输是指将工业数据从一个数字设备传输到另一个数字设备的过程，随着企业的数字化、信息化的不断发展，对数据传输的效率提出了更高的要求。网络拥塞、延迟、服务器健康状况和基础设施不足通常是导致数据传输速率低于标准水平的主要原因，从而影响整体传输速度。高速数据传输速率对于处理数据实时性要求较强的任务至关重要。本节从数据传输机制角度出发，介绍当前主流的大数据传输手段类型，并突出工业数据链技术的应用，可有效解决企业业务流转沟通，赋能企业创新发展。

1. 传输机制

根据不同标准，传输机制可以分为不同的类型。按数据传输的顺序可以分为串行传输和并行传输；按数据传输的同步方式可分为异步传输和同步传输；按数据传输的流向和时间关系可以分为单工、半双工和全双工数据传输。

（1）串行传输和并行传输

串行传输是数据码流以串行方式在一条信道上传输，是常用的通信协议。其中，RS–232 一般通信距离较近时使用（<12 m），最大速度为 20 kbit/s；RS–485/422 通信距离与速率成反比，理论最大距离为 1.2 km，最大速度为 10 Mbit/s，485 最多可以接 32 个节点，422 最多可以接 10 个节点。串行传输具有易于实现的优点，通常在远距离传输时使用，为实现收、发双方字符同步，需外加同步措施。

并行传输是将数据以成组的方式在两条以上的并行信道上同时传输。传输率比串行接口快 8 倍，理论值为 1 Mbit/s，传输的信息不要求固定格式，且不需要另外措施就可实现收发双方的字符同步，但是需要传输信道多，设备复杂，成本高。

（2）异步 / 同步传输

异步传输将数据分成小组独立传送，每次传输都以一个开始位开头，一个停止位表示终止。它适用于低速设备，但需要在每个字符中增加起、止比特位，降低了传输效率。

同步传输将多个字符组成一个信息组，实现连续传输，每个信息组在开始处加上同步字符，如果没有信息要传输，则要填上空字符。整个系统通过统一的时钟控制发送端发送空字符，接收端也要能够识别同步字符。当检测到一串位和同步字符相匹配时，就认为开始一个信息帧，此后的比特位作为实际传输信息处理。同步传输不需要对每个字符单独增加起、止的比特位，传输效率较高，但相对于异步传输，在技术上更加复杂，需要实现位定时同步和帧同步。

（3）数据传输方向（单工、半双工、全双工）

单工通信使用一根导线，信息只能由一方 A 传到另一方 B。数据由 A 站到 B 站，而 B 站至 A 站只传送联络信号，如图 3–1a 所示。

半双工方式同样使用一根传输线，它既作接收，又作发送。两个数据站之间可以在两个方向上进行数据传输，但不能同时进行，如图 3–1b 所示。这种通信方式主要应用于问询、检索、科学计算等数据通信系统。

全双工方式数据的发送和接收分流，分别由两根不同的传输线传送时，通信双方都能在同一时刻发送和接收，如图 3–1c 所示。这种通信方式主要适用于计算机之间的高速数据通信系统。

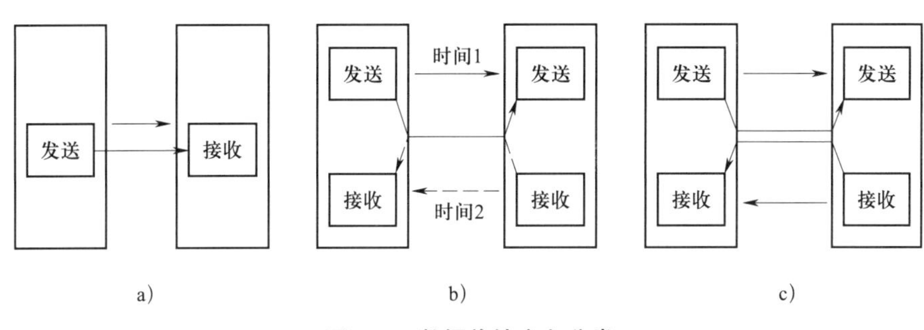

图 3–1 数据传输方向分类

a）单工 b）半双工 c）全双工

2. 传输手段

数据传输方式是指数据在信道上传送所采取的方式。目前工业数据无线传输方式主要有 WIFI、ZIGBEE、433 MHz、GPRS、4G/5G、以太网等，可单独或组合使用；具有自组网、短距离或远距离无线传输的功能；同时无线数据传输设备可与 PLC、RTU 等数据终端相连接。

数据传输是数据流通的管道，如果管道出了问题，前端看到数据的及时性和正确性就会受到影响，必须有人对管道的通畅进行管理和维护。这类管道可以分为 ETL 工具、日志同步、API 接口和消息队列等几种类型。

（1）数据仓库技术（ETL）工具

ETL 工具（如 kettle）一般按照调度平台的设施规则，进行每日 T+1 更新，个别情况下根据业务需要，可能提高这个频率。但可能造成这个单独抽取的数据和其他 T+1 数据不匹配，频率过高或者数据量过大会影响被抽取数据的系统性能，需要进行单独评估。

（2）日志同步

利用日志文件同步数据，例如 oracle 的 ogg 同步，其优点是能看到接近实时的数据，缺点也很明显，对磁盘和中央处理器（CPU）的消耗比较大。

（3）API 接口

标准的 API 接口通过半结构化的 xml 或者 json 格式，将数据进行传输。接收方再根据文档进行解析，然后存入库中。要注意接口的性能和调用频率，可能会造成问题。

（4）消息队列

消息队列（如 kafka）将封装好的消息分发系统，能实现准实时的数据传递，但是要求对消息分发系统有维护能力。

此外，Kafka、Logstash 等软件系统也是传输数据的重要途径。

（1）Kafka

Kafka 是一个分布式、分区的、多副本的、多订阅者，基于 zookeeper 协调的分布式日志系统，可以用于 Web/nginx 日志、访问日志、消息服务等。Kafka 主要设计特点如下：

以时间复杂度为 O（1）的方式提供消息持久化能力，即使对 TB 级以上数据也能保证常数时间的访问性能。高吞吐率，即使在非常廉价的商用机器上也能做到单机支持每秒 100 k 条消息的传输。支持 Kafka Server 间的消息分区及分布式消费，同时保证每个 part 内的消息顺序传输。支持离线数据处理和实时数据处理。

图 3-2 所示为 Kafka 集群的典型架构示意图。每个集群包含多个生产者和多个服务代理（broker），生产者可以是硬件数据源或服务器产生的日志信息等。每个服务代理一般安装在一个节点服务器上，Kafka 支持平行扩展，增加服务代理数量可以提高吞吐量。生产者将数据写入指定的 topic 中，消费者可以从指定的 topic 中提取数据。

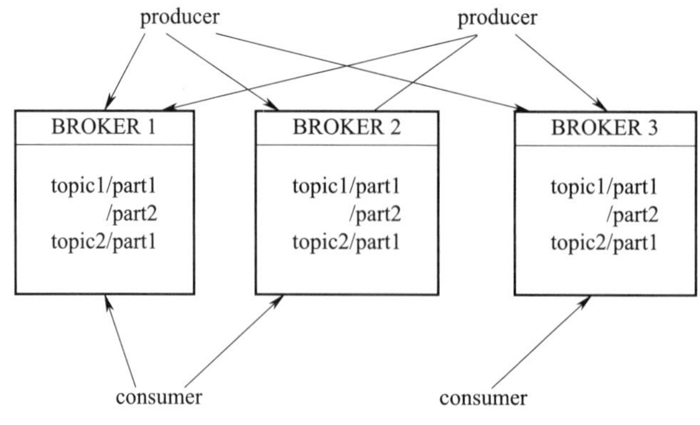

图 3-2　Kafka 的架构

为提高数据传输吞吐率，Kafka 将每个 topic 分为若干 part，每个 part 存储对应的数据和索引文件。创建 topic 时，指定 part 数量，part 数量越多，系统吞吐量越大，占用的资源越多。Kafka 收到生产者数据后，根据均衡策略存放到 part 等待消费者。

Kafka 为了提高数据传输的吞吐率，将每个 topic 分为若干 part，并为数据建立副本以提高系统的高可用性。生产者发送数据后，节点会反馈消息是否存储，若未收到确认信息则重复发送，消费者消费数据后发送确认信息，节点记录被消费位置，下次消费则从该位置开始。这些机制保证了至少一次的可靠交付。

在安全性方面，Kafka 使用了 SSL 或者 SASL 验证来自客户端以及其他 broker 和工具到 broker 的链接身份，在传输的过程中也可以选择对数据进行加密，对客户端的读写授权，虽然可能会导致集群性能下降，但对于保密性较高的数据来说，是可以接受的。

（2）Logstash

Logstash 能够从多个来源采集数据，与此同时 Logstash 管道支持自定义在中间加上滤网转换过滤数据，然后将数据发送到用户指定的数据库中，如图 3-3 所示。

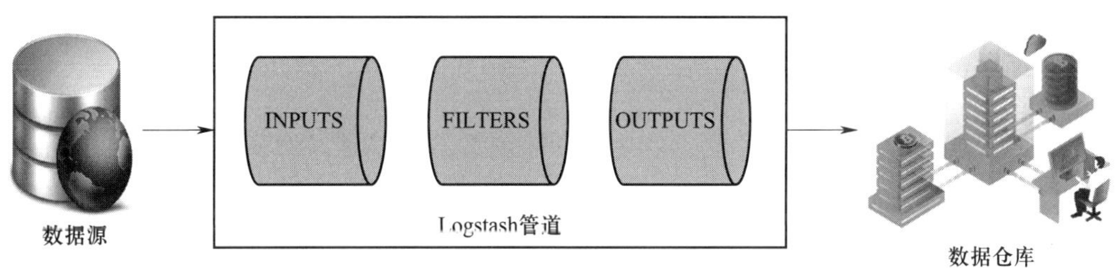

图 3-3 Logstash 结构

在 Logstash 中，每个数据流中的数据被称为一个 Event，数据处理流程包括三个主要角色：Inputs（输入）→ Filters（过滤）→ Outputs（输出）。原始数据进入 Logstash 后被转换为一个 Event，在内部流转过程中不再是原始数据的形式，而是在 Inputs 处通过使用 json 插件将原始数据转换为 Logstash Event。每个 Event 通过 queue 流入 pipline 处理线程中，在 batcher 中存储。当 batcher 达到处理条件后，数据发送到 Filters 中进行处理，最终通过 Outputs 输出到指定位置。若 Logstash 节点发生故障，通过持久化队列保证至少将运行中的事件送达一次。未被正常处理的消息被送往死信队列以便做进一步处理。Logstash 能够平稳处理高峰期的数据吞吐量，同时确保采集管道的安全性。

3. 工业数据链

工业数据链支持多种通信协议，如 HTTP、TCP、MQTT、OPC-UA、RPC、Sigfox、Modbus 等，可对各类设备上采集和发送的数据进行统一的数据转换、编码和解码，消除“信息孤岛”，实现数据互联和业务互通。该技术是一条高速的看不见的数据传输通道，可以对接各类工业设备和软件，通过标准化的数据格式进行传输，并通过“业务规则链”将数据分发至指定地点。到达目的地后，工业数据链会再次进行解码和转码，以传递目的地系统所识别的数据。

工业数据链是一套完整的末端战场解决方案，其使用 Java 技术基于物联网中台开发，能够识别、转换、编码、解码各类数据，并支持近 20 种数据协议识别、编码和解码系统，数据加密和解密系统，数据转义、传输和路由系统。此外，工业数据链还支持 HTTP、TCP、MQTT、OPC-UA、RPC、Sigfox、Modbus 等多种通信协议，能够连接和融合各类软硬件系统，对各种系统、设备上采集和发送的数据进行统一的转换、编码和解码。它不仅解决了数据流转问题，还有助于构建工业数据安全管理体系，培育安全产业生态。该技术能够将所有数据源有效交链，并提供基于工业需求的模块化服务，从而实现数据融合和信息的增值。

工业数据链的本质是将各类工业生产数据进行分类处理，形成对工业生产的准确描述，并根据生产任务流程对信息进行整合、分析、处理，形成生产决策。它将企业的每套软件、设备、工位、业务、客户、供应商、员工连接起来，消除信息孤岛现象，确保业务有序流转。应用工业数据链技术能够有效解决企业业务流转沟通问题，改善企业信息化基础和数据管理不足的现状，并助力企业数字化改造，支撑产业监测分析，赋能企业创新发展。

二、工业大数据交换技术

工业大数据交换技术是指在工业数据通信网络中，通过网络节点的某种转接方式实现从任意一端系统到另一端系统之间接通数据通路的技术。通过该技术能实现企业设备的标准接口与互联互通，提高产业的生产效率。数据路由是大数据交换技术的重

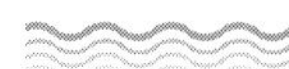

要组成部分，结合数据接口获得大量多源数据，采用 ETL 工具对获得的数据进行抽取、清洗转换与加载，规范数据格式并存储。

1. 数据路由

数据路由本身是一个较为抽象的概念，数据路由以组件形式存在，一个数据路由组件下包含“逻辑执行区”与“元数据配置区”两部分。其中，元数据配置区的每一条“路由元数据”都规定了一个类型或者属性的执行逻辑。

（1）数据路由分析

数据路由对不同数据的处理方式，决定了数据路由内部存在不同类型的路由元数据，有处理监控数据的“计算元数据”、负责将数据存入关系数据库的“数据库路径元数据”以及直达云端应用的“事件动态元数据”等。不同元数据的形式大同小异，但都包含了输入元素与输出路径两大基本要素。

1）计算元数据。计算元数据是指周期数据上传时的基础元数据。由于周期数据主要是单属性在周期时间内的一组数据集，所以计算元数据大多数都是单输入类型，并遵循“就近处理”的原则。执行结果上传至云端后，继续执行路径映射过程。在云端要求实时性较低的情况下，可以过滤掉大量非必要的高频实时数据，简化数据的处理过程，并将承受高频大规模实时数据的过程交给边缘侧时序数据库，实现边缘侧与云端的异步发送和接收。即使在少数情况下需要云端应用获取一段时间的高频数据，也可以通过对该数据集进行高效压缩后上传。

计算元数据极大简化了云端用户获取数据的方式，主要体现在用户只需要从云端的存储设备中获取所需数据，而处理实时数据的过程交给数据网关中的数据路由组件处理即可。计算元数据的配置文件属性及其解释见表 3–1。

2）数据库路径元数据。作为面向关系数据库的路由元数据，数据库路径元数据规定了输入在关系数据库的映射位置。与计算元数据不同，数据库路径元数据面向所有需要存储在数据库中的数据类型，主要包括：

①周期数据经过计算元数据处理后的结果。

②事件数据的日志记录功能。

③非实时数据的路径映射。

表 3–1　　计算元数据的配置文件属性及其解释

<table>
<tr><th>位置</th><th>元数据名称</th><th colspan="2">配置属性</th><th>属性值</th></tr>
<tr><td rowspan="5">云端数据路由</td><td rowspan="5">设备监控元数据</td><td colspan="2">元数据映射位置</td><td>ServerMysql–router–monitorPropertyTable</td></tr>
<tr><td colspan="2">元数据触发数据类型</td><td>MonitorProperty</td></tr>
<tr><td rowspan="3">输入</td><td>属性 1</td><td>avg</td></tr>
<tr><td>属性 2</td><td>max</td></tr>
<tr><td>属性 3</td><td>variance</td></tr>
<tr><td rowspan="5">边缘侧数据路由</td><td rowspan="5">周期数据统计元数据</td><td colspan="2">元数据类型</td><td>MonitorProperty</td></tr>
<tr><td rowspan="2">操作 1</td><td>操作名</td><td>CountAvg</td></tr>
<tr><td>结果名</td><td>avg</td></tr>
<tr><td rowspan="2">操作 2</td><td>操作名</td><td>CountMax</td></tr>
<tr><td>结果名</td><td>max</td></tr>
</table>

由于每个元数据中所需输入的与数据库表的列名一一对应，故数据库路径元数据属于多输入类型。

数据库路径元数据的配置文件同样存在“输入”和“输出”两大配置属性，不同的是数据库路径元数据中直接规定了每个输入的输出位置，不存在中间的“处理逻辑”，形式见表 3–2。

表 3–2　　数据库路径元数据配置文件内容

<table>
<tr><th>配置内容</th><th colspan="2">配置属性</th><th>内容解释</th></tr>
<tr><td rowspan="3">配置信息</td><td colspan="2">元数据名称</td><td>（同计算元数据）</td></tr>
<tr><td colspan="2">元数据 ID</td><td>（同计算元数据）</td></tr>
<tr><td colspan="2">输入类型</td><td>（同计算元数据）</td></tr>
<tr><td rowspan="3">输出目标配置信息</td><td colspan="2">输出数据库类型</td><td>元数据路径映射的数据库类型</td></tr>
<tr><td colspan="2">输出数据库名称</td><td>该数据库类型下的数据库名称</td></tr>
<tr><td colspan="2">输出数据库表名称</td><td>该数据库下的指定表名</td></tr>
<tr><td rowspan="4">输入目标配置信息</td><td>输入名称 1</td><td>输入列名 1</td><td rowspan="4">规定进入该元数据的输入映射到表中的具体列</td></tr>
<tr><td>输入名称 2</td><td>输入列名 2</td></tr>
<tr><td>输入名称 3</td><td>输入列名 3</td></tr>
<tr><td>……</td><td>……</td></tr>
</table>

3）事件动态元数据。数据库路径元数据与计算元数据均属于静态元数据，数据路由将其读入内存后，只负责执行而不对元数据的配置内容进行修改。将依据云端应用订阅情况在数据路由内存中动态生成的路由元数据称为“事件动态元数据”。

此类元数据同样包括静态元数据的输入→输出过程，并包含了路径的动态生成，步骤如下：

步骤1：云端应用向数据路由发送针对某事件的订阅。

步骤2：数据路由将此订阅转换为一条“事件数据→云端应用”的映射路径，即路径生成。

步骤3：以对应的事件数据为依据，将此事件的动态元数据传输到订阅应用中。

引入事件动态元数据，程序得以进一步简化，使数据路由在逻辑上更为灵活。

（2）路由过程

从数据的路由执行过程看，将数据从某数据源，经过若干路由元数据的操作，最终映射到目标存储位置的过程，称为一个路由过程。

由于关系数据库中每张表均有不同的应用场景，故一个属性可能存储于多张表中，也会出现在多个数据库路径元数据所需的输入中，即一个属性产生了多个路由过程。

（3）数据路由组成

在数据路由的“逻辑执行区”中，存在着多组件的协调配合。依据不同功能，分为元数据库、管理器、操作中心、执行器、内容接收器。

1）元数据库。包括以配置文件的形式存在的元数据内容，配置文件以相对统一的标准格式规范执行逻辑。

2）管理器。该部分是数据路由中与路由元数据库直接连接的组件。负责检测元数据库中路由元数据的变化。此外，元数据管理器还负责管理“实体等待队列”中处于“等待”状态的元数据实体。该部分是数据路由中的核心内容。

3）操作中心。该组件包括预置的针对周期数据的操作，几乎所有计算元数据的处理逻辑均需调用此部件中相应功能，作为工具类提供所需的基础操作。

4）执行器。该部分执行被触发的元数据实体，依据元数据实体规定的操作。对于计算元数据，在操作中心中寻找该操作的执行逻辑，调用该方法，得到输出结果；对于其他元数据，则依据元数据中的输入输出对应关系映射到指定路径即可。

5）内容接收器。该部分是数据路由的入口组件，负责接收所有请求，包括接收底层数据、获取云端应用请求等，依据不同请求类型执行不同处理逻辑。

2. 数据接口

数据接口是进行数据传输时向数据连接线输出数据的接口，它的全名是“数据终端设备（data terminal equipment，DTE）和数据通信设备（data communication equipment，DCE）之间串行二进制数据交换接口技术标准”。该标准规定采用一个25个引脚的DB25连接器，对连接器的每个引脚的信号内容加以规定，还对各种信号的电平加以规定。按照接口表现形式分类，常见的接口类型见表3–3；按照接口访问形式分类，常见的接口类型见表3–4。

表3–3　按照接口表现形式分类

序号	接口	基于或支持的协议	描述
1	HTTP接口	HTTP协议	使用广泛、轻量级、跨平台、跨语言的，但凡是第三方提供的API都会有HTTP版本的接口
2	PRC接口	HTTP、TCP、UDP、自定协议	它本质上是一种Client/Server模式，可以像调用本地方法一样调去用远程服务器上的方法，支持多种数据传输方式（Json、XML、Binary、Protobuf等）
3	Web service接口	基于HTTP协议的SOAP协议的封装和补充	RESTful、XML–RPC、SOAP等都可以当成是Web Service的一种实现方式
4	RESTful	HTTP协议	它不是一种规范，而是一种设计准则，用不同的HTTP动词（GET、POST、DELETE、PUT等）表达不同的请求
5	WebSocket	UDP、TCP	它是一个底层的，双向通信协议，适用于客户端和服务器端之间信息实时交互
6	FTP	TCP/IP协议组中的协议之一	文件传输协议，FTP协议包括两个组成部分，一为FTP服务器，二为FTP客户端。其中FTP服务器用来存储文件

表 3–4　　按照接口访问形式分类

分类	描述
使用用户令牌，通过 Web API 接口进行数据访问	这种方式可以有效识别用户的身份，为用户接口返回用户相关的数据，如包括用户信息维护、密码修改、用户联系人等与用户身份相关的数据
使用安全签名进行数据提交	提交的数据通过安全加密方式进行传输，签名参数经过加密后发送至服务器，并经过同样的规则进行安全加密，以确保数据在传输过程中未被篡改。此外，Web、APP、Winform 等不同接入方式，可以使用不同的加密密钥。这些密钥由双方约定，并不在网络连接上传输，而是使用该接入的 AppID 进行签名参数的加密对比
提供公开的接口调用，不需要传入用户令牌或者对参数进行加密签名	这种接口一般较少，只提供一些很常规的数据显示

3. ETL 工具

ETL 包括数据抽取、清洗转换与加载三个部分。数据抽取将分散的、异构工业数据源中的数据（如关系数据、平面数据等）抽取到临时中间层。数据清洗审查、过滤和校验抽取到临时中间层的数据，去除噪声数据、删除重复信息、纠正错误，并维护数据的一致性；数据转换规范化数据格式和拆分数据。数据加载是将已经加工好的数据加载到数据仓库。下面重点介绍数据清洗。数据清洗是将数据审计活动中发现的“脏数据”清洗成“干净数据”的过程，包括含有缺失值、冗余内容和噪声数据等。数据审计与数据清洗是两个相互联系的数据预处理环节，如图 3–4 所示。

对于一些维度较高且数据量大的数据，需要多轮“清洗”才能“清洗干净”。一次

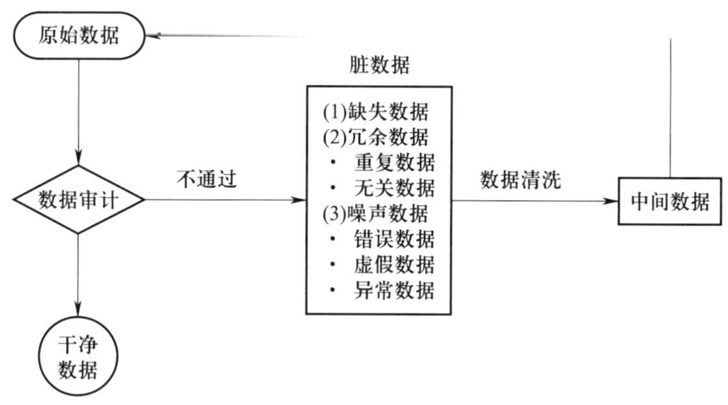

图 3–4　数据审计与数据清洗

数据清洗操作之后得到的往往是“中间数据”，而不一定是“干净数据”，需要对这些可能含有脏数据的“中间数据”进行再次“审计工作”，进而判断是否需要再次清洗。

（1）缺失数据处理

缺失数据的处理主要涉及三个关键活动：识别缺失数据、分析缺失数据、处理缺失数据，如图 3–5 所示。

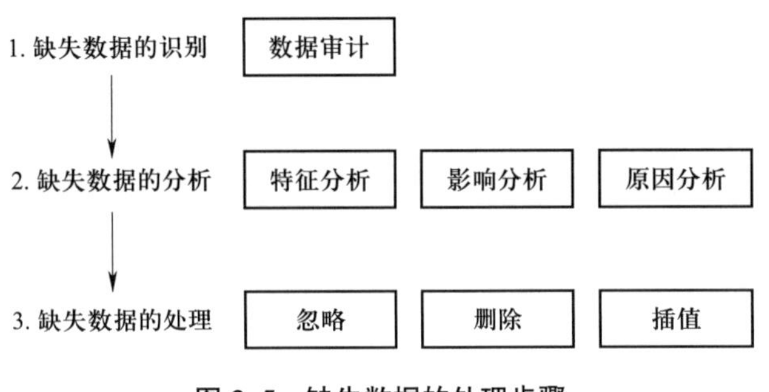

图 3–5　缺失数据的处理步骤

1）缺失数据的识别。主要采用数据审计（包括数据的可视化审计）的方法发现缺失数据。

2）缺失数据的分析。缺失数据分析包括特征、影响和原因分析三个方面。缺失数据可分为完全随机缺失、随机缺失和非随机缺失。完全随机缺失指数据缺失是随机的，不依赖于任何变量；随机缺失指缺失依赖其他完全变量；非随机缺失则依赖不完全变量自身。不同类型的缺失数据需采用不同的处理方法。同时，缺失数据的比例较大，且涉及多个变量时，可能影响数据分析结果的正确性。应结合领域知识进一步分析原因，选择删除或插补缺失数据的策略。

3）缺失数据的处理。根据缺失数据对分析结果的影响及导致数据缺失的影响因素，选择具体的缺失数据处理策略——忽略、删除处理或插值处理。

（2）冗余数据处理

冗余数据的表现形式可以有多种，如重复出现的数据以及与特定数据分析任务无关的数据，需要采用数据过滤的方法处理冗余数据。从总体上看，冗余数据的处理也需要三个基本步骤：识别、分析和过滤，如图 3–6 所示。对于重复类冗余数据，通常采用重复过滤方法；对“与特定数据处理不相关”的冗余数据，一般采用条件过滤方法。

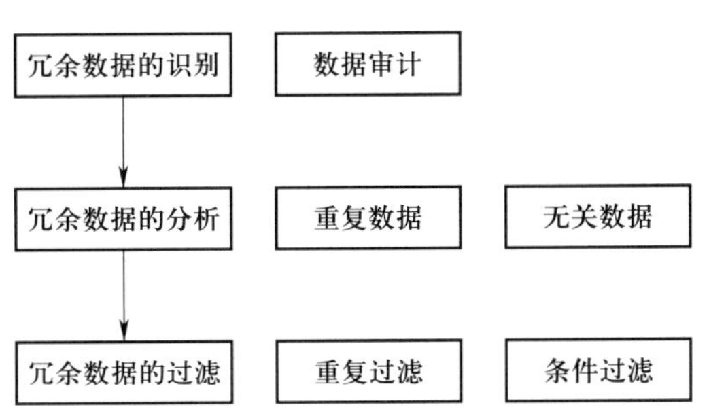

图 3–6　冗余数据处理

1）重复过滤。重复过滤指从源数据集中识别重复数据并选择一项记录作为代表，保留在目标数据集中。该过程需要进行两个关键活动：识别重复数据和过滤重复数据。重复记录是相对概念，判断方法因来源数据结构而异。例如，在关系表中可考虑属性值相似性，而在图论中需计算记录之间的距离。

重复数据的过滤可以分为以下两种：

①直接过滤，即对重复数据进行直接过滤操作，选择其中的任何数据项作为代表保留在目标数据集中，过滤掉其他冗余数据，操作比较简单。

②间接过滤，即对重复数据进行一定校验、调整、合并操作之后，形成一条新记录，操作比直接过滤活动复杂，需要领域知识和领域专家的支持。

2）条件过滤。条件过滤是指根据某种条件进行过滤，条件过滤不仅可以对一个属性设置过滤条件，还能对多个属性同时设置过滤条件，符合条件的数据将放入目标数据集，不符合条件的数据将被过滤掉。

（3）噪声数据处理

“噪声”是指测量变量中的随机错误或偏差。噪声数据的主要表现形式有错误数据、虚假数据以及异常数据。噪声数据的处理方法如下：

1）分箱。分箱处理的基本思路是将数据集分成若干个“箱子”，用每个箱子的均值或边界值替换该箱内部的数据，达到噪声处理的目的。具体实现方法有多种类型，如等深分箱和等宽分箱。分箱方法还可根据每个箱内成员数据的替换方法分为均值平滑、中值平滑和边界值平滑。

2）聚类。可以通过聚类分析方法找出离群点 / 孤立点（outliers），并对其进行替换、删除处理。离群点 / 孤立点就是当读者将原始数据集聚类成几个相对集中的子类后，发现的那些不属于任何子类、落在聚类集合之外的异常数据，如图 3–7 所示。

3）回归。还可以采用回归分析法对数据进行平滑处理，识别并去除噪声数据，如图 3–8 所示。

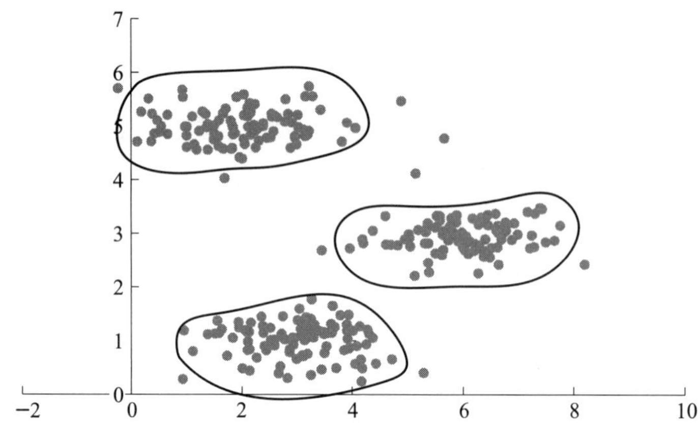

图 3–7 聚类分析的离群点 / 孤立点

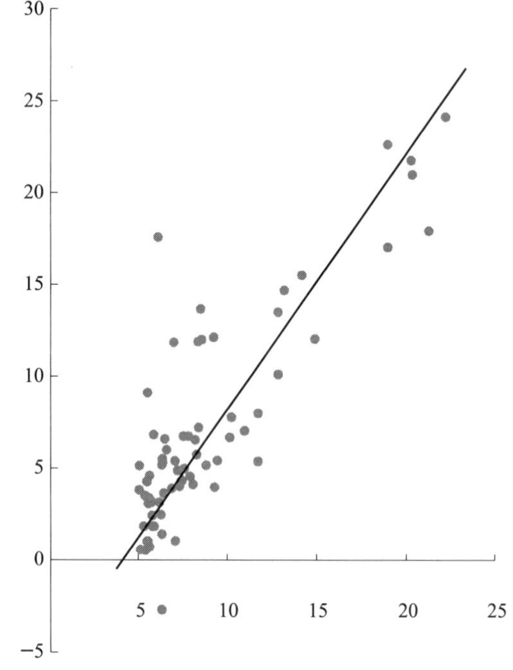

图 3–8 回归分析中的噪声数据

4. 案例——5G 在智慧油井中的应用

某油田采油厂面向生产信息化提出建设需求，其中，生产信息化网络遵循“有线无线结合、公网传输辅助”的原则建设，但存在光缆施工难度大、综合成本高等难点；无线网桥受遮挡影响，电磁干扰，故障率高。为满足油田采油厂区现有油井工作状态采集任务条件，并实现上位机远程控制启井、停井、声光报警、调速等功能，采用 5G 无线通信技术替代无线网桥方案，如图 3–9 所示。

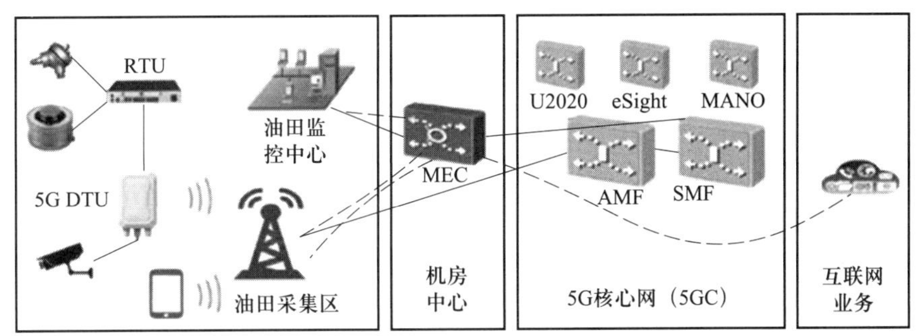

图 3–9　智慧油井 5G 解决方案

传感器采集的数据经数据汇聚后通过接入 5G 网络传输，构成数据传输链路的核心节点。厂区内 5G 基站通过 IPRAN 网络连接移动边缘计算（MEC），MEC 下沉部署到机房。5G 基站及 MEC 与 SA 核心网连接，对用户进行鉴权、计费、策略控制，同时与网管对接，进行网络运维。

主要有以下方面的信息化改造：

（1）首次用 5G 替代网桥、有线远程控制采油装备。

（2）通过 5G 承载 PLC 专用工业协议和高清视频，同时保障大带宽和低时延、高可靠。

（3）覆盖生产自动化、远程控制、安防监控等多个应用场景。

（4）采油厂 5G 全覆盖，对油井数据回传。

（5）实现控制信号毫秒级低时延，图像信号速率为 100 Mbit/s 上行带宽。

（6）保障采油区生产管理、远程操作、安全巡查。

第二节　工业大数据组织与融合

考核知识点及能力要求：

- 掌握工业大数据常见的数据维度和对应范畴。
- 熟悉数字主线在数字孪生环境下的需求，掌握数字主线的基本概念和用途。
- 掌握数据空间的参考架构模型。
- 熟悉工业大数据的来源，熟悉不同数据来源下的工业大数据。
- 熟悉数据关联的度量方法。
- 掌握常用的工业大数据多源融合技术。

掌握工业大数据组织和融合技术是工业大数据分析的基础。随着工业数据的体量越来越庞大，工业数据的种类和来源越来越广泛，对工业大数据组织和融合技术提出了更高的要求。

一、工业大数据组织技术

工业中所获得的数据通常是多维度的，对数值型数据离散化，使得数据间的规律更加明显，并通过数字主线，构建覆盖系统生命周期与价值链的全部环节的跨层次、跨尺度、多视图模型的集成视图，实现在全生命周期中反馈正确的数据信息，对工业的生产具有指导作用。

1. 数据维度

工业大数据支持服务化需求，是企业决策的关键依据。数据维度的分析是工业大数据管理的基础，应用工业大数据的第一步。研究人员将工业大数据分为数据源、时间、位置、标准、人员、产品、环境和订单八个维度，见表 3–5。数据源维度包括业务流程、知识沟通、供应链和市场环境信息；时间维度描述数据产生的时间；位置维度描述数据产生的位置；标准维度通过对比现有数据与标准法则数据的差异，快速定位异常数据；人员维度描述数据产生与处理过程中参与的人员信息；产品维度指数据发生时所对应的产品信息；环境维度指数据产生时所处的环境信息；订单维度指数据所属的订单信息。对这些维度进行分析有助于企业做出高效的业务决策和推动创新。例如，通过实时监测设备运行工况数据及性能参数等时间序列数据，可推测设备特征的变化规律，进而预测性地发现系统运行过程的潜在故障，并结合历史诊断数据做出决策，进行预防性维护，精准消除故障隐患。

表 3–5　　数据维度介绍

维度类别	对应范畴	范畴内涵
数据源维度	业务流程信息	在业务功能与流程中产生的数据，包括生产计划数据、采购数据
	知识沟通信息	企业员工及各种管理系统在日常工作及活动中所创造、使用、积累的数据
	供应链信息	在企业上下游交易中产生的供应链数据，包括订单数据、交易报价数据等
	市场环境信息	市场与自然环境、社会环境数据，包括市场需求、温度、客户偏好等数据
时间维度	具体时间	描述数据的时间信息，具体为某年某月某日某时某分某秒
	季度	描述数据产生的季度时间信息
	是否为节假日	描述数据产生时的节假日情况
位置维度	地理位置	数据产生时数据源所处的地理位置，通常通过 GPS 进行定位
	价值链节点	描述数据产生时所处的价值链节点，包括研发、设计、生产、物流、营销和售后六个节点
	业务模块	描述数据产生时所处的业务模块，包括产品开发、质量管理、成本控制、预算管理、仓储管理等

续表

维度类别	对应范畴	范畴内涵
标准维度	标准名称	描述企业在各个活动中应遵守的标准名称
	强制性	是否为国家法律、行政法规强制执行的标准
	制定时间	描述标准的制定时间
	制定单位	描述标准的制定单位
	对应参数	企业在生产等活动中各数据对应的标准参数
人员维度	基本信息	包含人员的姓名、年龄、性别、角色等基本信息
	画像	根据人员的基本信息、偏好、习惯、行为等抽象出来的标签化模型
	行为	描述数据产生时人员的行为信息
产品维度	产品名称	描述数据所对应产品的名称信息
	产品编号	描述数据所对应产品的编号信息
	生产厂家	描述数据所对应产品的生产厂家信息
	产品描述	描述数据所对应产品的基本信息，如产品型号、重量等
	产品价格	描述数据所对应产品的价格
环境维度	地理特征	数据产生时数据源对应的地理环境特征，如温度、湿度等
	行业特征	数据产生时行业环境信息，如政策、竞争对手信息等
订单维度	客户	描述数据对应订单的客户信息，包括姓名、购买次数等
	产品	描述数据对应订单的产品信息，如产品状态、产品价格等
	时间	描述数据对应订单的下单、交付等时间信息

2. 数字主线

随着“数字孪生”技术的兴起，数字主线概念已进入人们的视野。数字主线利用先进的建模和仿真工具创建数字化数据流，涵盖产品全生命周期和全价值链，包括基础材料、设计、工艺、制造、使用和维护等方面，如图 3–10 所示。现代产品和业务的复杂性使企业面临数据量的急剧增加，而工业数据又具有种类繁多、格式复杂、散落在各个信息系统中的特点。因此，数字主线可以帮助企业解决数据集成和利用的问题，打通产品全生命周期和全价值链的数据链路，并以业务为核心对数据进行解耦、重构和复用。数字主线是一个可拓展、可配置和组件化的企业级分析通信框架，基于该框架可以构建跨层次、跨尺度和多视图模型的集成视图，覆盖系统生命周期和价值链的全部环节，并以统一的模型驱动系统生命周期活动，为决策者提供支持。数字主线的目标是在系统全生命周期内，在正确的时间和地点将正确的信息传递给正确的人。

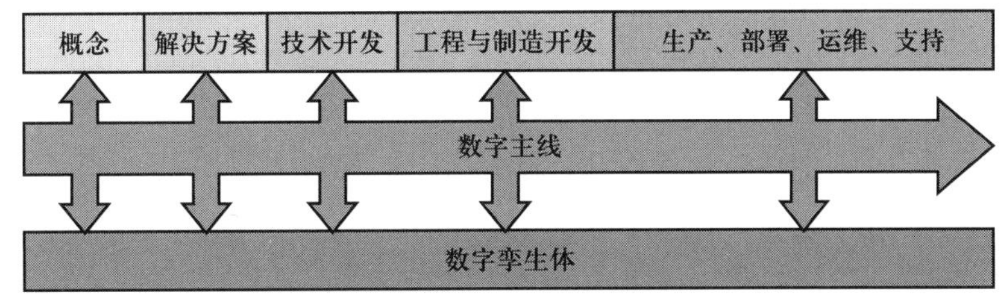

图 3–10　数字主线

数字孪生环境下，实现数字主线有以下需求：

（1）能区分类型和实例。

（2）支持需求及其分配、追踪、验证和确认。

（3）支持系统跨时间尺度各模型视图间的实际状态纪实、关联和追踪。

（4）支持系统跨空间尺度各模型视图间的关联及其与时间尺度模型间视图的关联。

（5）记录各种属性及其值随时间和不同的视图的变化。

（6）记录作用于系统以及由系统完成的过程或动作。

（7）记录使能系统的用途和属性。

（8）记录与系统及其使能系统相关的文档和信息。

3. 数据空间

工业数据空间（industrial data space，IDS）也称为国际数据空间，是基于标准通信接口技术建立可信安全的数据共享环境，支持供需方数据“可用不可见”共享开发的虚拟架构，被业界视为推动工业数据流通的有效途径和工业数据价值挖掘的关键基础。

（1）国际数据空间的目标

数据主权是国际数据的核心方面，国际数据空间倡议为这种特殊能力和相关方面提出了一个参考架构模型，包括商业生态系统中安全和可信数据交换的要求。总的来说，国际数据空间倡议的工作可以分为三类活动：①研究活动；②标准化活动；③为市场开发产品和解决方案的活动。

1）德国 Fraunhofer 协会将战略计划数据空间作为大型内部研究计划，旨在设计和持续发展 IDS 的核心原则参考架构模型（IDS-RAM）。

2）国际数据空间协会（IDSA）是一个非营利组织，旨在促进 IDS-RAM 建立国际标准。该标准旨在 IDS-RAM 本身中实现，但也在 IDS 连接器促进的安全数据交换和数据共享的定义方法中实现。为确保该倡议在国际上应用推广，已在不同国家建立了区域中心。

3）市场参与者可以利用国际数据空间标准向市场提供软件服务和技术。这些产品和解决方案构成了可操作的 IDS 生态系统。由于每个产品都必须符合国际数据空间标准，必须经过认证过程，因此，市场需要来自评估和认证机构的产品。

（2）国际数据空间的战略要求

1）信任。信任是国际数据空间的基础，每个参与者在被授予访问受信任的业务生态系统之前都经过评估和认证。

2）安全和数据主权。国际数据空间依赖于最先进的安全措施。除架构规范外，安全性通过评估和认证每个技术组件来保证。数据所有者将使用限制信息附加到其数据中，数据使用者必须接受数据所有者的使用策略，以确保数据主权。

3）数据的生态系统。国际数据空间的体系结构不需要中央数据存储能力。数据存储被分散化，任何规模和行业的公司都可以在充分享有数据自主权的方式下管理其数据资产，对共享数据的全链条去向信息有充分的掌握。IDSA 已有来自 20 多个国家的 130 多名成员，所有成员都可以自行确定其数据的使用规则，实现数据的价值最大化。

（3）国际数据空间的参考架构模型

数据空间是一个虚拟的空间，其目标是要构建一个完整的数据生态，而非简单的交易平台。2019 年 4 月发布的国际数据空间参考架构模型 3.0 版包含五层架构、三个维度，涉及四类主体和三大运作流程。

1）五层架构。整个模型主要包括业务层、功能层、流程层、信息层和系统层。

业务层：主要是数据空间参与方提供的各类数字化业务模式和核心业务。

功能层：主要以技术独立的方式定义了数据空间的功能要求，数据连接器是驱动

生态系统各方参与者连接的主要界面方式。

流程层：即处理层，主要描述了数据空间不同部件间的动态交互过程。

信息层：规定了信息模型，每一个数据来源在信息层进行描述。

系统层：主要涉及数据安全交换的技术设施。

2）三个维度。国际数据空间参考架构模型 3.0 版主要包括认证、安全和治理三个维度，五层架构中每层都考虑了治理问题，治理思想和要求贯穿于参考模型的每层架构中。

3）四类主体。在数据空间虚拟世界中存在四类主体，即核心参与者、中介机构、软件 / 服务提供者和治理监管机构。这些主体共同构成一个相对完整的数据生态系统，寻找适合自己的商业模式。核心参与者包括数据所有者、数据提供者、数据使用者、数据消费者和数据应用提供者。中介机构包括数据代理人、数据交易结算所、身份提供者、数据应用商城和词汇提供者。软件 / 服务提供者提供各种数据服务，例如，数据分析、数据集成、数据清洗和语义增强等。治理监管机构由认证机构、评估机构和国际数据空间联盟组成，负责审查和监督所有主体以及其他核心成员的“空间准入”审查和实质性审查。国际数据空间联盟支持和管理参考架构模型的开发和更新，并参与认证流程，但不直接参与数据交换活动。

4）三大运作流程。虽然数据空间是一个全新的理念，但它的基本运作流程却并非想象中那样复杂，主要涉及三大运作流程：“落户”数据空间、数据交换、数据 APP 上架及使用。

①“落户”数据空间。国际数据空间是一个虚拟的数据生态系统，需要身份评估认证。监管部门监督主体所提供的软件和服务。企业通过审核后需定制自己的“连接器”，连接器是必备品，内部连接器和外部连接器负责不同的数据处理任务。每个连接器需要经过电子身份认证和自我描述。自我描述包括连接器所有者信息、提供业务的基本信息。身份提供者需提供一个动态属性记号，以确保信息有效且准确。

②数据交换。数据交换分为数据检索和数据交易两个步骤。在数据检索阶段，数据消费者可自己寻找数据提供者或借助代理人。代理人根据请求收集、筛选合适的数据提供者自我描述信息，并发送给数据消费者。数据消费者与数据提供者形成长期合

作后，可直接对接交易。交易前，双方需进行谈判，达成一致的“数据使用政策”，并签署数据使用合同。数据使用合同分为技术和非技术部分，并被记录在双方的连接器中永久保存。双方还需到数据交易结算所进行备案登记，以实施更新数据交易结果。

③数据 APP 上架及使用。在 APP 领域，数据 APP 上架是重要的“落户”表现。为获取准入资格，APP 提供者和其连接器需通过双重认证。连接器内的自我描述应包括数据应用所处领域和使用政策等基本信息。APP 使用分为两个阶段：APP 检索与 APP 下载。连接器发送给应用商城，商城根据客户需求搜寻、推荐恰当的 APP。之后，应用使用者需与应用提供者谈判磋商并达成协议。

二、工业大数据融合技术

工业大数据融合包括单源、协同和多源三种类型。目前，单源和协同数据融合技术较为成熟。多源数据融合需要考虑多企业产业链的数据分析和数据隐私安全等问题，是工业大数据的关键技术之一。多源数据融合技术需要有效地处理海量高维数据，并进行关联分析和深度融合。

1. 主数据

工业大数据具备典型的多来源特性，从数据来源分析来看，工业大数据主要分为产品的设计数据、生产过程数据、营销与运维数据，其由企业的信息化部门进行采集、存储和管理。下面将从设计大数据、生产大数据、营销大数据和运维大数据四个角度出发，对工业大数据的主数据进行分析与介绍。

（1）设计大数据

设计大数据资源包括：产品设计 CAD 数据、产品建模仿真 CAE 数据、产品工艺数据、产品加工数据与数控加工 NC 程序、产品测试数据、产品维护数据、产品结构 BOM 数据、零部件配置关系、变更记录等。

产品设计包括多个阶段，如产品需求分析、概念设计、详细设计、工艺设计、样品试制、生产制造、销售与售后服务。由于设计、制造流程复杂，而且涉及多领域、多专业的技术知识，因此，需要对各阶段、各领域的数据进行整合，找出影响产品可靠性、可用性的关键设计数据。通过产品和工艺数据分析，可以发现关键技术点和预

测技术发展趋势，并为设计、工艺人员提供有益的优化和创新决策支持，从而实现产品持续改进和技术创新的目标。

在小样本数据的产品设计研发过程中，产品需求管理需要专家对产品战略、市场、客户反馈、竞争和技术趋势等数据进行抽样和分析。然而，经常会出现以下情况：①样本数量不足，导致预测错误；②决策因素的权重取决于局部数据，而非全面数据；③决策时间过长，与市场变化脱节；④研发项目风险评估失误，无法确定投资数额。这些情况会导致产品的设计和研发决策出现错误，与市场不一致甚至脱节，从而降低企业应对市场的能力。

通过以下方式可以很好地解决以上问题：①通过与社交网站合作，掌握潜在用户的喜好、习惯；②产品研发的数据分析；③针对由于用户错误或者产品设计错误的反馈数据，掌握客户真正需要的用户体验；④利用交互式技术集成企业产品生命周期管理，让用户访问企业的 PLM/PDM 系统，收集客户反馈，进行新产品决策。

产品定义信息、功能数据、技术资料、故障维护等大数据可改进产品设计、优化服务和技术创新，为有效利用相关数据进行产品设计优化决策，研究数据关联关系，构建产品数据的语义网络是必要的。复杂网络技术分析大型产品数据间关联关系，基于节点、路径和网络结构特征分析建立产品设计优化决策模型，开展用户需求判断和技术发展方向预测方法研究，为企业进行产品设计优化决策提供支持。收集产品设计大数据，建立协同网络，实现异地联合设计制造，提高生产效率及质量，缩短研制周期，降低成本，减小出错率和返工率。

（2）生产大数据

生产大数据资源包括设备层生产大数据与车间层生产大数据。

1）设备层生产大数据。设备层生产大数据变化快、数据量大，主要包括温度、湿度、电压、电流、I/O 开关量、流量、转速等高速变化的数据。一般而言，工业生产设备会涉及大量数据，例如，百万千瓦级燃煤发电机约有 3 万个测点，年产量 90 万吨的乙烯装置至少有 5 万个测点。然而，传统的数据库在可扩展性和吞吐量方面无法满足工业大数据存储的需求。因此，实时 / 历史数据库是一种专门为高效采集、存储和管理大量时间序列过程数据而设计的方案，常用于存储和实时分析设备层生产大数据。

此外，数据仓库和非关系型数据库技术也常用于更大规模的数据分析。通过利用大数据技术存储、处理、加工和分析设备层生产大数据，可以通过设备在线监控技术采集设备运行状态数据，掌握设备整体状态、设备故障和安全风险，并预测维护时间。通过对设备故障模式进行大数据关联分析和诊断，可以提高设备运维效率，并预测关键零部件的使用寿命，降低运维成本和保证制造质量。

2）车间层生产大数据。车间层生产大数据包括生产车间基础资源数据、生产流程数据以及工厂管控数据。

生产车间基础资源数据是进行生产过程管控的基础，主要包括：①供应商信息数据，包括供应商基本信息数据、供应商等级管理数据等。②设备信息数据，包括生产过程中加工设备、检测设备、上下料机、打印机、扫描枪等各类设备信息数据。③仪表信息数据，各类测试仪表的基本属性、台账、当前状态、周期检定过程等。④工装信息数据，包括工装夹具、模具、当前状态信息等。⑤物料信息数据，包括物料基本属性、当前状态、湿敏 / 无铅特殊属性等。

生产流程数据来源于生产过程中各环节业务流程，主要包括：①订单数据，包括订单编号、客户、预计交货时间等。②工单数据，包括工单编号、产品标识、对应的站位、输入 / 输出要求等。③出库 / 入库流程数据，包括物料领出、入库、辅材领用以及其他物料、工装、仪表等对象领用流程数据。④出货流程数据。⑤客退返工流程数据，包括客退品、返工维修流程数据等。⑥质量控制流程数据，包括点检、抽检、全检流程数据等。

工厂管控数据主要包括：①车间数据，包括车间环境配置信息，责任人信息，产能信息等。②产线数据，包括产线配置信息，输入、产出信息数据等。③站位数据，包括站位基本属性、所使用的设备 / 工装 / 仪表、输入 / 输出等。④仓库数据，包括仓库标识、名称、位置、作用等。⑤自动导引车（AGV）数据，包括标识、当前位置、当前状态、效率等。

（3）营销大数据

企业营销大数据资源包括市场数据资源、采购数据资源、销售数据资源、财务数据资源、计划数据资源等多种数据资源，下面对其中的代表性数据资源进行介绍。

1）市场数据资源。在大数据时代之前，企业主要通过 CRM 或 BI 系统提取结构化数据，如顾客信息、市场促销、广告活动和展览等。但这些数据只能满足企业正常营销管理的 10% 需求，无法准确预测市场变化。另外，85% 的数据来自社交媒体、邮件、地理位置、音视频等不断增加的信息源，以及物联网信息和移动互联网信息等，这些非结构化或多元结构化的数据通常以图片和视频的形式呈现。这些数据现在更加重要，大数据技术能够进一步提高算法和机器分析的作用，使商家能够更好地应对市场竞争。市场数据资源主要有三种应用：一是圈定用户；二是分析用户关联性和年龄层次；三是个性化定制产品或服务，大数据可根据客户需求量身定做。

2）销售数据资源。销售数据包含经销商订单数据、经销商交货数据、客户关系管理数据、零部件订单交货和库存的数据、其他非结构化类型数据。

3）财务数据资源。企业财务数据包括：企业资产负债、损益和变动；企业成本预测、目标利润和税收；企业资金实力、偿债能力和运营效率；企业财务分析决策等数据。

（4）运维大数据

工业运维大数据源自装备制造商安装的传感器，这些传感器收集到的数据可用于产品的维护和修理分析。在汽车领域，许多在役产品持续回传各种数据，积累速度快，容量急剧增长。企业可以通过这些数据分析重大故障和相关客户行为，及时发现异常征兆，提供主动服务，有助于制造企业向服务型企业转型。然而，尽管收集到越来越多的装备制造和产品运行数据，利用效果却不尽如人意，特别是难以通过大数据的实时检测分析及时发现异常征兆。以工业用天然气压缩机的全生命周期数据为例，该压缩机机械本体包括框架、主机、辅机等，压缩机上配有各种传感器系统，如状态传感器组、压缩机保护 / 报警传感器组和远程监测传感器组，可用于远程监测压缩机运行工况、状态、衰老和故障等。

2. 数据关联

在工业领域，生产过程参数达千、万级，若对每一个生产要素都加以控制，控制的维数会急剧增加，过程控制难度较大。并非所有因素都会对系统产生重大影响，盲目的过程控制会造成人力、物力、财力的浪费。因此，如何从成千上万的生产过程参数中辨识出关键参数是产品质量优化的关键一环。下面围绕参数的关联分析，从基于信息熵、基于频繁项集、基于格兰杰因果分析以及基于复杂网络的关系解耦四种关联分析方法做详细介绍。

（1）基于信息熵的关联关系度量方法

基于信息熵的关联关系度量方法，通过参数概率分布估计与互信息计算来度量数据之间的关联关系，可实现参数间的关联关系分析，具有良好的效果。

1）参数概率分布估计。在工业数据的分析过程中，诸如每道工序的加工时间、设备的利用率与等待队列长度都是连续参数，难以获得其概率密度函数。因此，首先对连续参数做离散化处理。

下面以等距离方法（EDD）为例，对关联分析中的连续参数进行离散化处理并估计其概率分布。

连续参数概率分布估计方法由以下几步构成：

第一步：初始化参数，并确定离散区间数量 n。

第二步：从候选参数集中选择连续参数 i。

第三步：提取所有该连续参数的数据样本，并将数据样本按照数值由小至大增序排列，确定最小值 i_{min} 与最大值 i_{max}。

第四步：按照等距离方法将该参数的所有数据样本分为 n 类，确保每一类具有相同宽度 wide=$\frac{|i_{max}-i_{min}|}{n}$，则第 j 类的区间的下界 d_j 的计算方法如式（3–1）所示，上界 u_j 的计算方法如式（3–2）所示。

$$d_j=i_{min}+(j-1)\frac{|i_{max}-i_{min}|}{n} \tag{3–1}$$

$$u_j=i_{min}+j\frac{|i_{max}-i_{min}|}{n} \tag{3–2}$$

第五步：统计该参数每一类区间中的样本数量，并计算其概率分布。

2）参数间互信息计算。在基于信息熵的参数关联关系度量中，通常以两个参数间的互信息值来度量参数间的关联关系值。互信息是对两变量之间共有信息量的大小进行度量，可以看成是一个随机变量中包含的关于另一个随机变量的信息量。对于两个

随机变量 x 和 y 的互信息 I（x; y）定义如下：

$$I(x;y) = H(x) - H(x \mid y) = -\sum_{i=1}^{n}\sum_{j=1}^{n} p(x_i, y_j) \log_2^{\frac{p(x_i, y_j)}{p(x_i)p(y_j)}} \tag{3-3}$$

其中，$x=\{x_1, x_2, \cdots, x_n\}$，$y=\{y_1, y_2, \cdots, y_n\}$，$p(x_i, y_j)$ 是当（$x=x_i$ 且 $y=y_i$）时的概率，$p(x_i)$ 是当（$x=x_i$）时的概率，$p(y_j)$ 是当（$y=y_i$）时的概率。当随机变量 x 与 y 互相独立时，有 $p(x_i, y_j)=p(x_i)p(y_j)$，易得 $I(x;y)=0$，其表示变量 x 与 y 之间不存在相同的信息；反之，若变量 x 与 y 相关性越强，则互信息 $I(x;y)$ 越高，两参数之间所包含的相同的信息量越大。

式（3-4）中，$H(x)$ 信息熵是随机变量的不确定性度量，它通过事件的发生概率来度量。针对某一随机变量 x 的熵定义如下：

$$H(x) = E\left[\log_2^{p(x_i)}\right] = -\sum_{i=1}^{n} p(x_i) \log_2^{p(x_i)} \tag{3-4}$$

其中 $x=\{x_1, x_2, \cdots, x_n\}$，$E$ 表示期望值，$p(x_i)$ 是当（$x=x_i$）时的概率。

式（3-5）中，$H(x|y)$ 指参数 x 在已知 y 情况下的条件熵，其表示已知 y 变量的情况下，随机变量 x 的不确定性度量。对于随机变量 x 和已知变量 y 的条件熵定义如下：

$$H(x|y)=H(\{x, y\})-H(y) \tag{3-5}$$

式（3-6）中，$H(\{x, y\})$ 是指参数 x 与 y 的联合熵，它通过联合事件的发生概率来度量两个随机变量的联合不确定性。联合熵常常用于描述自变量与因变量间关系的确定程度，两者之间的关系越确定，两者的作用规律越明显，联合熵就越高。针对某一随机变量组合 x 和 y 的联合熵的定义如下：

$$H(\{x,y\}) = -\sum_{i=1}^{n}\sum_{j=1}^{n} p(x_i, y_j) \log_2^{p(x_i, y_j)} \tag{3-6}$$

式（3-6）中，$x=\{x_1, x_2, \cdots, x_n\}$，$y=\{y_1, y_2, \cdots, y_n\}$，$p(x_i, y_j)$ 是当（$x=x_i$ 且 $y=y_i$）时的概率。

（2）基于频繁项集的关联关系度量方法

基于频繁项集的关联关系度量方法，通过挖掘数据中的频繁项集，利用支持度与置信度来度量数据之间的关联关系，可以实现周期性动态变化数据之间的关联关系分析，如图 3-11 所示。

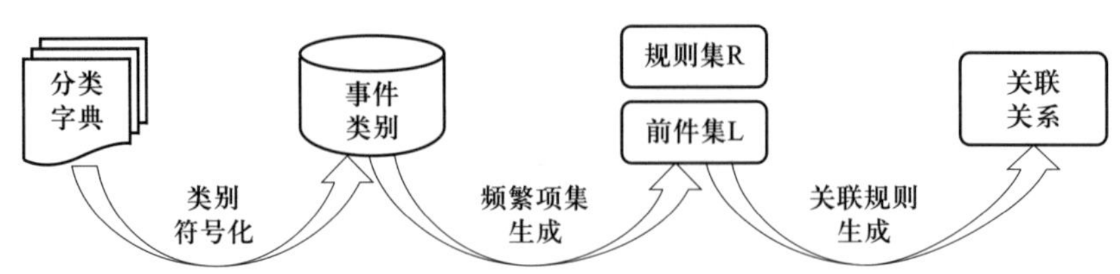

图 3–11　基于频繁项集的关联关系度量方法

频繁项集挖掘是数据挖掘研究中一个很重要的研究基础，它可以告诉我们在数据集中经常一起出现的变量，为可能的决策提供一些支持。频繁项集是指支持度大于等于最小支持度（min_sup）的集合。其中，支持度是指某个集合在所有事务中出现的频率。置信度是指某个关联规则的概率。

为了能够更方便地对时间序列进行规则挖掘，将时间序列中的子序列作为关联规则挖掘的基本单位，采用分类字典中的类别作为挖掘的对象。

将时序数据流分类字典作为一个项集 $I=\{i_1, i_2, \cdots, i_m\}$，$I$ 中的每一个时序类别叫作项（Item），含有 k 个元素的项集称为 k 项集。给定一个时序数据流的集合 D，D 中的每个数据流 T 都是项集且满足 $T\subseteq I$。设 A 和 B 都是项集，$A\subseteq T$，$B\subseteq T$，则关联规则的定义如下：

$$A\Rightarrow B,\text{其中 } A\subset I, B\subset I \text{ 且 } A\cap B=\emptyset \tag{3-7}$$

式中，$A\Rightarrow B$ 是指当项集 A 出现时，项集 B 也有可能会出现。

在关联规则挖掘过程中有两个重要概念：支持度和置信度。其中，支持度 $P(A\cup B)$ 表示 A、B 两个项集在数据流集 D 中同时出现的概率，它体现了关联规则的有用性。置信度 $P(B|A)$ 是一个条件概率，表示数据流集 D 中包含项集 A 同时也包含项集 B 的概率，它体现了关联规则的确定性。在进行关联规则挖掘时，一般先要定义最小支持度阈值 min_sup 和最小置信度阈值 min_conf。满足 min_sup 要求的项集称为频繁项集，同时满足 min_sup 和 min_conf 要求的规则称为强规则。关联规则挖掘首先从数据流集中挖掘出频繁项集，然后由频繁项集生成强关联规则。

关联规则挖掘的第一步是要在数据流中挖掘出满足最小支持度阈值的项集，采用逐层搜索的迭代方法生成频繁项集。对项集进行扫描之前可以先对候选集进行剪枝操作，即对（k+1）项集中的每个项集检测其子集是否频繁，丢弃所有子集不在频繁 k 项

集中的项集。通过剪枝操作能够显著地减小搜索范围。在使用频繁 k 项集 L_k 生成频繁项集 L_{k+1} 时，使用了 k 项集连接规律：若两个 k 项集有（k-1）项都是相同的，有且只有一项是不同的，则可以将其连接生成（k+1）项集。根据算法生成了频繁 k 项集 L_k，下一步则是根据 L_k 生成强关联规则。如果存在一条关联规则，它的支持度和置信度都大于预先定义好的最小支持度与置信度，就称它为强关联规则。强关联规则可以用来了解项之间的隐藏关系，所以利用置信度阈值（confidence threshold），将不满足的置信度（confidence）都过滤掉，剩下的就是该数据集的强关联规则。对于 L_k 中的每一个频繁项 I_k，找出其所有的非空真子集 S_a。对于 S_a 中的一个元素 S_i，如果满足 $P\{(S_a-S_i)\mid S_i\}\geqslant \text{min\_conf}$，则认为 $S_i \Rightarrow (S_a-S_i)$ 为一个强关联规则。

（3）基于格兰杰（Granger）因果分析的关联关系度量方法

Granger 因果分析法是由 Granger 等人提出的一种分析变量之间是否存在因果关系的方法。在多元序列中影响关系往往表现为非对称的因果关系。变量 Z 中包含着影响变量 Y 的信息特征，并且在变化形式上也会对变量 Y 产生影响。

Granger 因果分析的主要思想如下：假设 Ω_t 是包含到当前时刻 t 为止的所有信息集合，Z_t 和 Y_t 是两个时间序列。Z_t（$h\mid\Omega_t$）表示在已知信息集 Ω_t 条件下对 Z_t 的 h 步预测，相应的 h 步预测的最小均方误差用 $\sum Z(h\mid\Omega_t)$ 表示。如果至少存在一个 h 满足，则称 Y_t 与 Z_t 之间存在 Granger 相关，其中 $\Omega_t\backslash(Y_s\mid s\leqslant t)$ 表示在信息集 Ω_t 中除去 Y_t 在 t 时刻及以前的信息之后所剩余的信息集合。

$$\begin{gathered}\sum Z(h\mid\Omega_t)\neq\sum Z(h\mid\Omega_t\{(Y_s\mid s\leqslant t)\})\\ h=1,2,\cdots\end{gathered}\tag{3-8}$$

对于 Granger 因果相关分析，比较常用的是 Granger-Wald 检验，由以下几步构成：

第一步：将当前的 Y_t 对 Y_t 的滞后项 Y_{t-1}，Y_{t-2}，…，Y_{t-q} 等变量进行回归，但在这一回归中没有把滞后项 x 包括进来，这是一个受约束的回归。然后从此回归得到受约束的残差平方和 RSS_R。

第二步：做一个含有滞后项 x 的回归，即在前面的回归式中加进滞后项 x，这是一个无约束的回归，由此回归得到无约束的残差平方和 RSS_{UR}。

第三步：零假设是 H_0：$\alpha_1=\alpha_2=\cdots=\alpha_q=0$，即滞后项 x 不属于此回归。

第四步：为了检验此假设，用 F 检验，即：

$$F=\frac{(\mathrm{RSS}_R-\mathrm{RSS}_{UR})/q}{\mathrm{RSS}_{UR}/(n-k)} \tag{3-9}$$

它遵循自由度为 q 和（$n-k$）的 F 分布。在这里，n 是样本容量，q 等于滞后项 x 的个数，即有约束回归方程中待估参数的个数，k 是无约束回归中待估参数的个数。

第五步：如果在选定的显著性水平 α 上计算的 F 值超过临界 F_α 值，则拒绝零假设，这样滞后项 x 就属于此回归，表明 x 是 y 的原因。

第六步：同样，为了检验 y 是否是 x 的原因，可将变量 y 与 x 相互替换，重复步骤一至五。

（4）基于复杂网络的关系解耦方法

为描述大规模参数之间的关联关系，引入复杂网络和信息场的概念，构建了产品制造过程参数关联关系网络模型。类比于引力场，该模型提供了一种研究复杂产品制造系统内部参数相互作用的理论基础。在该模型中，以参数作为节点，以参数间关联关系作为连边权重，没有关联关系的参数则没有连边。通过这种规则构建出制造过程参数关联关系网络模型。

在关联关系网络构建中，网络中会存在很多节点和边，图 3–12 展示了网络中部分节点之间的关联关系，节点 A、B、C、D、E 之间存在连边 A–B、B–C、C–D、D–E、C–E 及 B–E，表明 AC、AD、AE 以及 BD 之间不存在关联关系。

图中黑色节点表示参数，连边表示对应参数相互关联。如果用一个邻接矩阵来描述网络的话，设图的邻接矩阵为 G，并且 $G=(a_{ij})_{n\times n}$，其中 a_{ij} 为节点 i、j 之间的连边权重，可以用节点 i、j 之间的关联性来表示，关联性可以用如 Pearson 相关系数、互信息值来量化评价。图 3–12 中的关系网络可以用邻接矩阵表示，见式（3–10）。

$$\boldsymbol{G}=\begin{pmatrix} a_{AA} & a_{AB} & 0 & 0 & 0 \\ a_{BA} & a_{BB} & a_{BC} & 0 & a_{BE} \\ 0 & a_{CB} & a_{CC} & a_{CD} & a_{CE} \\ 0 & 0 & a_{DC} & a_{DD} & a_{DE} \\ 0 & a_{EB} & a_{EC} & a_{ED} & a_{EE} \end{pmatrix} \tag{3-10}$$

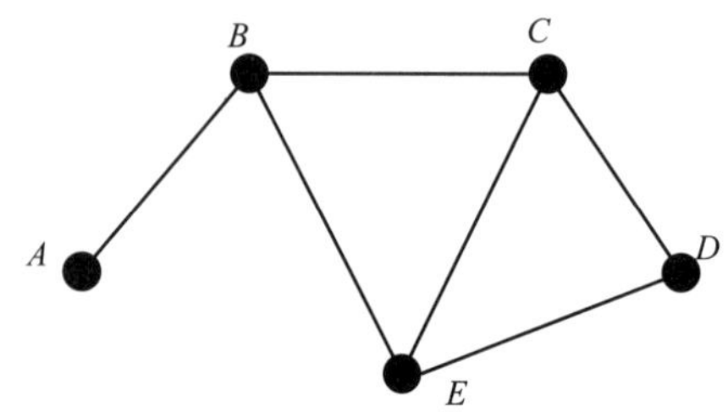

图 3–12　关联关系网络示意图

同理，当网络中有 n 个参数节点时，参数间的关联关系网络可以表示成一个 $n*n$ 维的邻接矩

阵，G 是实对称矩阵。

将产品制造系统视为信息场，每个参数节点视为信息源，节点之间存在信息交换。在评价系统参数关联性时，观测到的信息交换可能会被错误地认为是直接关联，但实际上这可能是虚假关联的噪声。复杂制造系统中存在多级工序、关联耦合和动态多变等特性，前道工序的偏差会传递到后道工序，表现为制造过程参数间存在传递耦合效应。这可能导致在构建制造过程参数关联关系网络时存在虚假关联。因此，消除传递耦合效应、挖掘制造过程参数的真实关联关系对于指导制造系统优化控制具有重要意义。

3. 数据融合

当前，我国大数据产业继续保持强势增长态势，工业大数据已经成为重要的资源。发展多源工业大数据融合技术对于制造业的未来发展很有必要。常用的多源工业大数据融合技术主要包括基于任务流图的多源工业大数据融合任务建模技术和基于雾计算的多源工业大数据融合技术。

（1）基于任务流图的多源工业大数据融合任务建模技术

采用任务流图（task flow graph，TFG）方法可以描述数据融合过程，对工业大数据集成与共享（IBDIS）过程进行建模。数据分析任务流图是由节点与边构成的二元组，其节点类型有数据集节点、数据传输节点和数据操作节点。

1）数据集节点。数据集节点提供数据处理中所需的元数据信息，由数据结构定义、数据格式和提取路径定义组成。数据集节点提供数据集名称、元数据结构和提取路径及样例数据，用于存储和管理元数据。数据集节点中元数据项定义了各信息系统中的数据结构，包括数据库和接口中的源字段。数据集节点将元数据项打包，通过数据集节点可以准确地定位并提取元数据。

2）数据传输节点。数据传输节点的作用是把不同来源、格式、特点性质的数据在逻辑上或物理上有机地集中，从而为企业提供全面的数据共享。数据传输节点在两个制造系统之间传输中间结果，用以串联多源数据的分析过程，在传输过程中，为了提高传输安全性，数据被编码为带有私钥的密文。

3）数据操作节点。数据操作节点是用于数据处理的单元，其定义数据分析中的数据输入、输出和分析算法，具体可分为数据清洗节点、数据转换节点、预测节点和聚类节点等。数据操作节点是多源工业大数据分析的核心部分。

（2）基于雾计算的多源工业大数据融合技术

基于雾计算的多源工业大数据融合技术（industrial big data integration and sharing with fog，Fog-IBDIS）是一种基于边缘计算与安全多方计算的多源工业大数据融合方法，主要针对无可信第三方以及数据量巨大的情况下，安全地进行多方协同计算问题。在保证输入隐私性的前提下，参与计算的各方得到正确的数据反馈，整个过程中本地数据没有泄露给其他任何参与方。

雾计算技术基于边缘计算，可用于多源工业大数据融合，具有输入隐私性、计算正确性及去中心化特性。输入隐私性保证各参与方在协作计算时保护隐私数据，计算正确性确保各参与方得到正确的数据反馈，去中心化特性缓解了云计算平台的计算量和数据流通负载。然而，传统的集中式云计算方式随着数据量的增长，会带来繁重的网络流量负载和降低分析结果的时效性。因此，雾计算需要将云计算框架扩展到边缘设备，具有更灵活的架构和更快的响应速度，可应用于时间敏感型的数据分析任务。

Fog-IBDIS 是基于雾计算的制造数据集成与分享解决方案，解决了云计算环境下的源数据隐私和网络流量负载问题。该架构使用雾计算技术在边缘设备上实现数据的本地处理，避免了数据传输到云端进行分析的问题。Fog-IBDIS 通过实现源数据本地处理以支持低时延的数据分析和优化，仅对处理得到的中间结果进行上传与共享，实现源数据隐私保护。同时，通过将大数据处理前移至边缘侧，实现数据分析的去中心化，可解决 IBDIS 中网络负载与数据私密性问题。在 Fog-IBDIS 架构下，所有数据分析任务由数据所有者完成，通过数据中间计算结果进行数据传输，实现多源数据协作分析。为协调多边缘设备，实现协作数据分析，Fog-IBDIS 需要雾服务器以控制多边缘设备的协作，包括制定与发布任务流图，并指导边缘客户端执行任务流图中的任务。如图 3-13 所示，雾服务器首先通过操作指令“I1”向边缘客户端发出操作任务，即任务一。此任务包含两个操作节点“O1”和“O2”，它们处理来自两个数据源（“D1”和“D2”）的数据集。接下来，通过数据流“DF4-T1-DF5”将处理结果发送到随后的边缘客户端。边缘客户端根据任务二分析来自“T1”和“D3”的数据，随后通过数据

流“DF6”将结果上传到雾服务器。最后，雾服务器将分析结果发送给最终数据用户。在分析过程中，所有源数据处理任务都在源数据边缘客户端完成，以保护数据隐私，且仅在边缘客户端之间传输数据分析的中间结果，以减轻网络流量负载。

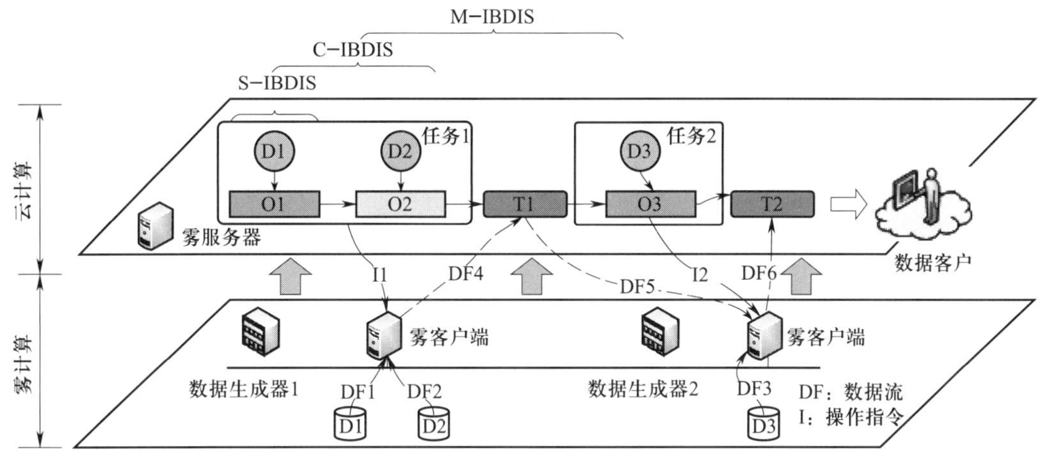

图 3-13　Fog-IBDIS 框架图

4. 案例——NPI 制造大数据

（1）案例背景与业务特点

新产品制造在新产品导入（new product introduce，NPI）阶段需在有限的时间内使得每个步骤都达到客户的规格需求。整个 NPI 的生命周期可以分为六个阶段，分别为原型机（Proto）阶段、工程验证测试（EVT）阶段、设计验证测试（DVT）阶段、生产验证测试（PVT）阶段、快速爬坡（Ramp）阶段、量产（MP）阶段。

在时间限制下，进行快速响应问题、求新求变的多阶段生产过程，是一项极具挑战性的任务。为了让工程师有更多的时间进行进阶数据分析，快速收集所有生产信息，包括上游供应链的关键信息，已成为必要之举。但是这项工作也需要投入大量的时间。经验表明，工程师通常会花费 80% 的时间用于数据收集和整合，只有 20% 的时间用于数据分析和问题诊断。企业需要一个完善的 NPI 大数据平台来扭转这种情况，使工程师只需投入 20% 的时间进行数据收集，而有 80% 的时间进行深入的数据分析和解析。因此，制造行业的各个领域都可以从 NPI 制造大数据平台中获益，并且这种平台在新产品开发时非常适用于业务需求。

NPI 制造大数据平台主要解决以下两个业务痛点：

1）数据收集整合耗时且复杂。工程师需要与不同部门进行沟通，并且切换不同系统以取得数据，取得的数据格式不尽相同，甚至有些数据为非电子文件，工程师需手动将各个脱机数据进行输入、整合、清洗、整理成分析所需的格式，整个过程耗时严重。

2）涉及信息太多。数据包含产品各阶段的生产数据，且各类数据量都很大，手动整理数据容易产生错误，且不易察觉错误点。各分析软件有处理数据量的上限，使用分析软件进行实时数据增加、删除存在困难。

（2）解决方案

本案例主要采集来自不同系统的数据，通过数据整合处理运算及应用模块（DIF&SMC）进行数据集成与处理，建立分析工作流模块、数据查询模块以及知识库检索模块（KM）作为数据建模与分析层，分别提供通用性分析应用、失效分析（FA）平台决策及知识库驱动分析应用。实施概况如下。

1）数据来源

①产品测试数据。该数据为产品在各工站的检测数据，来源包含四个异质系统。

②产线组装数据。该数据为产品在工站中的组装流水线信息，来源包含两个异质系统。

③进料检验数据。该数据为产品的物料在进货时的检验数据，来源包含两个异质系统。

④关键物料数据。该数据为产品上所使用关键物料的相关数据，来源包含两个异质系统。

⑤产品组合数据。该数据为产品的各模组元件相关数据，来源为一个系统。

⑥关键尺寸数据。该数据为产品的尺寸相关数据，来源为一个系统。

2）技术方案

① NPI 大数据平台整体架构。此平台以基础数据为基底，通过 SMC（spark mesos cassandra）三套开源大数据产品将关联性数据进行整合，再由数据集成架构（data integration framework，DIF）进行数据处理运算，提供多维度整合性数据至数据服务提

供者（data service provider，DSP）API、分析工作流等服务，系统应用层利用多维度数据进行通用性分析、FA 及查询服务。

a. 数据采集层。数据采集层应考虑应用业务需求，实现异质系统数据的有效获取。因为采集的数据来源于内部系统、外部系统及非系统化的本地文件等，所以需要根据各异质系统进行数据交换，分别利用系统接口、网络爬虫转换文件格式储存及电子邮件方式等交换取得各数据。

b. 数据处理层。此层级运行包含 SMC、DIF 及 KM。数据处理层主要考虑为各异质系统数据进行关联整合，因此，必须着重于数据清洗、数据理解及数据关联，才能够提供数据分析层有效的模型处理。

KM 主要接收各类型文档进行分类储存、解析内文，利用 Elastic Search（一套支持全文检索的开源项目）建立索引库，支持文件内全文检索服务。

c. 数据分析层。数据分析层包含三个项目，分别为 DSP API、分析工作流、KMAPI。数据分析层构建 API 主要是为了提供分析模型，有效率地产生关联性数据的业务需求而构建分析工作流。

DSP API：通过 API 方式将产品关联性数据提供给 FA 平台。

分析工作流：用户定义需求数据字段通过存储过程（stored procedure）定期向 DIF&SMC 索取关联数据，并整合成多维度大表数据，提供数据应用层分析功能。多维度大表是本项目的核心功能，通过多维度大表将各种数据源依据用户单位本身业务上的需求，进行数据的关联性分析与整合，所涵盖的数据属性（attribute）数量从上百个多至上千个，满足用户单位在海量数据信息中，挖掘对于业务问题能够使用的关键小数据，进行问题成因分析。

KMAPI：数据应用层通过 API 进行档案增、删、修行为，进行字段式及全文检索式的档案搜查。

d. 数据应用层。NPI 大数据系统包含三大应用模块，分别为 FA 平台、通用性分析以及知识库检索模块。数据应用层实现用户在单一平台中快速取得需求数据，可于八成时间内处理日常作业（FA 平台），并可利用其余二成时间进阶分析数据（通用性分析）。知识库可以满足工程师之间的技术传承及新人训练，帮助自主学习成长，并减少工程师的沟通教学时间，让工程师的时间得到最有效的利用。

FA 平台：工程师在进行失效分析（failure analysis，FA）时，通过 API 实时取得产品组装、测试结果、物料资讯等更多相关数据，减少工程师四处搜集数据，加速问题解决，可获得更多的时间进行分析作业。

通用性分析：工程师于 FA 工作之时或之余，利用通用性分析工作流提供的多维度大表分析批量数据，通过七大分析工具（散点图、箱体图、常态分布图、直方图、线图、良率报表、测项名称比对）洞察数据潜在的问题；并可针对黄金案例（golden case）建立定期报表，由系统自动根据设定条件定期检验潜在问题，工程师可侦测问题并实时解决问题。

知识库检索模块：工程师在解决问题时可通过检索模块取得相似问题查看，无须向他人询问，即可以学习前人经验，以达到在线学习及经验的传承。

②数据流。本案例的数据流可以分成三大类：通过生产系统的接口获取数据；制造单位定时发送 E-mail 提供物料组合配方信息；利用网络爬虫扫描系统接口查询报表转换数值型数据。构建数据整合与应用模块，将收集到的数据进行清洗、整理等工作，并根据需求制作生产相关的多维度大表，以提供数据应用，从而达到基础数据完整的目标。

③基础数据整合架构。DIF 主要包含三个模块：数据整合、数据处理运算及信息呈现。

数据整合（collection modules、transfer modules）方式主要通过实现一个真实案例所需的数据来源，验证案例并进行调整。

数据处理运算（analysis modules）是将真实案例所需要的参考信息，预先汇整成信息整合包，形成一个数据分析处理流程。

信息呈现提供一个符合用户需求的操作接口及相关应用工具并整合于原系统中，产生新的应用模块。

（3）实施效果与推广意义

1）时间短。数据整合收集所需时间大幅减少，由以前耗时 2 ~ 4 h，缩短至几分钟以内。

2）数据广。整个 NPI 周期大约会生产 5 万个产品，而 NPI 产线大约完成 150 个相关产品测试数据完整收集。NPI 数据平台每日数据吞吐量大约为 22 万笔原始数据档案。

3）效率快。工程师将原来数据收集的时间专注用来解决问题，并可利用剩余时间进一步分析预见问题。

4）传承快。前辈工程师将个人的经验实时累积于平台上，新人工程师可随时高效地学习前人的知识。

第三节　工业大数据挖掘与应用

考核知识点及能力要求：

- 掌握实例学习的适用场景、基本原理，熟悉实例学习的实现过程。
- 掌握决策树的适用场景、基本原理和实现过程。
- 掌握人工神经网络适用场景、基本原理和实现过程。
- 熟悉贝叶斯网络的适用场景，掌握贝叶斯网络的基本原理和实现过程。
- 掌握强化学习的适用场景，掌握强化学习的基本原理和实现过程。
- 掌握异常识别算法类型，熟悉常用的异常识别算法实际应用流程。
- 熟悉常用的趋势预测模型，掌握趋势预测模型实际应用方法。
- 掌握常用的动态优化算法，熟悉典型动态优化算法应用流程。

随着智能制造的发展，工业大数据应用将带来工业企业创新和变革的新时代。工业大数据已在设备运维、产品故障诊断与预测、工业生产线物联网分析等诸多领域广泛应用，掌握工业大数据挖掘技术和实际应用流程是智能制造工程技术人员不可或缺的能力。

一、工业大数据挖掘技术

在工业生产中，使用不同种类和数量的软件系统和硬件设备产生了海量的数据。如何从中提取有效信息是高效利用工业大数据的关键问题。数据挖掘技术可从大量数据中发现有价值信息，挖掘出潜在模式，帮助决策者调整策略、减少风险，提高决策准确度，改进生产效率。近年来，数据挖掘技术成为人工智能和数据科学领域研究的热点技术，对工业生产有重要意义。

下面从实例学习、决策树、人工神经网络、贝叶斯网络及强化学习五个方面对工业大数据挖掘技术进行介绍。

1. 实例学习

实例学习是一种归纳学习方法，从大量的学习样本中归纳总结出相应的规则、概念。如图 3–14 所示，实例学习的过程即在实例空间和规则空间中搜索、匹配的过程。

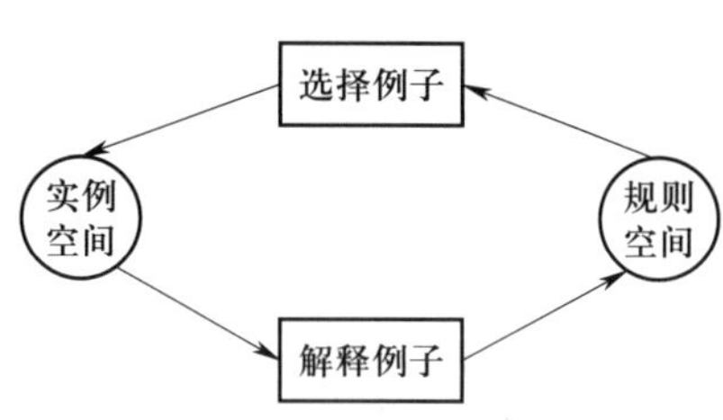

图 3–14　实例学习过程

（1）适用场景

实例学习在拥有大量实例和对应规则的基础上通过搜索、匹配挖掘数据的深层规律，主要适用于需要对数据进行聚类操作来得到隐含规律的场景。

以工业场景中齿轮表面缺陷检测为例，齿轮表面缺陷的种类包括点蚀、胶合、断裂、磨损等，同一种缺陷的形状和大小不尽相同，如何从大量的图像数据中挖掘出缺陷所属的类型，这是典型的聚类操作的例子。

（2）基本原理

实例学习方法的核心在于从实例空间和规则空间中搜索、匹配。按搜索规则空间的方法分类，可分为数据驱动方法和模型驱动方法。常见的数据驱动方法有变型空间法和改进假设法。常见的模型驱动方法有产生与测试法和方案示例法。

1）变型空间法。对规则和实例采用同一种表示形式，初始的假设规则集合 H 包

括满足第一个示教例子和全部假设规则，在得到下一个示教例子时，对集合 H 进行一般化或特殊化处理，使其满足全部正例，排斥全部反例，最后使集合 H 收敛为仅含要求的规则。

2）改进假设法。表示规则和实例的形式不一定统一，系统根据输入的例子选择一种操作，用该操作去改进假设规则集合 H 中的规则。

3）产生与测试法。针对示教例子反复产生和测试假设的规则，在产生假设规则时，使用基于模型的知识，以便只产生可能合理的假设。

4）方案示例法。使用规则方案的集合来约束可能合理的规则形式，其中最符合示教例子的规则方案被认为是最合理的规则。

（3）实现过程

首先示教者给实例空间提供一些初始示教例子，由于示教例子的形式往往不同于规则的形式，程序必须对示教例子进行解释，然后再利用被解释的示教例子去搜索规则空间。并且要寻找一些合适的新的示教例子，以解决规则空间中某些规则的歧义性。

1）选择例子。根据规则空间，选择满足要求且效率高的例子。在选择例子的过程中，示教正确例子的同时间隔地示教一些错误的例子，可以及时检验纠正学习过程中规则的偏移。

2）解释例子。用选择的例子去产生或完善规则。

3）学习过程。不断循环选择例子和解释例子的过程，直至得到满足要求的规则。

2. 决策树

决策树是一种通过对历史数据进行测算实现对新数据进行分类和预测的算法。

（1）适用场景

决策树方法适用于决策者有明确的期望目标，存在两个及以上可行的备选方案，存在决策者无法控制的两个以上的不确定因素且决策者可以估计不确定因素发生的概率，不同方案在不同因素下的收益或损失可以计算出来的场景。

（2）基本原理

如图 3–15 所示，决策树由 3 部分组成，包括决策节点、分支和叶子节点。顶部是根决策节点，每个分支都有一个新的决策节点，决策节点下面是叶子节点，每个决策节点表示一个待分类的数据类别或属性，每个叶子节点表示一种结果。构造决策树采用的是自上而下的贪心算法，选择最佳的属性对样本分类，并重复该过程，直至树结构能够准确分类训练样本或者所有的属性都已被用过。决策树算法的核心是对每个节点进行测试后选择最佳的属性，常用的节点属性选择方法包括信息增益、信息增益率、Gini 指数和卡方检验。决策树还需要进行剪枝处理，常用的剪枝方法有先剪枝和后剪枝两种。

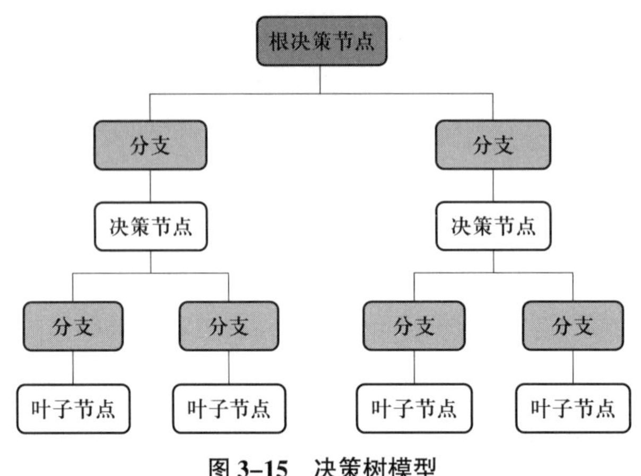

图 3–15　决策树模型

（3）实现过程

决策树作为非线性模型，可用于分类或回归。作为一种树形结构，可以认为是 if–then 规则的延续，是以实例为基础的归纳学习，属于监督学习。它有三个重要的步骤：

1）特征选择。常用选择方法有信息增益、信息增益率等。信息增益基于信息熵而定义，信息熵的计算公式如式（3–11）所示。

$$H(D)=-\sum_{k=1}^{k}p_k\log_2 p_k \tag{3-11}$$

其中，D 表示当前数据集合；k 表示当前数据集合中的第 k 类，即目标变量的类型。将分类前后的不纯度信息熵作差，即可以得到信息增益如式（3–12）、式（3–13）所示。

$$\mathrm{Gain}(D,A)=H(D)-H(D|A) \tag{3-12}$$

$$H(D|A)=-\sum_{i=1}^{n}\frac{|D_i|}{|D|}\sum_{k=1}^{k}\frac{|D_{ik}|}{|D_i|}\log_2\frac{|D_{ik}|}{|D_i|} \tag{3-13}$$

信息增益率：为了解决信息增益的弊端，偏向选择可选特征数值较多的特征，采用信息增益率对该现象进行修正。通过引入一个分裂信息（split information）来惩罚取值较多的特征，增加特征分类数据的广度和均匀性。定义如式（3–14）、式（3–15）所示。

$$\text{Gainratio}(D,A)=\frac{\text{Gain}(D,A)}{\text{Split information}(D,A)} \tag{3–14}$$

$$\text{split information}(D,A)=-\sum_{i=1}^{n}\frac{|D_i|}{D}\log_2\frac{D_i}{D} \tag{3–15}$$

特征取值数量越多，分裂信息值越大，增益率越小。因此，可以认为信息增益率偏向取值数量较少的特征。

2）决策树生成。使用满足条件的分类特征，从根决策节点开始，不断地向下构建决策节点，递归产生决策树，不断地将数据集划分为纯度更高、不确定性更小的子集，不断选取局部最优特征。

3）决策树剪枝。决策树容易发生过拟合，通过优化损失函数（正则化）进行剪枝。通过计算删除该节点的子树，在损失不变的情况下，用正则系数的值来判定节点剪枝。

3. 人工神经网络

人工神经网络（artificial neural network，ANN），从信息处理角度对人脑神经元网络进行抽象，建立某种简单模型，按不同的连接方式组成不同的网络。

（1）适用场景

人工神经网络主要适用于解决分类和回归的问题，在“大数据”支持和计算机硬件（如图形处理器 GPU）的计算能力不断提高下，人工神经网络在语音识别、计算机视觉、医学医疗等领域均得到了广泛应用。

（2）基本原理

神经网络是一种运算模型，由大量节点相互连接组成。每个节点代表激励函数，每两个节点之间的连接表示权重。网络输出取决于连接方式、权重和激励函数。人工神经网络模拟大脑神经网络进行信息处理，具有非线性、非局限性、非常定性和非凸

性特征。其中，非线性是神经元的激活和抑制两种不同状态的数学表现；非局限性模拟大量神经元之间的相互连接；非常定性是神经网络的自适应、自组织和自学习能力；非凸性是指能量函数具有多个极值，导致系统演化的多样性。

人工神经网络的特点和优越性主要表现在三个方面：

1）具有自学习功能。例如实现图像识别时，只要先把许多不同的图像样板和对应的识别结果输入人工神经网络，网络就会通过自学习功能，慢慢学会识别类似的图像。

2）具有联想存储功能。人工神经网络的反馈网络可以实现联想存储功能。

3）具有高速寻找优化解的能力。寻找一个复杂问题的优化解，往往需要很大的计算量，利用一个针对某问题而设计的反馈型人工神经网络，发挥计算机的高速运算能力，可能很快找到优化解。

（3）实现过程

人工神经网络像人的认知过程一样需要学习。在神经网络中，信号的传递需要进行加权处理，即确定输入对性能的影响程度。这些加权值是通过学习样本数据得到的。前馈型神经网络通过梯度下降法反复调整连接权值，使实际输出与目标输出值一致。学习完成后，网络可以给出非样本数据的最可能输出值。其中，BP 神经网络是典型的前馈型神经网络结构，如图 3–16 所示。

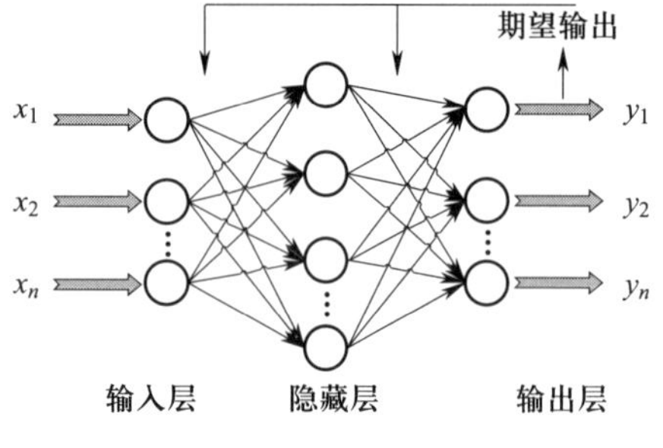

图 3–16　BP 神经网络结构

4. 贝叶斯网络

贝叶斯网络是结合概率论和图论的概率模型，能够综合数据信息和先验信息，有效地解释系统结构和行为。它的基本假设是兴趣数量与概率分布相关，并且最优决策可以通过概率推理和观测数据得到。贝叶斯网络具备严谨的概率基础和直观的用户界面，因此，在数据挖掘和机器学习算法的设计和分析中发挥着越来越重要的作用。近年来，贝叶斯网络也被广泛应用于数据挖掘领域。

（1）适用场景

运用贝叶斯定理计算出后验概率，可应用于有条件地依赖多种控制因素的决策，

因此，贝叶斯网络广泛应用在产品的故障诊断、系统性能预测等复杂不确定问题中。

（2）基本原理与实现过程

一个贝叶斯网络是由一个有向无环图 $G<N, E>$ 和一组概率分布 P 组成的，其中 $N=<A_1, A_2, \cdots, A_n>$ 是节点的集合，E 是边的集合，P 是每一个节点 A_i 的局部条件分布的集合。A_i 的局部条件分布用 $P(A_i|pa_i)$ 表示，其中，pa_i 表示 A_i 的根节点。

随机变量分两种类型：名词（或离散）变量和数字（或连续）变量。名词变量取值于一个有限的集合，数字变量取值于一组连续的实数。因此，贝叶斯网络也相应地分为两类：离散贝叶斯网络和连续贝叶斯网络。如图 3–17 所示为离散贝叶斯网络。

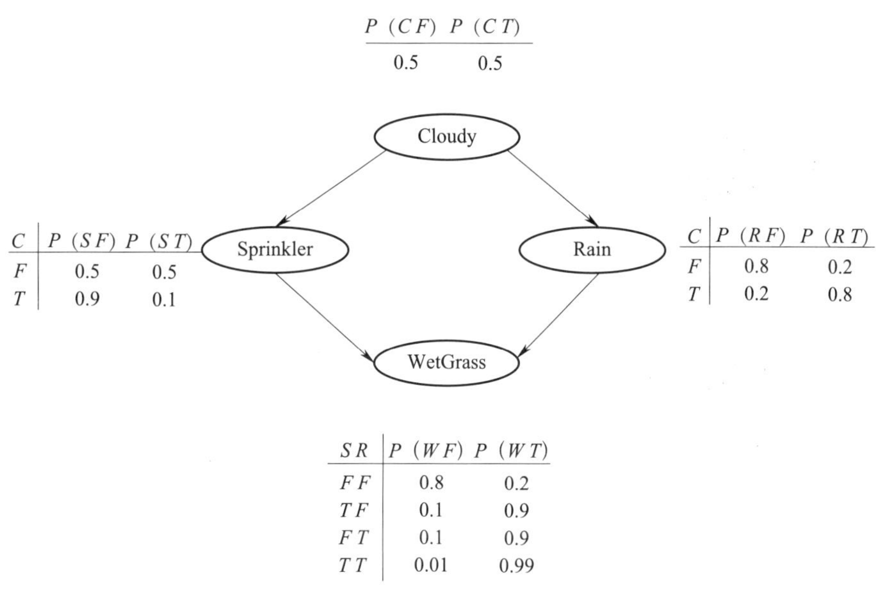

图 3–17　离散贝叶斯网络的例子

从概率论的角度来看，离散贝叶斯网络表示一组随机变量的联合分布。根据链式法则，这个联合分布可以用方程来表示。

$$P(A_1, A_2, \cdots, A_n)=P(A_n|A_1, \cdots, A_{n-1})\cdots P(A_2|A_1)P(A_1) \quad (3\text{–}16)$$

式中，$A_1, A_2, \cdots, A_n$ 是随机变量。离散贝叶斯网络提供了一组关于随机变量的条件独立假设，以至于一个联合分布可以用因式分解的方法来简洁表示，即一个联合分布可以被分解成每一个变量在给定其根节点前提下的局部条件分布。贝叶斯网络结构表示的独立关系可以由马尔科夫条件给定。

贝叶斯网络中的任何节点在给定其根节点的前提下条件独立于它的非子节点。马尔科夫条件允许随机变量 A_1，A_2，…，A_n 的联合概率分布被因式分解成如式（3–17）所示的乘积。

$$P(A_1,\ A_2,\ \cdots,\ A_n)=\prod_{i=1}^{n}P(A_i\mid pa_i) \tag{3–17}$$

式中，pa_i 是 A_i 所有根节点的集合。对于图 3–17 给出的例子，根据概率的链式法则，所有节点的联合分布可以用式（3–18）来表示（分别用单词的首字母来表示每个变量）。

$$P(C,\ S,\ R,\ W)=P(C)\times P(S|C)\times P(R|C,\ S)\times P(W|C,\ S,\ R) \tag{3–18}$$

通过应用马尔科夫条件，式（3–18）可以被改写成式（3–19）。

$$P(C,\ S,\ R,\ W)=P(C)\times P(S|C)\times P(R|C)\times P(W|S,\ R) \tag{3–19}$$

假如每个节点的根节点数量是有限的，那么所需参数数量随网络大小呈线性增长，但联合分布本身却呈指数增长。根据马尔科夫条件，贝叶斯网络中的一个节点只会被它的马尔科夫链中的节点所影响。

设 A 是贝叶斯网络 G 中的一个节点，那么 A 的马尔科夫链是由 A 的根节点、A 的子节点以及 A 的子节点的其他根节点组成的集合，标记为 $MB(A)$。例如，如图 3–18 所示的例子，A_5 的马尔科夫链是 $\{A_2,\ A_3,\ A_4,\ A_7\}$。

简言之，贝叶斯网络通过利用随机变量间的条件独立性来简化联合分布的计算，从而使得概率的计算和操作成为可能且实用。在给定其他子集作为证据的前提下，贝叶斯网络支持任何子集的变量概率计算，这称为贝叶斯推理。贝叶斯推理的目标是在给定其他观测变量取值的前提下，推断任何目标变量的取值。在数据挖掘和机器学习中，关键在于给定训练实例集 D，求解最有可能的假设空间 H 中的假设。贝叶斯规则提供了一种直接计算最有可能假设的方法，这种方法是基于假设的先验概率、给定假设下观察到的不同数据的概率以及观察数据本身的先验概率而得出的。贝叶斯规则的定义如式（3–20）所示。

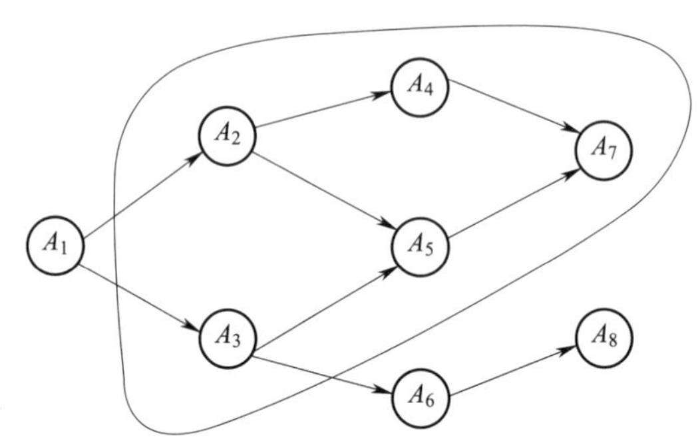

图 3–18　一个马尔科夫链的例子

$$P(h|D)=\frac{P(D\mid h)P(h)}{P(D)} \tag{3-20}$$

式中，$P(h)$ 代表还没有观察到训练实例集之前假设 h 拥有的初始概率，即 h 的先验概率；$P(D)$ 代表将要观察到的训练实例集 D 的先验概率；$P(D|h)$ 代表假设 h 成立的情形下观察到训练实例集 D 的条件概率；$P(h|D)$ 代表给定训练实例集 D 时 h 成立的条件概率。

可见，贝叶斯规则提供了用 $P(h)$、$P(D)$ 和 $P(D|h)$ 计算 $P(h|D)$ 的方法。另外，$P(h|D)$ 随着 $P(h)$ 和 $P(D|h)$ 的增加而增加，随 $P(D)$ 的增加而减少，因为如果 D 独立于 h 被观察到的可能性越大，那么 D 对 h 的支持度就越小。

5. 强化学习

强化学习（reinforcement learning，RL），又称再励学习、评价学习或增强学习，用于描述和解决智能体（Agent）在与环境的交互过程中通过学习策略以达成回报最大化或实现特定目标的问题，如图 3–19 所示。

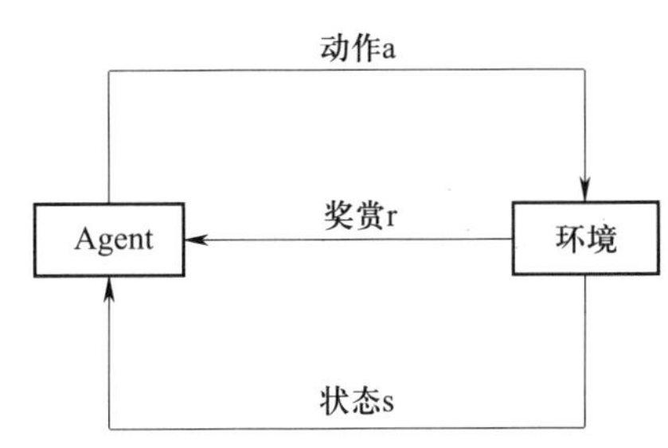

图 3–19　强化学习系统与环境的关系

二、工业大数据应用技术

工业大数据应用是指集成应用工业大数据系列技术与方法，从工业大数据集获得有价值信息的过程。下面将以异常识别、趋势预测以及动态优化三个常见工业大数据应用技术为例，阐述工业大数据应用技术的原理和案例。

1. 异常识别算法

异常识别算法指的是利用分析方法检测与识别出明显偏离预期行为的异常数据。早期的异常识别算法主要依靠专家和相关技术人员根据经验进行主观决策，然而最终的决策结果容易受到专家自身知识储备、压力、身心状况等因素的影响。随着车间传感器、计算机、无线网络等设备的普及应用，异常识别算法相应得到拓展，机器学习算法相继应用于异常识别领域。

下面从分类算法和聚类算法两个角度对异常识别算法进行介绍。

（1）分类算法

分类算法属于监督学习算法，简单来说，就是以某种贴有标签的数据集作为训练样本，建立数学模型，然后利用模型测试待测样本，对样本进行区分归类。

经典的分类算法包括决策树（dicision tree，DT）、朴素贝叶斯（naive bayes，NB）、K-近邻（K–nearest neighbor，KNN）、支持向量机（support vector machine，SVM）、基于关联规则的分类等。由于决策树具有不需要领域知识储备或者参数假设、高效处理大数据集、得到的结果可解释性强等优点被用于处理异常识别问题，其他分类算法的各方面优点也被充分发掘用于车间异常识别。

（2）聚类算法

聚类与分类的根本区别在于不需要对数据贴标签，能够根据样本测量结果、数据内部特征以及相似性将研究对象划分为合理的分组，属于一种无监督学习模式，广泛应用于模式识别、挖掘数据、异常识别等领域。聚类算法由于具有不需要对数据进行标签标定、算法简单高效、应对大数据集时具有较高的计算效率等优点，应用于包括异常识别在内的各个领域。但由于大多数聚类算法需要人为干预确定输入参数，如何确定最佳输入参数在基于聚类算法的异常识别应用中仍具有一定的挑战性。

（3）实际应用

目前，异常识别算法已在产品制造全生命周期中得到应用，在此通过两个应用场景来深入了解异常识别算法的实际应用。

1）基于栈式稀疏自编码的高维测试信号模式分类。测试作为保障产品功能性和可靠性的关键手段，贯穿于产品研制、生产及装备等各个环节，以某型号航天产品为例，在研制阶段、生产阶段以及后续使用的三个场景下，总计 8 种性质和功能各异的测试。目前，一般通过现场测试人员或专家进一步针对所采集到的测试信号进行检测，评估产品功能性与可靠性，最终完成航天产品的整个测试环节。但依靠现场测试人员或专家来进行评估，其结果准确性很大程度上依赖于专家经验，且效率低，难以满足产品生产制造的高精度和高效率要求。

考虑到测试信号具有一定高维特征，易使得关键特征隐没于高维信号数据中，导致异常测试信号的识别精度不足，因此，在信号模式识别前，首先使用自编码器

（auto-encoder，AE）进行测试信号中关键特征的提取工作。AE 作为无监督特征提取手段，通过编码和解码可将高维特征映射至低维特征空间，以此实现关键特征的有效提取；其次，为进一步提取测试信号中的关键特征，对隐藏层提取的特征向量进行稀疏性限制以形成稀疏自编码，进一步提高特征表达能力，并在此基础上通过堆叠多层稀疏自编码构成栈式稀疏自编码（stacked sparse auto-encoder，SSAE），以栈式结构进行特征贪心逐层无监督提取，实现深层次关键特征的提取；在此基础上，利用前馈神经网络（FNN）分类器进行信号模式的识别工作，最终实现测试信号高精度、高效率异常识别。

2）数据驱动的复杂花纹面料缺陷检测方法。针对面料疵点受复杂纹理背景信息干扰、缺陷形态多样性、检测实时性要求高等难点，建立数据驱动的复杂花纹面料缺陷检测方法。在数据采集与处理的基础上，设计基于深度学习的复杂花纹面料疵点与背景纹理分离方法，通过产品缺陷图像采样匹配获取背景纹理先验信息，也就是最小周期花纹模板，在第一阶段进行花纹模板图像的准确定位，在第二阶段实现花纹模板图像的精准截取。提取分离面料疵点与背景纹理特征，降低背景纹理噪声对疵点检测的干扰。该方法可根据不同形态缺陷选择性采样，提取缺陷形态特征。在提取缺陷特征时，针对多形态疵点研究自适应特征提取要求，在卷积神经网络的基础上，引入了带选择性采样机制的疵点特征提取方法，设计不同形态缺陷下特征提取算子的差异化学习机制，实现不同形态疵点信息的高效提取，进而实现复杂花纹面料缺陷的高精度检测。

2. 趋势预测模型

在实际生产车间中，实时监控系统会采集到大量的数据，有些数据具有周期性等时间特征，也称之为时间序列。如何充分挖掘出时间序列中所蕴含的信息，成为智能运维领域研究中的一大热点。目前，趋势预测方法应用较为广泛的是 ARIMA、LSTM 以及 Prophet 三种时序预测模型。

（1）ARIMA

ARIMA 模型全称为自回归积分滑动平均模型，其并不是一个特定的模型，而是一类模型的总称。ARIMA 模型的建模步骤如下：首先对时间序列数据进行平稳性检测，若不通过，则采取对数、差分等相应的变换将其变为平稳序列。通过平稳性检测之后，进行白噪声检测，当序列不是白噪声序列时，即可选择合适的 ARIMA 模型进行拟合。如果误差值通过白噪声检测，就可以采用拟合出的模型对时序数据进行预测。

（2）LSTM 模型

LSTM（long short-term memory）模型，全称为长短时间记忆模型，由循环神经网络（recurrent neural network，RNN）演变而来，由于 RNN 无法记忆长时信息，研究人员在它的基础上提出 LSTM 网络。LSTM 与 RNN 主要的区别在于，它在模型中加入了一个判断信息是否有用的“处理器”，这个处理器被称为“记忆单元”（memory cell）。也就是说，当一个信息进入 LSTM 中后，可以根据规则来判断其是否有用，只有符合要求的信息才会被留下，不符合的信息会被直接“遗忘”，极大缓解了梯度消失和梯度爆炸的问题。LSTM 结构如图 3-20 所示。

（3）Prophet 模型

Prophet 是 Facebook 发布的基于可分解（趋势 + 季节 + 节假日）模型的开源库。它用更加简单、直观的参数进行高精度的时间序列预测，并且支持自定义季节和节假日因素的影响。从整体上看，Prophet 模型是一个循环结构，可以根据虚线分为操作人员操纵部分与自动化部分，如图 3-21 所示。

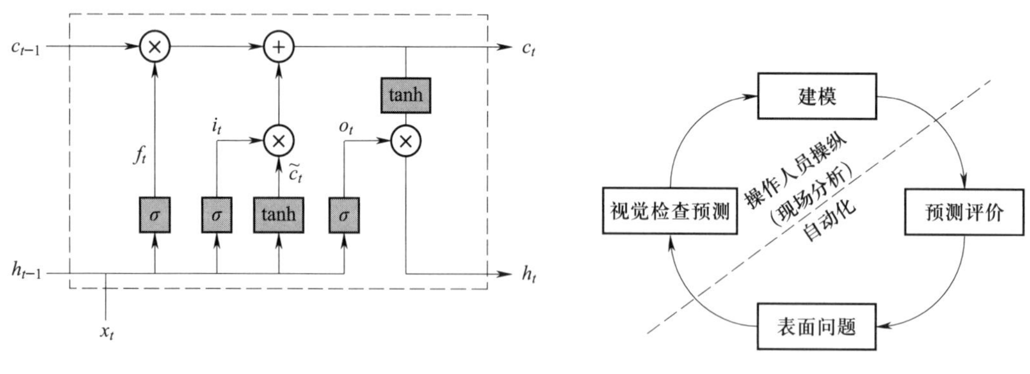

图 3-20 LSTM 结构图

图 3-21 Prophet 整体框架

整个过程就是操作人员操纵与自动化过程相结合的循环体系，也是一种将问题背景知识与统计分析融合起来的过程，这种结合大大地增加了模型的适用范围，提高了

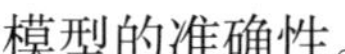

模型的准确性。

目前，趋势预测模型已在产品质量预测、故障诊断、设备异常检测等领域得到广泛应用，下面以晶圆制造车间工期趋势预测为例来深入了解趋势预测模型的实际应用。

晶圆的重入工艺（见图 3–22a）使得单层工期受晶圆 Lot（批次）传递效应与晶圆层传递效应的影响，这两种传递效应使得晶圆的单层工期受到同一晶圆不同层次和同一层次不同晶圆的两种关联作用，从而在两个方向形成关联关系的传递。在晶圆的单层工期预测中，如何对两种传递效应进行存储、表达与传递是研究中的重点与难点。

本例在经典的 Vanilla LSTM 循环神经网络的基础上，在 LSTM 单元中引入两种递归流，实现两种传递效应沿双向的传递（见图 3–22b）。其中，晶圆递归流用于晶圆 Lot 传递效应的表达，层次递归流用于晶圆层传递效应的表达。此外，针对晶圆制造过

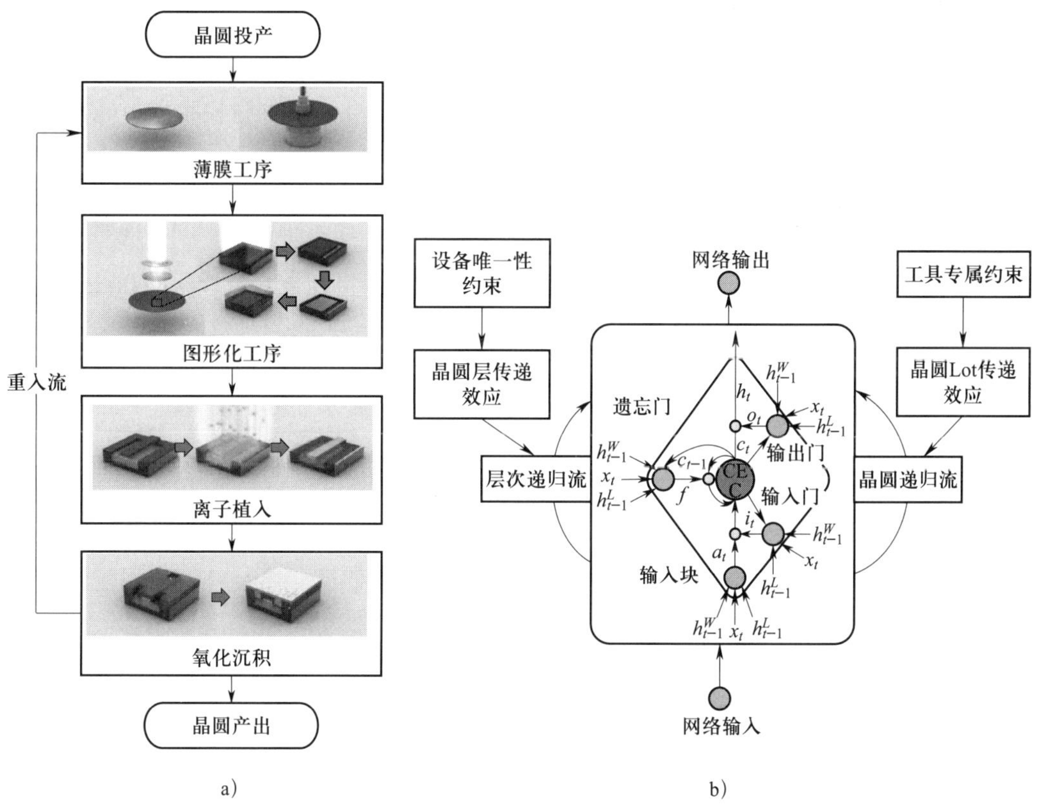

图 3–22　晶圆制造中的重入工艺与循环神经网络

a）重入工艺　b）循环神经网络

程中工艺柔性高、设备间负载差异大、系统在制品分布复杂，用于工期预测的数据多样化程度高的特点，设计“分类 + 预测”的方法，通过对数据进行分类，从而降低类内数据的多样性。在此基础上，针对每一类单独构建预测模型，从而实现晶圆工期的精准预测。

3. 动态优化机制

在实际生产过程中，涉及大量的随机事件和动态因素，包括型号研制导致的装配工时不准、供应商零部件交付时间不确定、产品改型和工艺变更等，这些情况对决策者的判断能力提出了极高的要求。如果能够通过挖掘生产过程数据中所蕴含的信息，实现辅助决策或自动决策，将极大减轻决策者的压力，提高生产效率。目前，常用动态优化算法主要有智能优化算法（遗传算法、粒子群优化算法、蚁群算法等）、强化学习方法和神经网络方法，其中，应用较为广泛的主要是粒子群优化算法、蚁群算法以及强化学习方法三种。

（1）粒子群优化算法

粒子群优化算法（particle swarm optimization，PSO）是一种通过模拟鸟群觅食过程中的迁徙和群聚行为而提出的基于群体智能的全局随机搜索算法。PSO 不像其他进化算法那样对个体进行交叉、变异、选择等进化算子操作，而是将群体中的个体看成是在多维搜索空间中没有质量和体积的粒子，每个粒子以一定的速度在解空间运动，并向自身历史最佳位置（pbest）和邻域历史最佳位置（gbest）聚集，实现对候选解的进化。

（2）蚁群算法

蚁群算法（ant colony optimization，ACO）是一种通过模拟自然界中蚂蚁集体寻径行为而提出的基于种群的启发式随机搜索算法。用蚂蚁的行走路径表示待优化问题的可行解，整个蚂蚁群体的所有路径构成待优化问题的解空间。路径较短的蚂蚁释放的信息素量较多，随着时间的推进，较短的路径上累积的信息素浓度逐渐增高，选择该路径的蚂蚁个数也越来越多。最终，整个蚂蚁会在正反馈的作用下集中到最佳的路径上，此时对应的便是待优化问题的最优解。

（3）强化学习

强化学习（reinforcement learning，RL）是机器学习中的一个领域，用于描述和解决智能体（Agent）在与环境的交互过程中通过学习策略以达成回报最大化或实现特定目标的问题。强化学习把学习看作试探评价过程，Agent 选择一个动作用于环境，环境接受该动作后状态发生变化，同时产生一个强化信号（奖或惩）反馈给 Agent，Agent 根据强化信号和环境当前状态再选择下一个动作，选择的原则是使受到正强化（奖）的概率增大。选择的动作不仅影响立即强化值，而且影响环境下一时刻的状态及最终的强化值。

（4）实际应用

目前，动态优化机制已在产品质量优化、排产与调度、设备控制优化等领域得到广泛应用，在此以两个案例来深入了解动态优化机制的实际应用。

1）基于改进粒子群算法的晶圆良率优化方法。如图 3–23 所示，晶圆制造流程包括硅片投入、制造和测试封装等环节。其中，WAT 测试环节是晶圆制造过程的最后阶段，用于测试晶圆的物理和电学性能，如接触电阻、饱和电流和击穿电压，以检测制造过程中的晶圆质量情况。通过调整 WAT 参数来指导晶圆制程工艺，有助于减少检测设备投入、增强在线控制能力和持续提升晶圆良率。然而，优化晶圆良率会引发产线停产、人员培训、工艺测试等一系列调整活动，导致较高的调整成本。因此，需要以 WAT 参数为调控对象，综合考虑最大化晶圆良率和最小化调整成本两项优化目标。

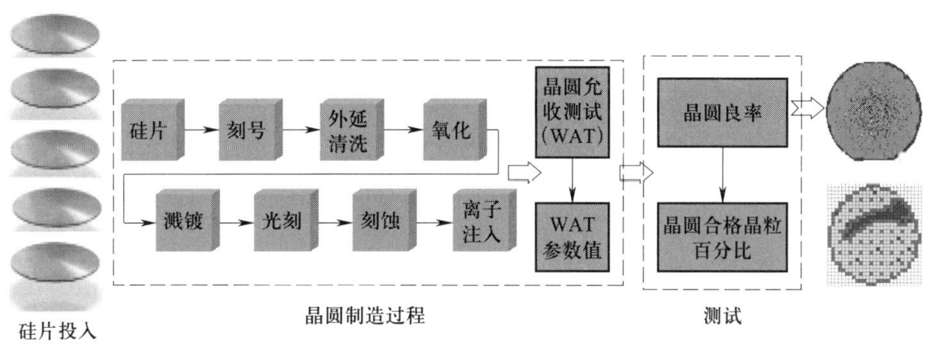

图 3–23　晶圆制造工艺流程

针对上述对晶圆良率优化问题的分析，晶圆良率优化方法框架如图 3–24 所示。首先对历史 WAT 参数进行预处理，提取影响晶圆良率的 WAT 关键参数，缩小调控对象范围，利用反向传播神经网络（BPNN）建立晶圆良率预测模型，挖掘 WAT 参数与晶圆良率之间的映射关系，将预测模型作为评价粒子适应度的依据；其次以 WAT 参数为调控对象，设计粒子群算法参数线性递减的策略，并结合模拟退火局部搜索，形成改进的粒子群算法；最后以晶圆良率和调控成本作为目标，寻求合理的 WAT 参数调控方案，实现最小化调控成本下的晶圆良率最大化目标。

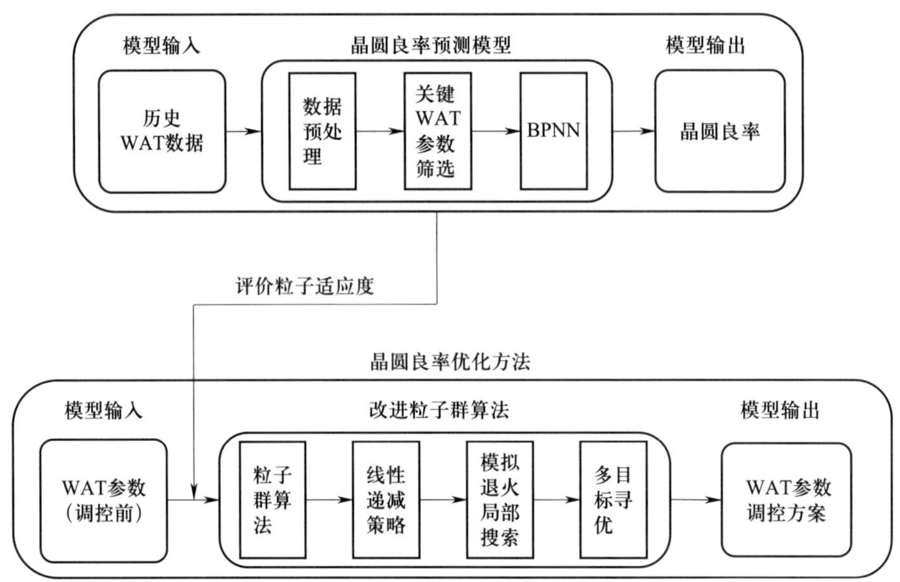

图 3–24　晶圆良率优化方法框架

2）基于强化学习的航天产品装配线投产排序方法。航天产品混流装配线生产过程中，可能出现工作负载较大的瓶颈工位，需要合理安排产品投产序列。现有的启发式算法容易陷入局部最优，元启发式算法收敛过程不稳定，收敛速度受参数初始化与种群初始化影响较大等缺点，难以高效且稳定搜索到较优的产品投产序列。深度强化学习在生产调度中取得了较好的效果，但也容易陷入局部最优。因此，下面介绍一种基于 BAC 算法的混流装配线投产排序方法，结合深度强化学习算法与元启发式算法的优势，以最小化工位过载时间为目标，实现合理的产品投产序列。

BAC 算法结构如图 3–25 所示，设计了分别具有全局排序策略和局部排序策略的双层 Actor 网络，第一层 Actor_1 网络根据 Critic 网络估计值以及即时奖励值，以在线方式更新 Actor_1 网络权重参数，以此从局部角度给出产品投产排序策略，并且局部排序策略网络为全局排序策略网络更新提供局部较优的历史投产序列，加快全局排序策略网络的学习和搜索速度；第二层 $Actor_2$ 网络借鉴遗传算法的种群进化过程，利用全局记忆功能保留历史投产序列，并以历史较优投产序列为对象，基于投产序列的总奖励值，对序列中的状态－动作进行全局性评价，以离线方式更新 $Actor_2$ 网络权重参数，以此形成全局排序策略，从全局角度给出产品投产排序策略，从而增强算法全局搜索能力。由此形成 BAC 算法，综合 $Actor_1$ 和 $Actor_2$ 给出的排序策略，选择投产产品类型。

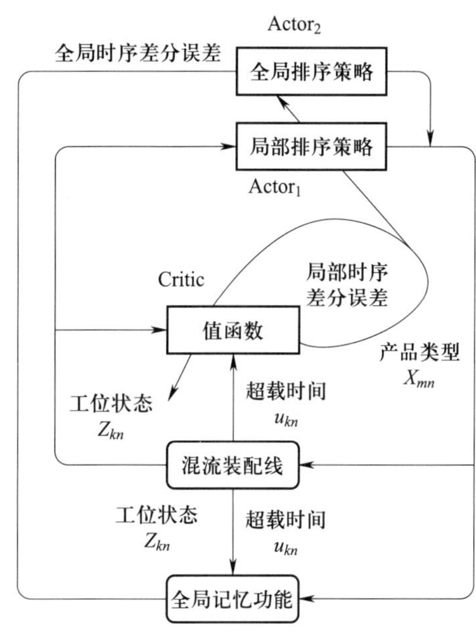

图 3-25 BAC 算法结构

第四节 实 验

实验：工业大数据采集处理与可视化

一、实验目的

1. 熟悉工业大数据分析场景以及数据分析的价值。

2. 掌握 ETL 工具数据抽取、清洗转换与加载方法。

3. 能运用工业大数据分析技术，分析生产制造过程中产生的问题。

二、实验相关知识点

1. 工业大数据。

2. 数据分析工具。

3. 数据抽取、转换和加载。

4. 多维交叉数据分析。

三、实验内容

从不同数据源采集生产数据，对数据进行清洗加工，计算设备综合效率（OEE），并完成生产数据的多维可视化展示及分析。

四、实验步骤

1. 实验步骤一：软件编程环境搭建

（1）根据提供的安装包安装并运行软件。

（2）创建账号并完成软件初始化配置。

2. 实验步骤二：数据抽取、转换和加载

（1）从不同的数据源［MES、仓储管理系统（WMS）、订单管理系统（OMS）］提取数据。

（2）对抽取的数据进行清洗、整合、转换和验证，以满足分析需求。

（3）将经过转换的数据加载到目标数据库中。

（4）计算设备综合效率（OEE）。

3. 实验步骤三：数据可视化展示与分析

（1）从有效率、表现性、良率三个维度，完成不同时间周期、不同工站生产能力的可视化展示。

（2）根据以上图表分析提高设备综合效率的方法。

思考题

1. 工业大数据传输机制有哪些?

2. 简述 ETL 过程中数据抽取、清洗转换与加载的具体流程。

3. 数字主线是什么？主要有哪些用途?

4. 数据空间是什么？简要介绍参考架构模型的基本结构。

5. 列举四种常见的数据关联方法。

6. 常见的工业大数据挖掘技术有哪些？

7. 工业大数据技术可以应用在哪些业务场景中？举例说明。

第四章 工业人工智能技术

工业人工智能是一门严谨的系统科学，它专注于开发、验证和部署各种不同的机器学习算法，以实现具备可持续性能的工业应用。

- **职业功能：** 智能制造共性技术应用。
- **工作内容：** 运用智能赋能技术。
- **专业能力要求：** 能运用智能赋能技术，解决智能制造相关单元模块的工程问题。
- **相关知识要求：** 工业人工智能技术基础；数据采集、处理技术与应用。

第一节　机 器 学 习

一、机器学习的定义、要素与类别

1. 机器学习的定义

机器学习（machine learning，ML）通常指一类问题以及解决这类问题的方法，即如何从观测数据（样本）中寻找规律，并利用学习到的规律（模型）对未知或无法观测的数据进行预测。

2. 机器学习的要素

（1）模型

进行机器学习最先考虑的是学习的模型。模型是机器学习的基础，它是用来预测未知数据的函数或系统。在机器学习中，通常使用数学模型对数据进行建模。

1）数学描述。真实世界中的对象可以从多个维度进行观测，例如，苹果可以从颜色、形状、气味等来描述。每个维度之间有相关性，数学上可以用联合概率密度函数来描述，联合概率密度是几个事件同时发生的概率。研究的元素可只是其中的一个维度。把需研究的元素用 y 表示，其他元素用 x 向量来描述，则联合概率密度函数为 $P(x, y)$。

由概率的定义可得，所有可能事件加起来就是必然事件，即 $\sum P(x, y)=1$。

根据 x 对 y 进行预测的过程，可以认为是求在 x 发生的情况下，y 的条件概率，即为 $P(y|x)=P(x, y)/P(x)$。

2）假设空间。模型的假设空间包含所有可能的条件概率分布或决策函数。由于条件概率的细节是完全未知的，模型的第一步是要界定出所有的备选可能，再通过样本数据在空间中选择最合适的那一个。所有可能组成的集合就被称为假设空间。

假设空间只有两种：

1）线性模型：$y=w_1x_1+w_2x_2+\cdots+w_ix_i+b$ 的形式。

2）非线性模型：非线性的类型很多，以 Θ 表示某种非线性计算，例如，求指数，求平方等。

①简单形式：$y=w\Theta(x)+b$，（同线性模型一样，其中 x 可能是多个维度）。

②复杂形式：$y=\Theta(\Theta(\Theta(\Theta(\Theta(\mathrm{w}\Theta(x)+b)+b)+b)+b)+b)$……这种结构看起来很复杂，但是用神经网络描述却非常合适。每一层括号的嵌套都通过一层网络来实现，这样对每一层网络来说，要处理的信息变成了最简单的形式。

（2）学习策略

建立模型的假设空间后，需要考虑应采取的学习策略。策略阶段有两个问题，一是要如何将真实世界的样本描述在计算机中，也就是量化；二是如何把数据充分利用起来，在数据越多的情况下，让模型越准。

1）量化误差。策略阶段的任务是量化每个模型的预测结果与真实值之间的差异，一般称每个样本的误差为损失函数。

损失函数的常见类型包括：

① 0–1 损失函数。0–1 损失函数将计算对的记为 0，计算错的记为 1。

$$L[y, f(x;\theta)]=\begin{cases}0 & \text{if } y=f(x;\theta)\\1 & \text{if } y\neq f(x;\theta)\end{cases}\tag{4–1}$$

虽然 0–1 损失函数能够客观地评价模型的好坏，但缺点是在数学上不连续且导数为 0，难以优化。因此，经常用连续可微的损失函数替代。

②平方损失函数。平方损失函数经常用在预测标签 y 为实数值的任务中，定义为：

$$L[y, f(x;\theta)]=\frac{1}{2}[y-f(x;\theta)]^2\tag{4–2}$$

平方损失函数一般不适用于分类问题。

③对数损失函数。逻辑斯特（Logistic）回归的损失函数就是对数损失函数，在逻辑斯特回归的推导中，假设样本服从伯努利分布（0–1 分布），然后求得满足该分布的似然函数，接着用对数求极值。逻辑斯特回归并没有求对数似然函数的最大值，而是把极大化当作一个思想，进而推导它的风险函数为最小化的负的似然函数。作为损失函数使用，即为对数损失函数。

对数损失函数的标准形式为：

$$L\left[Y,\ P\left(Y\mid X\right)\right]=-\log P\left(Y\mid X\right) \tag{4-3}$$

④交叉熵损失函数。交叉熵损失函数经常用于分类问题中，特别是在神经网络做分类问题时，也经常使用交叉熵作为损失函数，此外，由于交叉熵涉及计算每个类别的概率，所以交叉熵几乎每次都和 Sigmoid（或 Softmax）函数一起出现。

交叉熵损失函数的标准形式如下：

$$C=-\frac{1}{n}\sum_{x}\left[y\ln a+\left(1-y\right)\ln\left(1-a\right)\right] \tag{4-4}$$

其中，x 表示样本，y 表示实际的标签，a 表示预测的输出，n 表示样本总数量。

交叉熵损失函数本质上也是一种对数似然函数，可用于二分类和多分类任务中。

二分类问题中的交叉熵损失函数：

$$\text{loss}=-\frac{1}{n}\sum_{x}\left[y\ln a+\left(1-y\right)\ln\left(1-a\right)\right] \tag{4-5}$$

多分类问题中的交叉熵损失函数：

$$\text{loss}=-\frac{1}{n}\sum_{i}y_i\ln a_i \tag{4-6}$$

当使用 Sigmoid 作为激活函数时，常用交叉熵损失函数，因为它可以完美解决平方损失函数权重更新过慢的问题，具有“误差大的时候，权重更新快；误差小的时候，权重更新慢”的良好性质。

⑤ Hinge 损失函数。Hinge 损失函数标准形式如下：

$$L\left[y,\ f\left(x\right)\right]=\max\left[0,\ 1-yf\left(x\right)\right] \tag{4-7}$$

其中，$f(x)$ 为预测值，在 –1 ~ 1 之间，y 是目标值（–1 或 1）。其含义是 $f(x)$ 的值在 –1 和 +1 之间，不鼓励分类器过度自信，让某个正确分类的样本距离分割线超过 1 并不会有任何奖励，从而使分类器可以更专注于整体的误差。

Hinge 损失函数表示如果被分类正确，损失为 0，否则，损失为 $1-yf(x)$。SVM 使用的就是 Hinge 损失函数。

Hinge 损失函数的健壮性相对较高，但对异常点、噪声不敏感，不易进行概率解释。

2）风险函数。量化单个误差之后，把样本的整体损失相加，即可得到风险函数（用字母 R 表示），假设每个样本的发生概率是 p，总样本个数为 N，则 $R=\frac{\sum p(x_i)\cdot L(x_i)}{N}$。

理想的策略是在模型完美匹配的时候，风险函数输出一个好结果，如 0；模型错误率很高的时候，风险函数输出一个坏结果，如无穷大。

3）模型迭代要求。很容易想到的是，根据风险函数结果来调整模型。在数学上需要风险函数支持对每个参数的偏导。

4）策略阶段要点

①样本概率未知。样本的个数众多，且每个样本的发生概率都是未知的。风险函数的计算方式为 $R=\sum p(x_i)\cdot L(x_i)$，其中，$p$ 是每个样本的发生概率。对于经常发生的样本准确度较高。实践中，一般是直接把样本的损失函数平均，认为样本发生的概率就是实际发生的概率，当样本的量够大，且随机性可以保证时，确实可以这样，但是样本如果不是随机的，且数据量不够时要关注不同样本在期望风险中的权重。

②过拟合。如果以期望风险最小为唯一目标，有时候会出现一种明明在训练数据上误差很小，在其他数据集上却效果很差的情况，这就叫过拟合。过拟合是因为选用了太复杂的模型。

以 N 元模型为例（见图 4–1），复杂的模型往往系数的抖动幅度更大，可以考虑把系数作为损失函数的一部分，这样可以同时优化模型和误差。这种做法称为结构风险最小化，之前不带系数的方式称为经验风险最小化。结构风险最小化也被称为正则化，模型复杂度在损失函数中的部分往往也被称为正则化项 $J(f)$。

损失函数最终形式为：$L=\frac{\sum p(x_i)\cdot L(x_i)}{N}+J(f)$。

```
线性回归：1阶，系数为：[-12.12113792    3.05477422]
线性回归：2阶，系数为：[-3.23812184 -3.36390661  0.90493645]
线性回归：3阶，系数为：[-3.90207326 -2.61163034  0.66422328  0.02290431]
线性回归：4阶，系数为：[-8.20599769  4.20778207 -2.85304163  0.73902338 -0.05008557]
线性回归：5阶，系数为：[ 21.59733285 -54.12232017  38.43116219 -12.68651476   1.98134176  -0.11572371]
线性回归：6阶，系数为：[ 14.73304784 -37.87317493  23.67462341  -6.07037979   0.42536833   0.06803132  -0.00859246]
线性回归：7阶，系数为：[ 314.30344774 -827.89447318  857.3329359  -465.46543854  144.21883916  -25.67294689    2.44658613   -0.09675941]
线性回归：8阶，系数为：[-1189.5015312    3643.6912092   -4647.92955146  3217.22824064 -1325.87388087    334.32869999   -50.57119258     4.21251829    -0.14852101]
```

图 4–1　*N* 元模型系数

和过拟合相反的一个概念是欠拟合，即模型不能很好地拟合训练数据，在训练集的错误率比较高。欠拟合一般是由于模型能力不足造成的。图 4–2 给出了欠拟合和过拟合的示例。

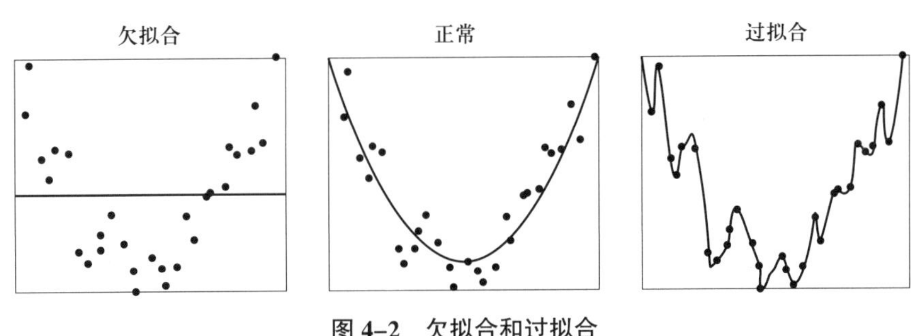

图 4–2　欠拟合和过拟合

总之，机器学习中的学习准则并不仅仅是拟合训练集上的数据，同时也要使得泛化错误最低 . 给定一个训练集，机器学习的目标是从假设空间中找到一个泛化错误较低的“理想”模型，以便更好地对未知的样本进行预测，特别是不在训练集中出现的样本。因此，机器学习可以看作是一个从有限、高维、有噪声的数据上得到更一般性规律的泛化问题。

（3）优化算法

算法是指学习模型的具体计算方法。算法是机器学习的核心，它决定了模型的学习能力。选择算法后，统计学习问题归结为最优化问题，统计学习的算法成为求解最优化问题的算法。

在机器学习中，优化又可以分为参数优化和超参数优化。模型 $f(x;\theta)$ 中的 θ 称为模型的参数，可以通过优化算法进行学习。除可学习的参数 θ 之外，还有一类参数是用来定义模型结构或优化策略的，这类参数叫作超参数。因此，可将参数分为普通参数和超参数两种。

1）普通参数。函数中的各种系数和常数项等，这些是通过样本一步步优化调整的。最常见的方式是梯度下降法：首先随机初始化一些参数，根据损失函数对每个参数的偏导来迭代地优化参数。

梯度下降的优化方式有很多，如随机梯度下降（每个样本都更新模型）、小批量梯度下降（小部分样本计算完后更新一次模型）。

2）超参数。超参数是用来描述结构的。常见的超参数包括聚类算法中的类别个数、梯度下降法中的步长、正则化项的系数、神经网络的层数、支持向量机中的核函数等。超参数的选取一般都是组合优化问题，很难通过优化算法来自动学习。因此，超参数优化是机器学习的一个经验性很强的技术，通常是按照人的经验设定，或者通过搜索的方法对一组超参数组合进行不断试错调整。

3. 机器学习的类别

根据数据类型的不同，对一个问题的建模有不同的方式。在人工智能领域，首先会考虑算法的学习方式。将算法按照学习方式分类，可以让人们在建模和算法选择时，根据输入数据来选择最合适的算法，以获得最好的结果。在机器学习领域，有监督学习、无监督学习、半监督学习和强化学习四种主要的学习方式。

（1）监督学习

在监督学习下，输入数据被称为“训练数据”，每组训练数据有一个明确的标识或结果，如在训练防垃圾邮件系统时是“垃圾邮件”“非垃圾邮件”，在对手写数字进行识别时是“1”“2”“3”“4”等。在建立预测模型的时候，监督学习建立一个学习过程，将模型的预测结果与“训练数据”的实际结果进行比较，不断地调整预测模型，直到模型的预测结果达到一个预期的准确率。监督学习的常见应用场景有分类问题和回归问题等。监督学习算法有决策树学习（ID3，C4.5 等）、朴素贝叶斯分类、最小二乘回归、逻辑回归、支持矢量机、集成方法以及反向传递神经网络等。监督学习示意图如图 4–3 所示。

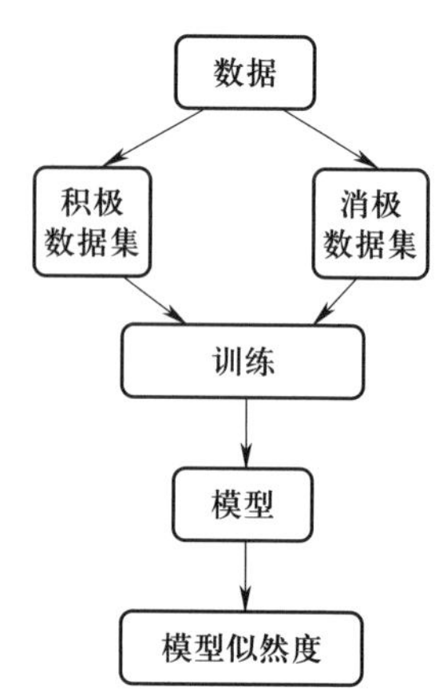

图 4–3　监督学习示意图

根据标签类型的不同，监督学习又可以分为回归问题、

分类问题和结构化学习。

1）回归问题中的标签是连续值（实数或连续整数），输出也是连续值。

2）分类问题中的标签是离散的类别（符号）。在分类问题中，学习到的模型也称为分类器。分类问题根据其类别数量又可分为二分类问题和多分类问题。

3）结构化学习。结构化学习可以当作一种特殊的分类问题。结构化学习问题的输出 y 通常是结构化的对象，例如序列、树或图等。由于结构化学习的输出空间比较大，因此，一般定义一个联合特征空间，将 x、y 映射为该空间中的联合特征向量（x，y），预测模型可以写为：

$$\hat{y}=\underset{y\in \mathrm{Gen}(x)}{\operatorname{argmax}} f\left[\phi(x, y); \theta\right] \tag{4-8}$$

其中，Gen（x）表示输入 x 的所有可能的输出目标集合。计算 argmax 的过程也称为解码（decoding）过程，一般通过动态规划的方法来计算。

（2）无监督学习

在无监督学习中，数据并不被特别标识，搭建学习模型是为了推断出数据的一些内在结构。无监督学习的常见应用场景包括关联规则的学习以及聚类等。常见无监督学习算法包括奇异值分解、主成分分析、独立成分分析、Apriori 算法以及 k-means 算法等。无监督学习方式如图 4-4 所示。

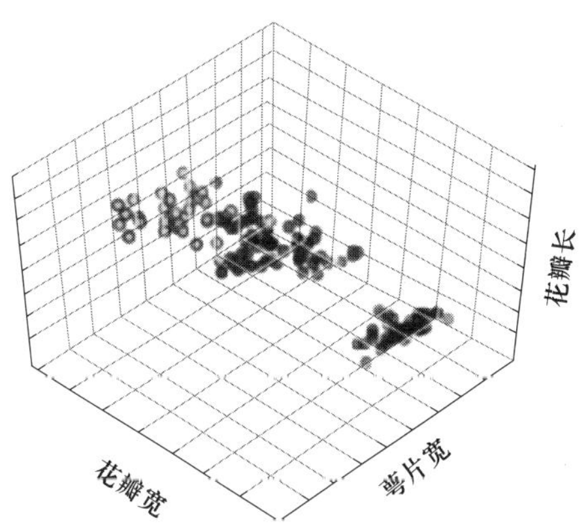

图 4-4　无监督学习——鸢尾花分类

（3）半监督学习

在半监督学习方式下，输入数据部分被标识，部分没有被标识，这种学习模型可以用来进行预测，但是模型首先需要学习数据的内在结构，以便合理地组织数据进行预测。半监督学习的应用场景包括分类和回归，半监督学习的算法包括一些对常用监督学习算法的延伸，这些算法首先试图对未标识数据进行建模，在此基础上再对标识的数据进行预测。如图论推理（graph inference）算法或者拉普拉斯支持向量机（laplacian SVM）等。半监督学习方式如图 4-5 所示。

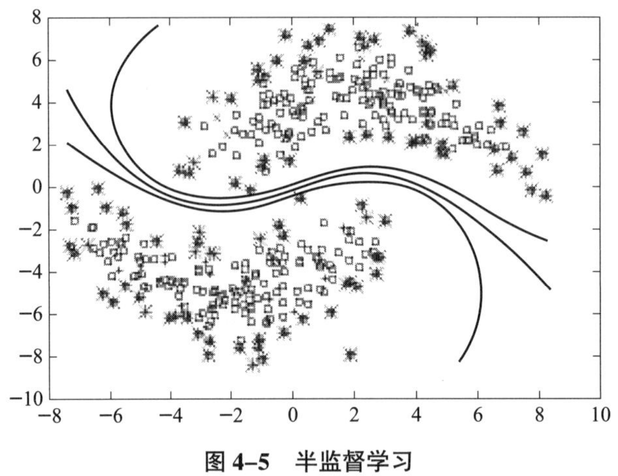

图 4–5　半监督学习

（4）强化学习

在强化学习模式下，输入数据作为对模型的反馈，不像监督模型那样，输入数据仅仅是作为一个检查模型对错的方式。输入数据直接反馈到模型，模型必须对此立刻作出调整。强化学习的常见应用场景包括动态系统以及机器人控制等。强化学习的常见算法包括 Q 学习（Q–learning）以及时间差学习（temporal difference learning）。在企业数据应用场景下，人们最常用的是监督学习和非监督学习的模型。在图像识别等领域，由于存在大量的非标识的数据和少量的可标识数据，目前半监督学习是一个很热的话题。强化学习更多应用在机器人控制及其他需要进行系统控制的领域。强化学习方式如图 4–6 所示。

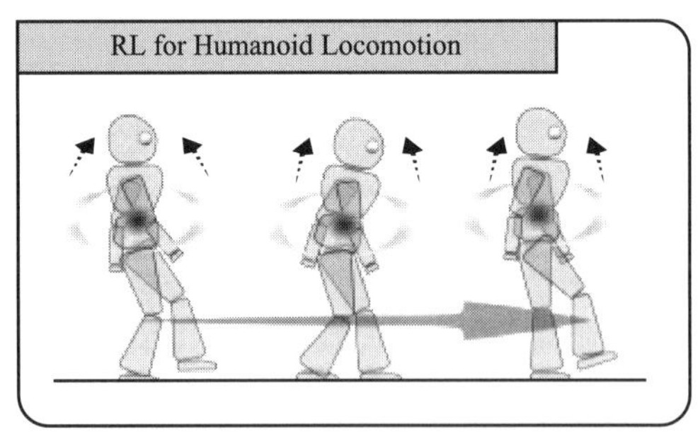

图 4–6　强化学习——机器人控制

表 4–1 给出了四种机器学习类型的比较。监督学习需要每个样本都有标签，无监督学习不需要标签。一般而言，监督学习通常需要大量的有标签数据集，这些数据集一般都需要由人工进行标注，成本很高。因此，也出现了很多弱监督学习和半监督学

习的方法，希望从大规模的无标注数据中充分挖掘有用的信息，降低对标注样本数量的要求。强化学习和监督学习的不同在于，强化学习不需要显式地以“输入 / 输出对”的方式给出训练样本，是一种在线的学习机制。

表 4–1　　机器学习类型比较

类别	In	Out	目的	案例
监督学习	有标签	有反馈	预测结果	房价预测
无监督学习	无标签	无反馈	发现潜在结构	“物以类聚，人以群分”
半监督学习	部分有标签，部分无标签	有反馈	降低数据标记的难度	
强化学习	决策流程及激励系统	一系列行动	长期利益最大化	学下棋

二、机器学习建模过程

1. 明确问题

明确业务问题是机器学习的先决条件，即抽象出该问题为机器学习的预测问题：需要学习什么样的数据作为输入，目标是得到什么样的决策模型作为输出。

2. 数据选择

数据及其特征表示的质量决定了模型的最终效果，且在实际的工业应用中，算法通常占了很小的一部分，大部分的工作都是在找数据、提炼数据、分析数据及特征工程。

数据选择是准备机器学习原料的关键，需要关注的是：

（1）数据的代表性

数据质量差或无代表性，会导致模型拟合效果差。

（2）数据时间范围

对于监督学习的特征变量 x 及标签 y，如与时间先后有关，则需要划定好数据时间窗口，否则可能会导致数据泄露，即存在利用因果颠倒的特征变量的现象。例如，预测明天会不会下雨，但是训练数据引入明天温度、湿度情况。

（3）数据业务范围

明确与任务相关的数据表范围，避免缺失代表性数据或引入大量无关数据作为噪声。

3. 特征工程

特征工程是对原始数据分析处理转化为模型可用的特征，这些特征可以更好地向预测模型描述潜在规律，从而提高模型对未见数据的准确性。

（1）数据分析

拿到数据后，可以先做数据分析去理解数据本身的内部结构及规律，如果对数据情况不了解，也没有相关的业务背景知识，不做相关的分析及预处理，直接将数据传递给传统模型往往效果不太好。

通过数据分析，可以了解数据分布、缺失、异常及相关性等情况，利用这些基本信息做数据的处理及特征加工，可以进一步提高特征质量，灵活选择合适的模型方法。

（2）数据预处理

1）缺失值处理。缺失值产生的原因多种多样，主要分为机械原因和人为原因。

面对数据缺失，一般采用以下处理方法：

①删除：一般有两种方法，成列删除和成对删除；删除会造成信息丢失，视具体情况而定。

②均值、中值填充：此方法是最常用的方法，具体操作分为一般填充和相似样本填充。一般填充即用该变量下所有非缺失值的平均值或者中值来填充；相似样本填充即利用具有相似特征的样本的值或者近似值来填充。

③预测填充：通过建立预测模型来填充缺失值。在这种情况下，会把数据集分为两份：一份没有缺失值的，用作训练集；另一份是有缺失值的，用作测试集。这样缺失值的变量就是预测目标；当然这种方法也有不足之处，首先，预测出来的值往往更加规范（均衡）；其次，如果变量之间不存在关系，得到的缺失值会不准确。

2）异常值处理。异常值可能是由数据输入误差、测量误差、实验误差、有意造成异常值、数据处理误差、采样误差等因素造成的。一般可以采用可视化方法进行异常值的检测，常用工具包括箱线图、直方图、散点图等。另外，还可以使用模型预测的方式找出异常值。

一般采用删除、转换、填充、区别对待等方法进行处理。

①如果是由输入误差、数据处理误差引起的异常值，或者异常值很小，可以直接删除。

②数据转换可以消除异常值的影响，如对数据取对数可以减轻由极值引起的变换。

③填充：处理方法与前文所述缺失值的处理相同。

④区别对待：如果存在大量的异常值，则应该在统计模型中区别对待。将数据分为两个不同的组（分群），异常值归为一组，非异常值归为一组，且两组分别建立模型，然后最终将两组的输出合并。

3）变量转换。变量转换的方法主要包括缩放比例或标准化、非线性转换为线性、使倾斜分布对称、变量分组等，见表 4–2。

表 4–2　变量转换常用方法

变量转换方法	说明
缩放比例或标准化	数据具有不同的缩放比例，其不会改变变量的分布
非线性转换为线性	将非线性变量的关系转换为线性关系更统一理解，其中对数变换是最常用的一种转换方式
使倾斜分布对称	对于右倾的分布，对变量去平方根或者立方根或对数；对于左倾分布，对变量取平方或立方或指数
变量分组	根据不同的目标把变量按不同类型分组（分箱）

常用的转换方法有：

①对数变换：对变量取对数，可以更改变量的分布形状。其通常应用于向右倾斜的分布，缺点是不能用于含有 0 或者负值的变量。

②取平方根或立方根：变量的平方根和立方根对其分布有波形的影响。取平方根可用于包括 0 的正值，取立方根可以用于有负值（包括 0）的情况；上述两种方法均可用于解决分布倾斜问题。当数据右倾时，即数据大量集中在左侧，这时候需要将左侧（小值）拉开，右侧（大值）平滑，这时候转换函数需要在左侧斜率大；反之，当数据左倾时，即数据大量集中在右侧，这时候转换函数需要在右侧斜率更大。

③变量分组：对变量进行分类，如基于原始值、百分比或频率等变量进行分类（离散化），不同分箱（bin）会改变不同的分布。

（3）特征提取与降维

1）特征选择。特征选择方法有很多，一般分为三类：第一类是过滤法，它按照特征的发散性或者相关性指标对各个特征进行评分，设定评分阈值或者待选择阈值的个数，选择合适特征。第二类是包装法，根据目标函数，通常是预测效果评分，每次选择部分特征，或者排除部分特征。第三类是嵌入法，先使用某些机器学习的算法和模型进行训练，得到各个特征的权值系数，根据权值系数从大到小来选择特征。类似于过滤法，但是它是通过机器学习训练确定特征的优劣，而不是直接从特征的一些统计学指标确定特征的优劣。

①过滤法选择特征

a. 方差筛选。方差大的特征，可以认为它是比较有用的。如果方差较小，则定义为无用。如果某个特征方差为 0，即所有的样本该特征的取值都是一样的，那么它对模型训练没有任何作用，可以直接舍弃。在实际应用中，会指定一个方差的阈值，方差小于这个阈值的特征会被筛掉。

b. 相关系数筛选。主要用于输出连续值的监督学习算法中。分别计算所有训练集中各个特征与输出值之间的相关系数，设定一个阈值，选择相关系数较大的部分特征。

c. 假设检验。以卡方检验为例，卡方检验可以检验某个特征分布和输出值分布之间的相关性。与方差法类似，可以给定卡方值阈值，选择卡方值较大的部分特征。除了卡方检验，还可以使用 F 检验和 t 检验，这些方法与卡方检验仅有选用的分布不同。

d. 互信息筛选。即从信息熵的角度分析各个特征和输出值之间的关系评分。互信息值越大，说明该特征和输出值之间的相关性越大，越需要保留。

②包装法选择特征。不同于过滤法的一步到位，包装法是根据目标函数逐步进行特征筛选的。最常用的包装法是递归消除特征法。递归消除特征法使用一个机器学习模型进行多轮训练，每轮训练后，消除若干权值系数的对应的特征，再基于新的特征

集进行下一轮训练。以此类推，直到剩下的特征数满足要求为止。

③嵌入法选择特征。嵌入法和递归消除特征法的区别在于它不通过不停去除特征以进行训练，而是使用特征全集进行训练。最常用的是使用 L1 正则化和 L2 正则化选择特征。正则化惩罚项越大，那么模型的系数就会越小。当正则化惩罚项大到一定程度的时候，部分特征系数会变成 0；当正则化惩罚项继续增大到一定程度时，所有的特征系数都会趋于 0。但存在一部分特征系数更易先变成 0，这些系数可以被去除，即选择特征系数较大的特征。

2）线性降维

①主成分分析法。主成分分析（principal component analysis，PCA）是一种常用的数据降维方法。如图 4-7 所示，通过正交变换将一组可能存在相关性的变量转换为一组线性不相关的变量，转换后的这组变量就叫主成分。

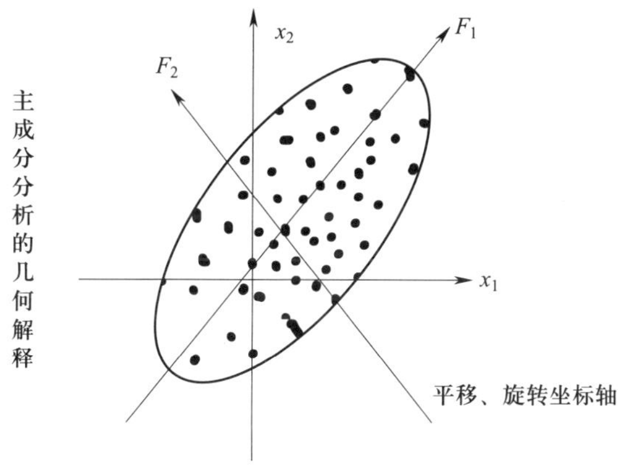

图 4-7　主成分分析法图示

②线性判别分析法。线性判别分析（linear discriminant analysis，LDA）是一种有监督的线性降维算法，如图 4-8 所示。与 PCA 保持数据信息不同，LDA 的核心思想是往线性判别超平面的法向量上投影，使得区分度最大（高内聚，低耦合），使得降维后的数据点尽可能地容易被区分。

PCA 为无监督降维，LDA 为有监督降维。LDA 降维最多降到类别数 K-1 的维数，PCA 没有这个限制。PCA 希望投影后的数据方差尽可能的大（最大可分性），LDA 则希望投影后相同类别的组内方差小，而组间方差大。

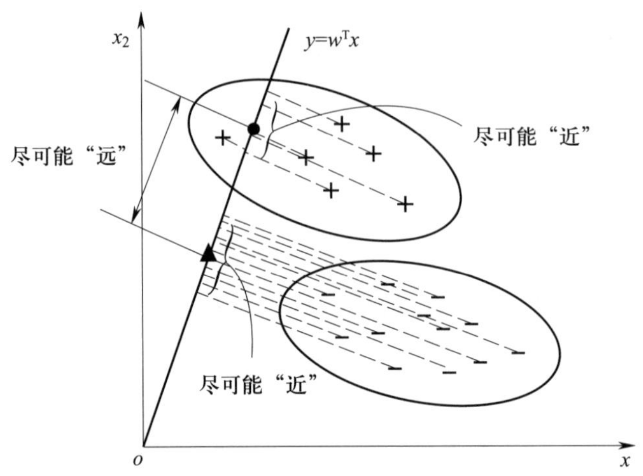

图 4-8　线性判别分析法图示

4. 模型训练

模型训练是利用既定的模型方法去学习数据经验的过程，过程中需要结合模型评估以调整算法的超参数，最终选择表现较优的模型。

（1）数据集划分

训练模型前，常用 HoldOut 验证法（此外还有留一法、k 折交叉验证等方法），把数据集分为训练集和测试集，并可再对训练集进一步细分为训练集和验证集，以方便评估模型的性能。

1）训练集（training set）：用于运行学习算法，训练模型。

2）开发验证集（development set）：用于调整超参数、选择特征等，以选择合适模型。

3）测试集（test set）：只用于评估已选择模型的性能，但不会据此改变学习算法或参数。

（2）模型方法选择

结合当前任务及数据情况选择合适的模型方法，常用的方法如 scikit-learn 模型方法的选择。此外还可以结合多个模型做模型融合。

（3）训练过程

模型的训练过程即学习数据经验得到较优模型及对应参数（如神经网络最终学习

到较优的权重值）。整个训练过程还需要通过调节超参数（如神经网络层数、梯度下降的学习率）进行控制优化。

调节超参数是一个基于数据集、模型和训练过程细节的实证过程，需要基于对算法的原理理解和经验，借助模型在验证集的评估进行参数调优。此外还有自动调参技术，例如，网格搜索、随机搜索及贝叶斯优化等，如图 4–9 所示。

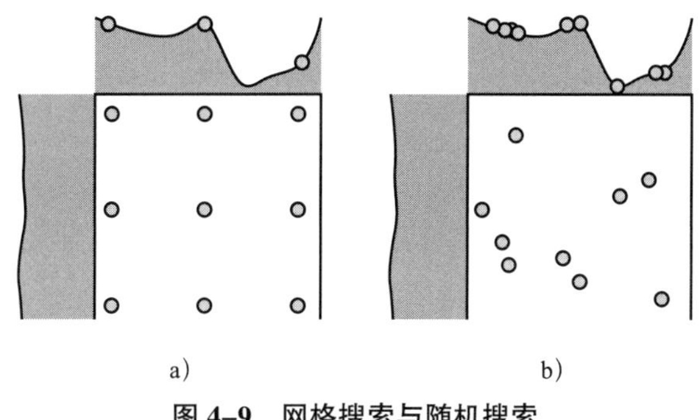

图 4–9　网格搜索与随机搜索

a）网格搜索　b）随机搜索

5. 模型评估

为了衡量一个机器学习模型的好坏，需要给定一个测试集，用模型对测试集中的每一个样本进行预测，并根据预测结果计算评价分数。

评价指标是建立在不同的机器学习任务上的，主要分为三大类：分类、回归和无监督。

如图 4–10 所示，分类任务中的评价指标有准确率（accuracy）、真正率（TPR）、假正率（FPR）、召回率（recall）、精确率（precision）、F–score、平均精度均值（mAP）、ROC 曲线和 AUC 等，回归任务中的指标有均方误差（MSE）、平均绝对误差（MAE）等。

（1）交并比（intersection over union，IoU）

IoU 的作用是评价两个矩形框之间的相似性，在目标检测中是度量两个检测框的交叠程度，它的计算公式如下：

$$\frac{\text{area}\ (B_{gt} \cap B_p)}{\text{area}\ (B_{gt} \cup B_p)} \tag{4-9}$$

其中，B_{gt} 表示真实框（GT box），B_p 表示预测框（predict box）。IoU 的计算图示如下：

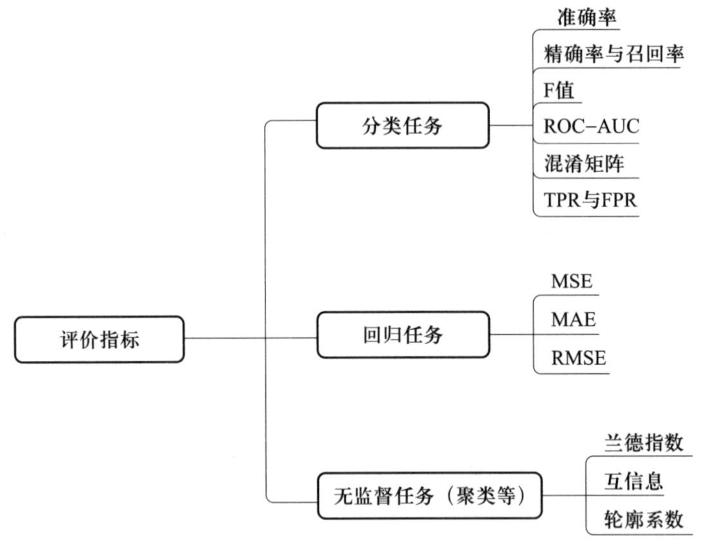

图 4-10　不同任务下的评价指标

$$\text{IoU}=\frac{\text{area of overlap}}{\text{area of union}}= \tag{4-10}$$

（2）非极大值抑制（non maximum suppression，NMS）

NMS 即抑制不是极大值的元素，搜索局部的极大值。

先假设有 6 个预测矩形框，根据分类器类别分类概率做排序，从小到大属于车辆的概率分别为 $A<B<C<D<E<F$，NMS 的流程如下：

1）从最大概率矩形框 F 开始，分别判断 A、B、C、D、E 与 F 的重叠度 IoU 是否大于某个设定的阈值。

2）假设 B、D 与 F 的重叠度超过阈值，那么就扔掉 B、D；并标记第一个矩形框 F，是保留下来的。

3）从剩下的矩形框 A、C、E 中，选择概率最大的 E，然后判断 A、C 与 E 的重叠度，重叠度大于一定的阈值，那么就扔掉；并标记 E 是保留下来的第二个矩形框。

4）重复这个过程，找到所有被保留下来的矩形框。

（3）TP、FP、FN、TN 与混淆矩阵

混淆矩阵又被称为错误矩阵，通过它可以直观地观察到算法的效果。它的每一列是样本的预测分类，每一行是样本的真实分类（反过来也可以）。它反映了分类结果的

混淆程度。

混淆矩阵形式见表 4-3。

表 4-3　混淆矩阵

		实际表现	
		1	0
预测表现	1	TP	FP
	0	FN	TN

其中：

P（Positive）：代表 1，表示预测为正样本。

N（Negative）：代表 0，表示预测为负样本。

T（True）：代表预测正确。

F（False）：代表预测错误。

表 4-4 中 positive 和 negative 表示模型对样本预测的结果是正样本（正例）还是负样本（负例）。true 和 false 表示预测的结果和真实结果是否相同。

表 4-4　概念解释

概念	解释	说明
true positives（TP）	预测正确，即预测为 1，实际也为 1	IoU>0.5
false positives（FP）	预测错误，即预测为 1，实际为 0	误检
false negatives（FN）	预测错误，即预测为 0，实际为 1	漏检
true negatives（TN）	预测正确，即预测为 0，实际也为 0	一般不使用

（4）准确率（accuracy）

准确率（accuracy）衡量的是分类正确的比例，计算公式简单直接，如图 4-11 所示。

$$\text{accuracy}=\frac{\text{TP}+\text{TN}}{\text{TP}+\text{TN}+\text{FP}+\text{FN}} \tag{4-11}$$

虽然准确率可以判断总的正确率，但是在样本不平衡的情况下，并不能作为很好的指标来衡量结果，举个简单例子，比如正样本占 90%，负样本占 10%，如果全部预测为正样本，准确率也能高达 90%，但是这样的准确率是没有意义的。

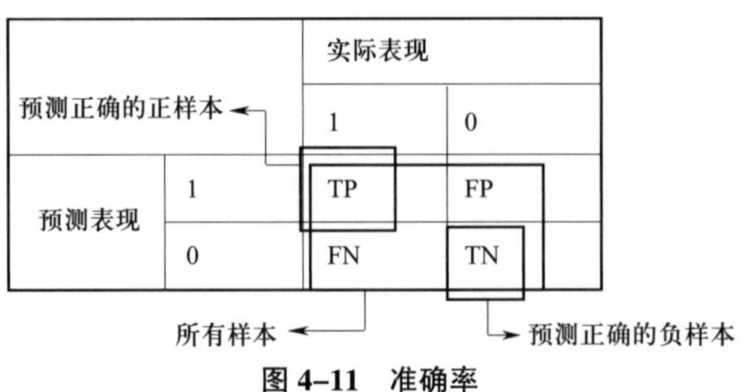

图 4–11　准确率

（5）精确率与召回率

1）精确率（precision）：又叫查准率，它是指被预测为正样本的检测框中预测正确的占比，如图 4–12 所示。

$$\text{precision}=\frac{\text{TP}}{\text{TP+FP}} \tag{4–12}$$

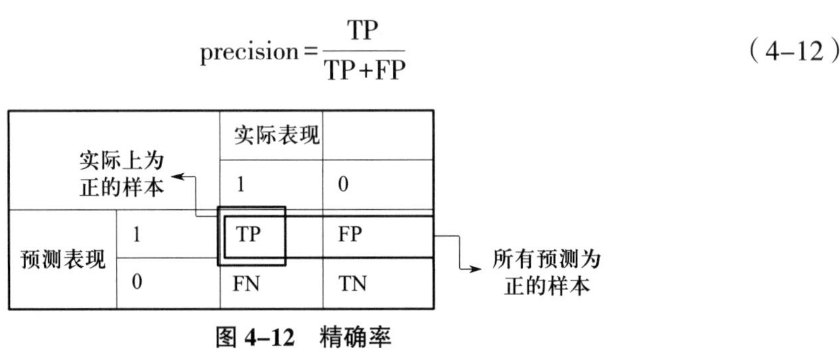

图 4–12　精确率

精确率代表对正样本结果中的预测准确程度，准确率代表整体的预测准确程度，既包括正样本，也包括负样本。

2）召回率（recall）：又叫查全率，它是针对原样本而言的，它的含义是在实际为正的样本中被预测为正样本的概率，也就是被正确检测出来的真实框占所有真实框的比例，如图 4–13 所示。

$$\text{recall}=\frac{\text{TP}}{\text{TP+FN}} \tag{4–13}$$

（6）F_1 分数

有时候需要在精确率与召回率间进行权衡，一种选择是画出精确率 – 召回率曲线，曲线下的面积被称为 AP 分数（average precision score）；另外一种选择是计算 F_β 分数。

$$F_\beta=(1+\beta^2)\cdot\frac{\text{precision}\cdot\text{recall}}{\beta^2\cdot\text{precision}+\text{recall}}=\frac{(1+\beta^2)\ PR}{\beta^2 P+R} \tag{4–14}$$

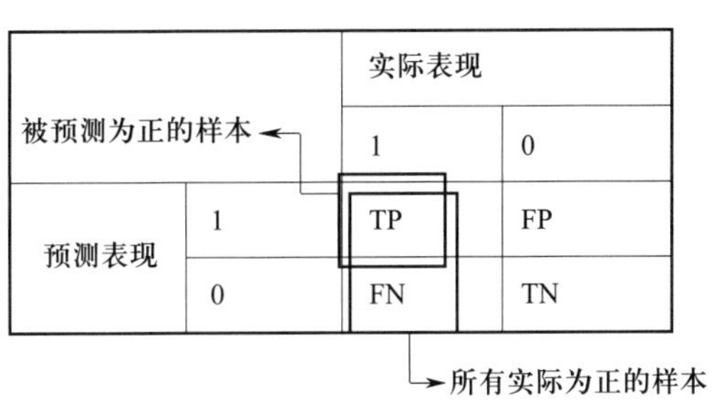

图 4-13　召回率

当 β=1 称为 F_1 分数，F_1 是精确率和召回率的调和均值。F_1 分数同时考虑了查准率和查全率，让二者同时达到最高，取一个平衡。

说明：当 β>1 时，召回率的权重高于精确率；当 β<1 时，精确率的权重高于召回率。

（7）G 分数

G 分数是另一种统一精确率和召回率的系统性能评估标准。F_1 分数是准确率和召回率的调和平均数，G 分数被定义为准确率和召回率的几何平均数。

$$G=\sqrt{\text{precision}\cdot\text{recall}} \tag{4-15}$$

（8）平均精度（AP）和平均精度均值（mAP）

AP 衡量的是训练得到的模型在单个类别上的好坏，mAP（mean average precision）衡量的是训练得到的模型在所有类别上的好坏，得到 AP 后 mAP 的计算就变得较为简单，即取所有 AP 的平均值。

P–R 曲线定义如下：根据模型预测结果（一般为一个实值或概率）对测试样本进行排序，将最可能是“正例”的样本排在前面，最不可能是“正例”的排在后面，按此顺序逐个把样本作为“正例”进行预测，每次计算出当前的 *P* 值和 *R* 值，如图 4–14 所示。

（9）ROC 和 AUC

1）ROC：ROC 曲线（receiver operating characteristic curve，接收者操作特征曲线）有个很好的特性：当测试集中的正负样本的分布变化时，ROC 曲线能够保持不变。在实际的数据集中经常会出现类别不平衡现象，即负样本比正样本多很多（或者相反），而且测试数据中的正负样本的分布也可能随着时间变化，ROC 以及 AUC 可以很好地消除样本类别不平衡对指标结果产生的影响。

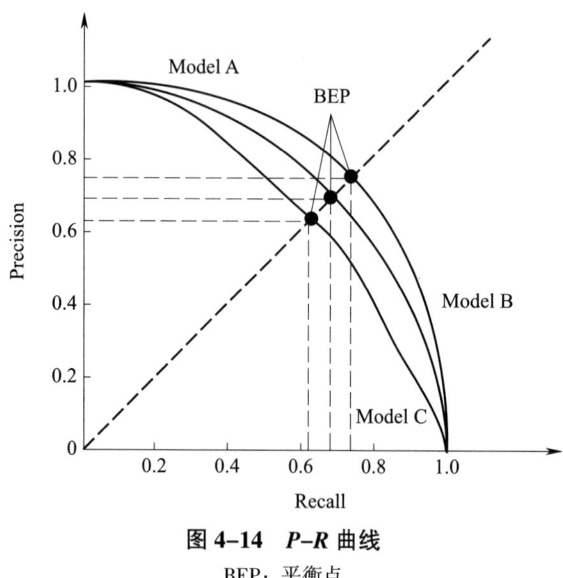

图 4–14　*P–R* 曲线

BEP：平衡点

ROC 和 *P–R* 曲线一样，是一种不依赖于阈值的评价指标，在输出为概率分布的分类模型中，如果仅使用准确率、精确率、召回率作为评价指标进行模型对比时，都必须是基于某一个给定阈值的，对于不同的阈值，各模型的指标结果也会有所不同，这样就很难得出一个置信的结果。

在介绍 ROC 之前，还要再介绍真正率（TPR）和假正率（FPR）两个指标，这两个指标的选择使得 ROC 可以无视样本的不平衡。

①真正率（true positive rate，TPR），又称命中率（hit rate）、敏感度（sensitivity），指在所有实际为阳性的样本中，被正确地判断为阳性的比率。从式（4–16）可以看出，真正率即为召回率。

$$\mathrm{TPR}=\frac{\text{正样本预测正确数}}{\text{正样本总数}}=\frac{\mathrm{TP}}{\mathrm{TP+FN}} \tag{4-16}$$

②假正率（false positive rate，FPR），又称为错误命中率、假警报率（false alarm rate），指在所有实际为阴性的样本中，被错误地判断为阳性的比率。

$$\mathrm{FPR}=\frac{\text{负样本预测错误数}}{\text{负样本总数}}=\frac{\mathrm{FP}}{\mathrm{FP+TN}} \tag{4-17}$$

a. 假负率（false negative rate，FNR）：

$$\mathrm{FNR}=\frac{\text{正样本预测错误数}}{\text{正样本总数}}=\frac{\mathrm{FN}}{\mathrm{TP+FN}} \tag{4-18}$$

b. 真负率（true negative rate，TNR），又称特异度（SPC）：

$$TNR = \frac{\text{负样本预测正确数}}{\text{负样本总数}} = \frac{TN}{FP+TN} \tag{4-19}$$

放在具体领域来理解上述两个指标。例如，医学诊断中，判断有病的样本。那么尽量把有病的揪出来是主要任务，也就是第一个指标 TPR，要越高越好。把没病的样本误诊为有病的，也就是第二个指标 FPR，要越低越好。不难发现，这两个指标之间是相互制约的。如果某个医生对于有病的症状比较敏感，微小症状都判断为有病，那么他的第一个指标应该会很高，第二个指标也相应地变高。最极端的情况下，他把所有的样本都看作有病，那么第一个指标达到 1，第二个指标也为 1。

假设总样本中，90% 是正样本，10% 是负样本。在这种情况下，如果使用准确率进行评价是不科学的，但是用 TPR 和 FPR 却是可以的，因为 TPR 只关注 90% 正样本中有多少是被预测正确的，而与 10% 负样本毫无关系；同理，FPR 只关注 10% 负样本中有多少是被预测错误的，也与 90% 正样本毫无关系。这样就避免了样本不平衡的问题。

ROC 曲线最早应用于雷达信号检测领域，用于区分信号与噪声。后来人们将其用于评价模型的预测能力。ROC 曲线中主要的两个指标就是 TPR 和 FPR。图 4-15 是一个标准的 ROC 曲线，其中横坐标为假正率（FPR），纵坐标为真正率（TPR）。

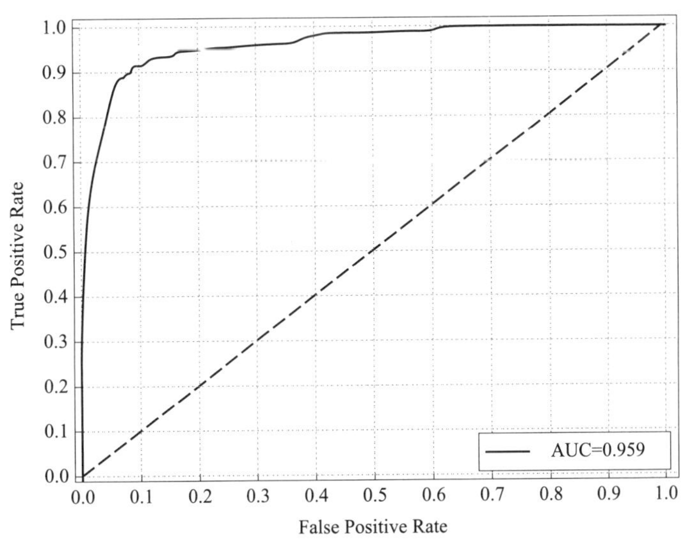

图 4-15 ROC 曲线

2）AUC：AUC（area under curve）又称为曲线下面积，是处于ROC曲线下方的那部分面积的大小。对于ROC曲线下方面积越大，表明模型性能越好，AUC就是由此产生的评价指标。通常，AUC的值介于0.5~1.0，较大的AUC代表了较好的性能。如果模型是完美的，那么它的AUC=1，证明所有正例排在了负例的前面。

AUC对所有可能的分类阈值的效果进行综合衡量。首先AUC值是一个概率值，可以理解为随机挑选一个正样本以及一个负样本，分类器判定正样本分值高于负样本分值的概率就是AUC值。简言之，AUC值越大，当前的分类算法越有可能将正样本分值高于负样本分值，即能够更好地分类。

AUC的一般判断标准：

① AUC=1，是完美分类器，采用这个预测模型时，不管设定什么阈值都能得出完美预测。绝大多数预测的场合不存在完美分类器。

② 0.5<AUC<1，优于随机猜测。这个分类器（模型）妥善设定阈值的话，有预测价值。

③ AUC=0.5，跟随机猜测一样（如丢铜板），模型没有预测价值。

④ AUC<0.5，比随机猜测还差；但只要总是反预测而行，就优于随机猜测。

（10）MSE

均方误差的英文全称为mean squared error，也称之为L_2范数损失。通过计算真实值与预测值的差值的平方和的均值来衡量距离。

$$\mathrm{MSE}=\frac{1}{n}\sum_{i=1}^{n}(Y_i-\hat{Y}_i)^2 \tag{4-20}$$

（11）MAE

平均绝对误差的英文全称为mean absolute error，也称之为L_1范数损失。通过计算预测值和真实值之间的距离的绝对值的均值，来衡量预测值与真实值之间的距离。

$$\mathrm{MAE}=\frac{1}{N}\sum_{i=1}^{N}|y_i-f(x_i)| \tag{4-21}$$

6. **模型优化**

训练机器学习模型所使用的数据样本集称为训练集（training set），在训练数据上的误差称为训练误差（training error），在测试数据上的误差称为测试误差（testing error）或泛化误差（generalization error）。

如图 4–16 所示，描述模型拟合（学习）程度常用欠拟合、拟合良好、过拟合，可以通过训练误差及测试误差评估模型的拟合程度。如图 4–17 所示，从整体训练过程来看，欠拟合时训练误差和测试误差均较高，随着训练时间及模型复杂度的增加而下降。在到达一个拟合最优的临界点之后，训练误差下降，测试误差上升，这个时候就进入了过拟合区域。

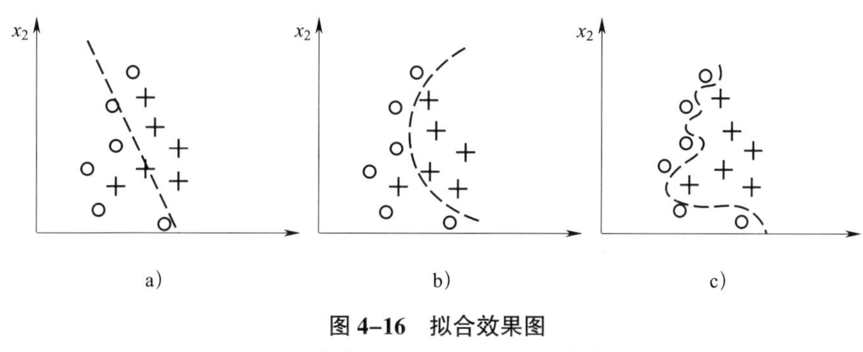

图 4–16 拟合效果图

a）欠拟合 b）拟合良好 c）过拟合

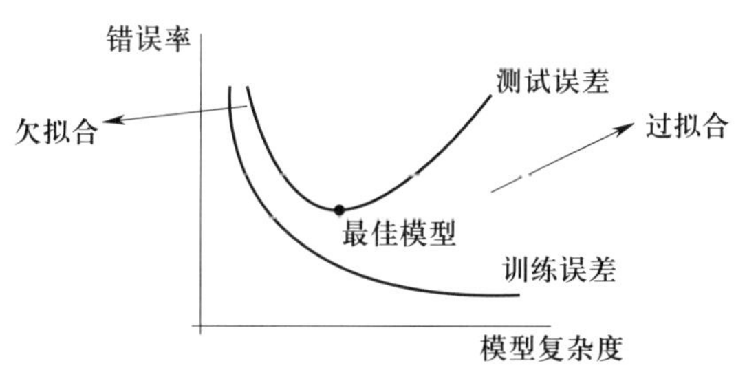

图 4–17 拟合误差图

欠拟合是指相较于数据而言，模型结构过于简单，以至于无法学习到数据中的规律。

过拟合是指模型只过分地匹配训练数据集，以至于对新数据无良好的拟合及预测。其本质是较复杂模型从训练数据中学习到了统计噪声导致的。

分析模型拟合效果并对模型进行优化，常用的方法见表 4–5。

表 4–5　　过拟合和欠拟合对比

	过拟合	欠拟合
表现	对已知函数预测得很好，但对未知数据预测很差（训练误差和测试误差的差距较大）	（1）模型过于简单 （2）缺乏强预测能力的特征
产生原因	（1）模型记住了数据中的噪声 （2）训练数据过少 （3）模型复杂度过高	
解决方法	（1）去除噪声 / 清洗样本 （2）增加数量 （3）正则化 （4）降低模型复杂度 （5）DropOut/Early Stopping （6）集成学习	（1）选址模型容量更高的模型 （2）通过各类特征工程方法增加可用特征

均方根误差（RMSE）的英文全称为 root mean squared error，代表的是预测值与真实值差值的样本标准差。

$$\mathrm{RMSE}\ (X,\ h)\ =\sqrt{\frac{1}{m}\sum_{i=1}^{m}\left[h(x_i)\ -y_i\right]^2} \tag{4-22}$$

与 MAE 相比，RMSE 对大误差样本有更大的惩罚，但它对离群点敏感，其健壮性不如 MAE。

7. 模型决策

决策应用是机器学习最终目的，对模型预测信息加以分析解释，并应用于实际的工作领域。需要注意的是，工程上是结果导向，模型在线上运行的效果直接决定模型的成败，不仅仅包括其准确程度、误差等情况，还包括其运行的速度（时间复杂度）、资源消耗程度（空间复杂度）、稳定性的综合考虑。

三、典型机器学习算法

1. 线性回归

线性回归分析（linear regression analysis）是确定两种或两种以上变量间相互依赖

的定量关系的一种统计分析方法。本质上说，这种变量间依赖关系是一种线性相关性，线性相关性是线性回归模型的理论基础。

如图 4–18 所示，线性回归要做的是找到一个数学公式能相对较完美地把所有自变量组合（加减乘除）起来，得到的结果和目标接近。

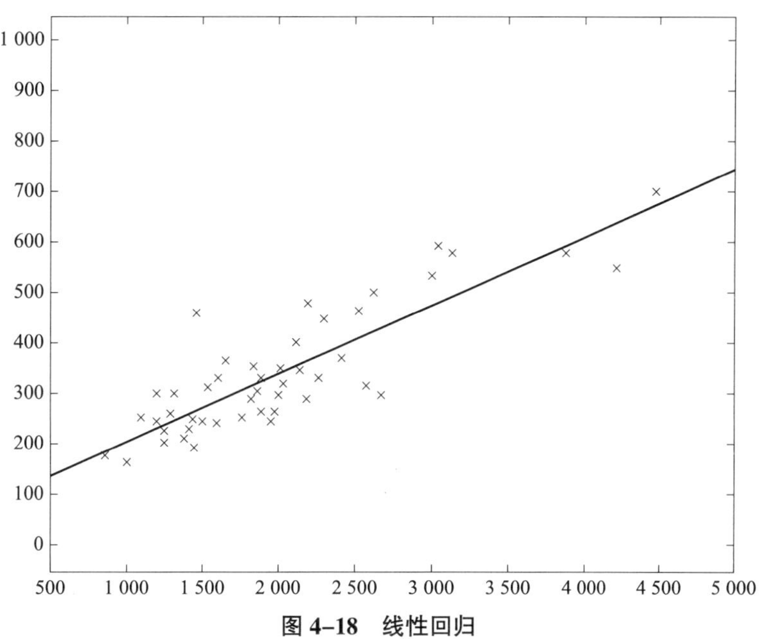

图 4–18　线性回归

2. Logistic 回归

Logistic 回归是一种广义线性回归（generalized linear model），因此，与多重线性回归分析有很多相同之处，最大的区别在于它们的因变量不同。因变量如果是二项分布，是 Logistic 回归；如果是连续的，就是多重线性回归。

Logistic 回归的因变量可以是二分类的，也可以是多分类的，但是二分类的更为常用，也更加容易解释。实际中最常用的就是二分类的 Logistic 回归。如图 4–19 所示为 Logistic 回归在实际中的一个应用。

3. 邻近算法

邻近算法，即 *K* 最邻近（K–nearest neighbor，KNN）分类算法，是数据挖掘分类技术中最简单的方法之一，同时也是最常用的分类算法之一。KNN 的原理就是当预测一个新的值 x 时，根据它距离最近的 K 个点的类别来判断 x 属于哪个类别。

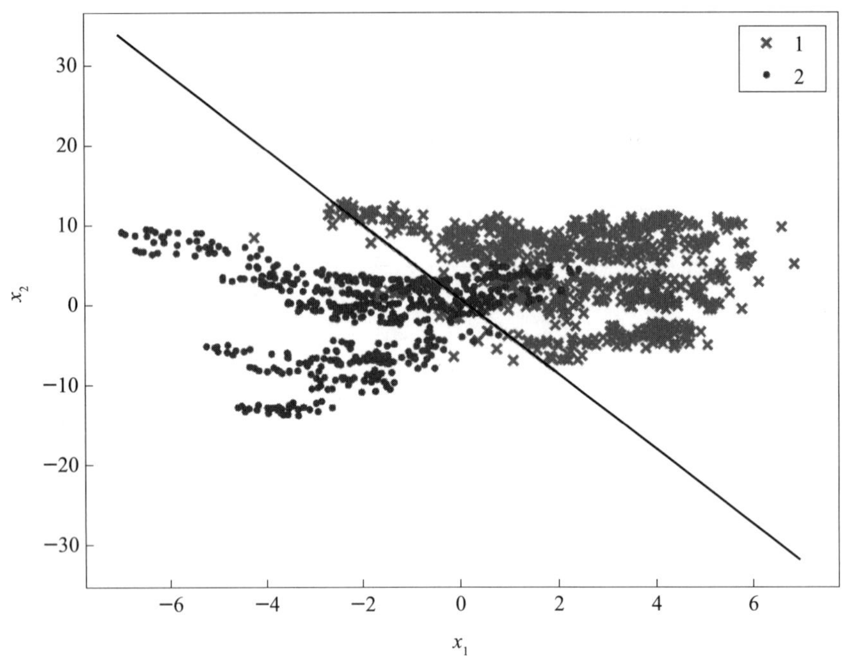

图 4–19　Logistic 回归

图 4–20a 中小正方形是要预测的点，假设 K=3。KNN 算法就会找到与它距离最近的三个点（圆圈所示），观察圆圈中各类别的数量，选取数量最多的类别作为该点的类别。本例中三角形出现较多，要预测的点被归类为三角形，如图 4–20b 所示。

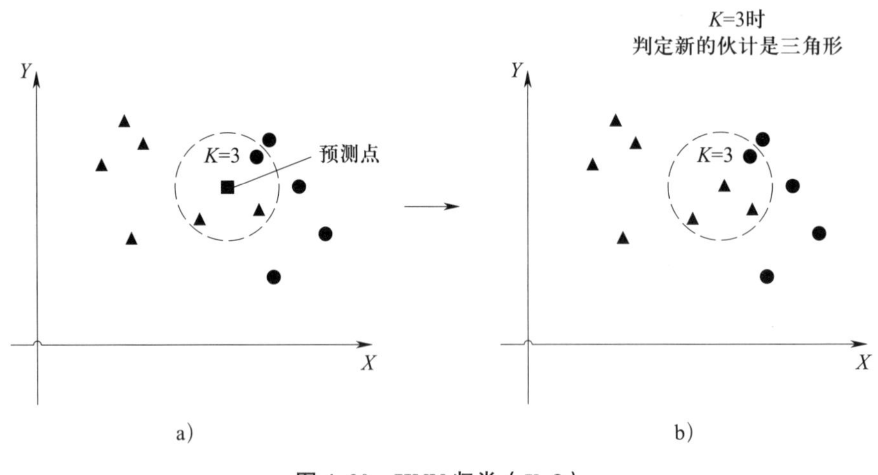

图 4–20　KNN 归类（K=3）

但是，如图 4–21 所示，当 K 取 5 时，判定会发生改变。圆形出现较多，所以要预测的点被归类成圆形。由此可知，K 的取值很重要。

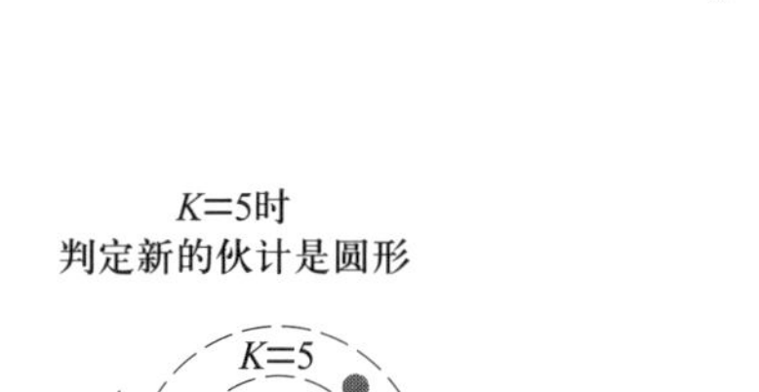

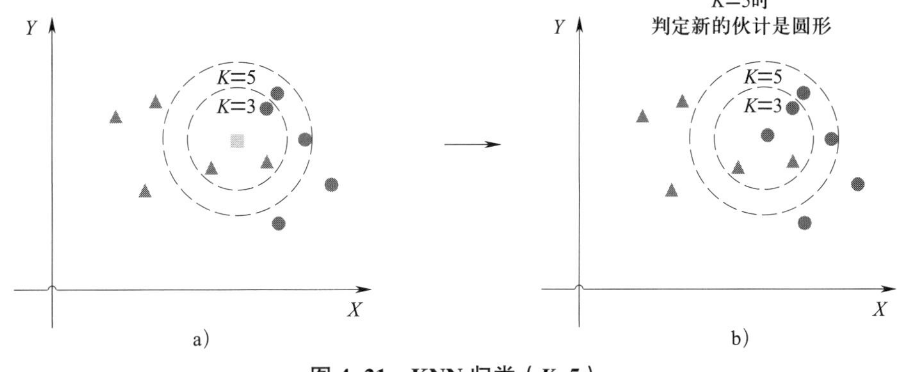

图 4–21　KNN 归类（*K*=5）

4. 决策树

决策树的构成要素如图 4–22 所示，内容详见第三章。

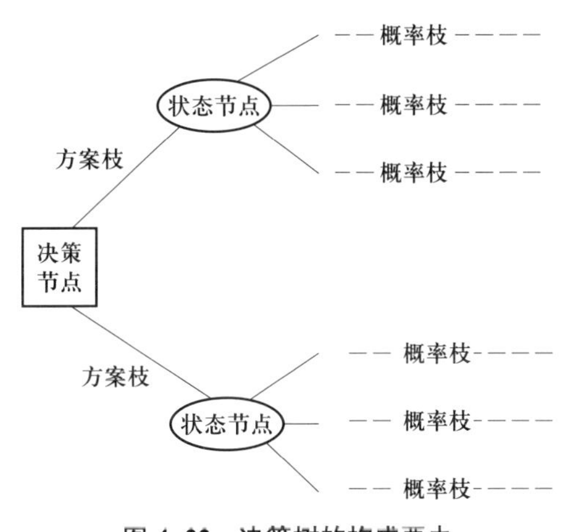

图 4–22　决策树的构成要素

5. 向量机

支持向量机（support vector machine，SVM）是在分类与回归分析中分析数据的监督学习模型和相关的学习算法。给定一组训练实例，每个训练实例被标记为属于两个类别中的一个或另一个，SVM 训练算法创建一个将新的实例分配给两个类别之一的模型，使其成为非概率二元线性分类器。SVM 模型是将实例表示为空间中的点，这样映射就使得单独类别的实例被尽可能宽且明显地间隔分开。然后，将新的实例映射到同一空间，并基于它们落在间隔的哪一侧来预测所属类别。

SVM 最核心的思想就是从输入空间（input space）向一个更加高维度（feature

space）的映射，如图 4–23 所示。SVM 与神经网络的隐含层相似，从输入向某个中间阶段做了一个映射，再进行分类，是一个线性分类器。

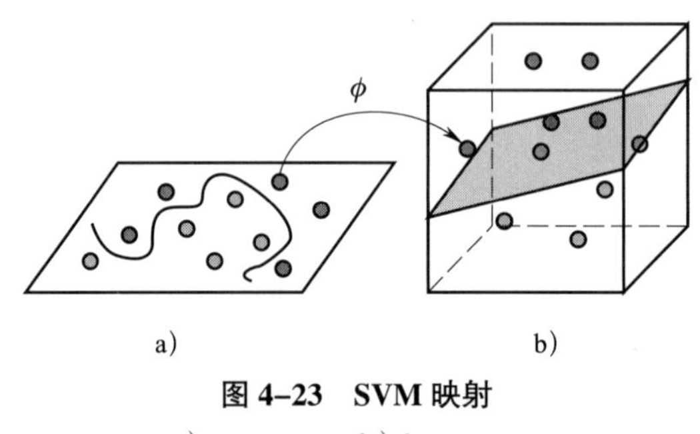

图 4–23　SVM 映射

a）input space　b）feature space

6. 神经网络

人工神经网络（artificial neural network，ANN），简称神经网络（neural network，NN），是一种模仿生物神经网络的结构和功能的数学模型或计算模型。神经网络由大量的人工神经元连接进行计算。大多数情况下，人工神经网络能在外界信息的基础上改变内部结构，是一种自适应系统。现代神经网络是一种非线性统计性数据建模工具，常用来对输入和输出间复杂的关系进行建模，或用来探索数据的模式。

人工神经网络也称为多层感知机，相当于将输入数据通过前面多个全连接层网络将原输入特征进行了一个非线性变换，将变换后的特征拿到最后一层的分类器去分类。

（1）神经网络的结构

如图 4–24 所示，神经网络是由多个神经元组成的拓扑结构，由多个层排列组成，每一层又堆叠了多个神经元。通常包括输入层、N 个隐藏层和输出层。

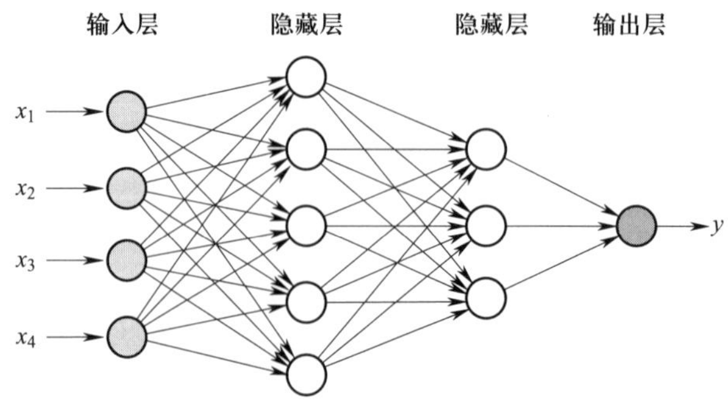

图 4–24　多层前馈神经网络

1）输入层。以一个 128×128 像素的图像为例，人工神经网络只能处理一维的数据。所以要把图像按顺序展开为一维的像素数据，即 1 行和 16 384 列（1，16 384）的数据，也是 16 384 个特征。输入层的每个神经元仅接收一个输入特征，因此，输入层的神经元个数和图像的特征数也即像素个数一样有 16 384 个。那么，每个神经元的 1 个输入需要求 1 个权重 w，每个神经元要求一个参数 b，因此，输入层的待求参数就有 $16\ 384 \times 2=32\ 768$。

2）隐藏层。每层隐藏层可以根据需求设置多个神经元，其中每个神经元都要输入和前一层神经元的个数一致的输入特征。输入层比较特殊，一个神经元只对应一个输入 x，隐藏层每个神经元对应输入前一层所有神经元的个数 x。假如该隐藏层有 328 个神经元，连接的前一层是输入层，有 $128 \times 128=16\ 384$ 个神经元。每个神经元都对应 16 384 个输入 x，因此，一个神经元的待求参数量为 16 384 个 w 和 1 个 b，该层所有的待求参数量为（16 384+1）$\times 328=5\ 374\ 280$ 个待求参数。可见人工神经网络的参数量非常多，难以计算且很容易过拟合。

3）输出层。分类任务中如果是二分类任务，输出层只需要 1 个神经元，如果是 K 个分类问题，输出层要有 K 个神经元。对输出层的每个神经元代入分类函数就可以得到每个分类的概率大小，取最大概率作为分类结果。对于多分类问题的分类器模型常采用 Softmax 回归模型，即多分类问题的 Logistic 回归模型。

（2）神经网络的特点

1）前馈神经网络具有很强的拟合能力，常见的连续非线性函数都可以用前馈神经网络来近似。

2）根据通用近似定理，神经网络在某种程度上可以作为一个“万能”函数来使用，可以用来进行复杂的特征转换，或逼近一个复杂的条件分布。

3）一般是通过经验风险最小化和正则化进行参数学习，因为神经网络的强大能力，所以容易在训练集上过拟合。

4）神经网络的优化问题是一个非凸优化问题，而且可能面临梯度消失的问题。

7. *k* 均值聚类算法

k 均值聚类算法（k–means clustering algorithm）是一种迭代求解的聚类分析算法。

其步骤是将数据分为 k 组，随机选取 k 个对象作为初始的聚类中心，然后计算每个对象与各个种子聚类中心之间的距离，把每个对象分配给距离它最近的聚类中心。聚类中心以及分配给它们的对象代表一个聚类。每分配一个样本，聚类的聚类中心会根据聚类中现有的对象被重新计算。这个过程将不断重复直到满足某个终止条件。终止条件可以是没有（或最小数目）对象被重新分配给不同的聚类，没有（或最小数目）聚类中心再发生变化，误差平方和局部最小。图 4–25 为 k–means 算法的聚类结果。

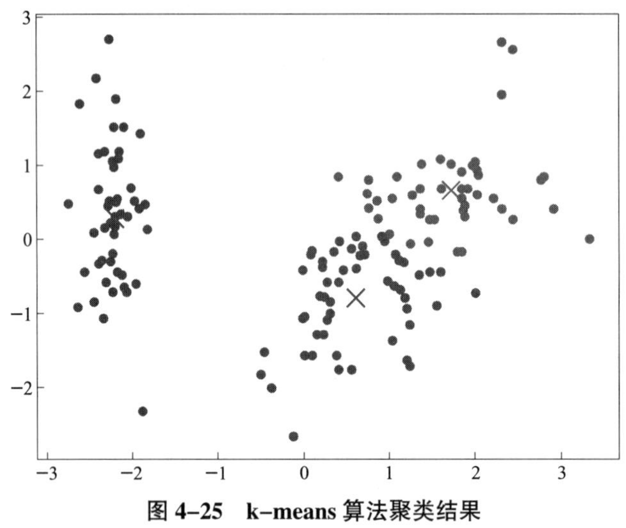

图 4–25　k–means 算法聚类结果

聚类算法与分类算法的最大区别在于分类的目标类别已知，而聚类的目标类别是未知的。

k–means 算法具有属于无监督学习，无须准备训练集；原理简单，实现起来较为容易；结果可解释性较好等优点。

同时，k–means 算法在开始预测之前，需要手动设置 k 值，即估计数据大概的类别个数，不合理的 k 值会使结果缺乏解释性。该算法可能会收敛到局部最小值，在大规模数据集上收敛较慢；还存在对于异常点、离群点敏感等缺点。

四、深度学习的概念与典型模型

1. 深度学习简介

深度学习（deep learning，DL）由 Hinton 等人于 2006 年提出，是机器学习（machine

learning，ML）的一个新领域。深度学习被引入机器学习，使其更接近于最初的目标——人工智能（artificial intelligence，AI）。

深度学习是学习样本数据的内在规律和表示层次，学习过程中获得的信息对文字、图像和声音等数据的解释有很大的帮助。它的最终目标是让机器能够像人一样具有学习能力，能够识别文字、图像和声音等数据。

深度学习本质上是构建含有多隐藏层的机器学习架构模型，通过大规模数据进行训练，得到大量更具代表性的特征信息，从而对样本进行分类和预测，提高分类和预测的精度。

如图 4-26 所示，深度学习是表示学习和浅层学习的结合体。其数学描述如下：当 $f(x)=\varphi(x|w)$ 时为神经网络，当 $y=f(f(f(x)\cdots))$ 时为深度神经网络。

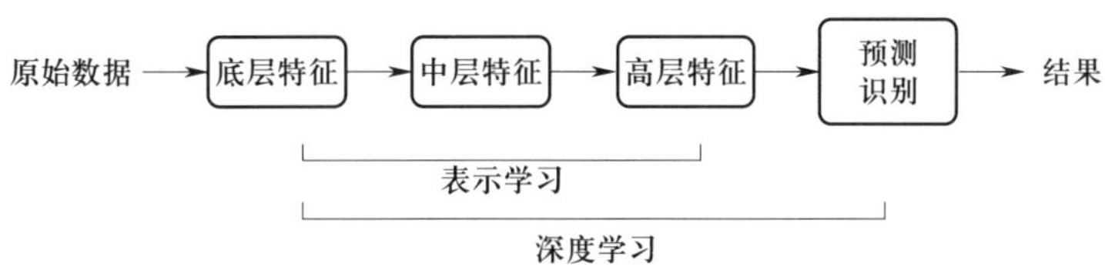

图 4-26　深度学习流程

深度学习模型和传统浅层学习模型的区别在于：

（1）深度学习模型结构含有更多的层次，包含隐藏节点的层数通常在 5 层以上，有时甚至包含多达 10 层以上的隐藏节点。

（2）深度学习明确强调了特征学习的重要性，即通过逐层特征提取，将数据样本在原空间的特征变换到一个新的特征空间来表示初始数据，使得分类或预测问题更加容易实现。和人工设计的特征提取方法相比，利用深度模型学习得到的数据特征对大数据的丰富内在信息更有代表性。

2. 深度学习的典型模型

（1）卷积神经网络（CNN）

卷积神经网络（convolutional neural network，CNN 或 ConvNet）是一种具有局部连接、权重共享等特性的深层前馈神经网络。

1）卷积神经网络的工作原理

①填白 padding。填白的目的是解决图像边缘信息损失的问题。

②步长 stride。步长影响图片输出的大小与卷积操作的速度。

③池化 pooling。为了提取一定区域的主要特征，减少参数量，防止过拟合。一般有最大值化（max pooling）和平均值化（average pooling）。

④卷积和池化后图像大小的计算

a. 卷积操作。若图像为正方形：设输入图像尺寸为 $W\times W$，卷积核尺寸为 $F\times F$，步幅为 S，padding 使用 P，经过该卷积层后输出的图像尺寸为 $N\times N$：

$$N=\frac{W-F+2P}{S}+1 \tag{4-23}$$

若图像为矩形：设输入图像尺寸为 $W\times H$，卷积核的尺寸为 $F\times F$，步幅为 S，图像深度（通道数）为 C，padding 使用 P，卷积后输出图像通道数 $=C$，输出图像的大小计算公式如下：

$$W=\frac{W-F+2P}{S}+1 \tag{4-24}$$

$$H=\frac{H-F+2P}{S}+1 \tag{4-25}$$

需要注意的是，卷积操作有三种模式：Vaild、Same、Full。Same 模式只有步长为 1 时，输入和输出的尺度才相同。

b. 池化操作。设输入图像尺寸为 $W\times H$，其中，W 为图像宽，H 为图像高，D 为图像深度（通道数），卷积核的尺寸为 $F\times F$，S 为步长。

池化后输出图像深度为 D，输出图像大小计算公式如下：

$$W=\frac{W-F}{S}+1 \tag{4-26}$$

$$H=\frac{H-F}{S}+1 \tag{4-27}$$

当进行池化操作时，步长 S 就等于池化核的尺寸，如输入为 24×24，池化核为 4×4，则输出为：

$$\frac{24-4}{4}+1=6 \tag{4-28}$$

若除不尽，则取最小的整数（向下取整），如池化核为 7×7，则输出为：

$$\frac{24-7}{7}+1\approx 3.429=3 \tag{4-29}$$

2）卷积神经网络的神经元结构。卷积神经网络具有三维体积的神经元（3D volumes of neurons）。

卷积神经网络利用输入是图片的特点，把神经元设计成三个维度：width、height、depth（注意这个 depth 不是神经网络的深度，而是用来描述神经元的）。例如，输入的图片大小是 64×64×3（RGB），那么，卷积神经网络的神经元就具有 64×64×3 的维度。

一个卷积神经网络由很多层组成，它们的输入是三维的，输出也是三维的，有的层有参数，有的层不需要参数。

3）卷积神经网络的构成层。卷积神经网络通常包含以下几种层：

①卷积层（convolutional layer）。由滤波器 filters 和激活函数构成。卷积神经网络中每层卷积层由若干卷积单元组成，每个卷积单元的参数都是通过反向传播算法优化得到的。卷积运算的目的是提取输入的不同特征，第一层卷积层可能只能提取一些低级的特征，如边缘、线条和角等层级，更多层的网络能从低级特征中迭代提取更复杂的特征。

②线性整流层（rectified linear units layer，ReLU layer）。这一层神经的活性化函数（activation function）使用线性整流，f（x）=max（0，x）。

③池化层（pooling layer）。通常在卷积层之后会得到维度很大的特征，将特征切成几个区域，取其最大值或平均值，得到新的、维度较小的特征。

④全连接层（fully-connected layer），把所有局部特征结合变成全局特征，用来计算最后每一类的得分。

（2）循环神经网络（RNN）

循环神经网络（recurrent neural network，RNN）是一类以序列数据为输入，在序列的演进方向进行递归且所有节点（循环单元）按链式连接的递归神经网络。不同于传统的 FNN（feed-forward neural network，前向反馈神经网络），RNN 引入了定向循环，能够处理输入之间前后关联的问题。定向循环结构如图 4-27 所示。

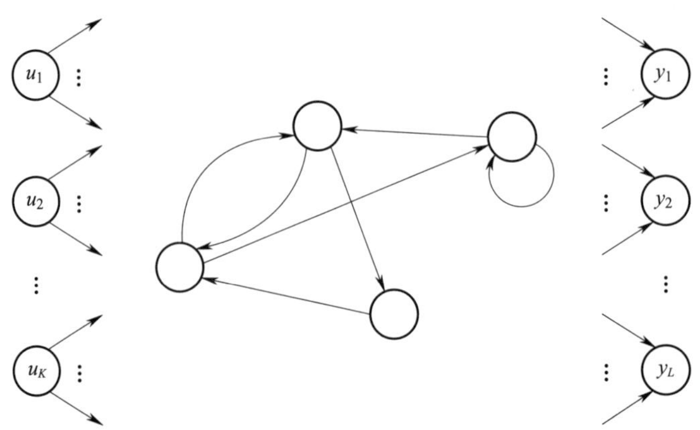

图 4-27　定向循环结构

RNN 的目的是用来处理序列数据。在传统的神经网络模型中，是从输入层到隐含层再到输出层，层与层之间是全连接的，每层之间的节点是无连接的。但是这种普通的神经网络对于很多问题却无能为力。例如，你要预测句子的下一个单词是什么，一般需要用到前面的单词，因为一个句子中前后单词并不是独立的。

RNN 之所以称为循环神经网络，即一个序列当前的输出与前面的输出也有关。具体的表现形式为网络会对前面的信息进行记忆并应用于当前输出的计算中，即隐藏层之间的节点不再无连接而是有连接的，并且隐藏层的输入不仅包括输入层的输出，还包括上一时刻隐藏层的输出。理论上，RNN 能够对任何长度的序列数据进行处理。但是在实践中，为了降低复杂性往往假设当前的状态只与前面的几个状态相关，图 4-28 所示为一个典型的 RNN 结构。

RNN 包含输入单元（Input units），输入集标记为 $\{x_0, x_1, \cdots, x_t, x_{t+1}, \cdots\}$；输出单元（Output units），输出集标记为 $\{y_0, y_1, \cdots, y_t, y_{t+1}, \cdots\}$；隐藏单元（Hidden units），将其输出集标记为 $\{s_0, s_1, \cdots, s_t, s_{t+1}, \cdots\}$，这些隐藏单元完成了最为主要的工作。有一条单向流动的信息流是从输入单元到达隐藏单元的，与此同时另一条单向流动的信息流从隐藏单元到达输出单元。在某些情况下，RNN 会打破后者的限制，引导信息从输出单元返回隐藏单元，这些被称为“Back Projections”，并且隐藏层的输入还包括上一隐藏层的状态，即隐藏层内的节点可以自连，也可以互连。

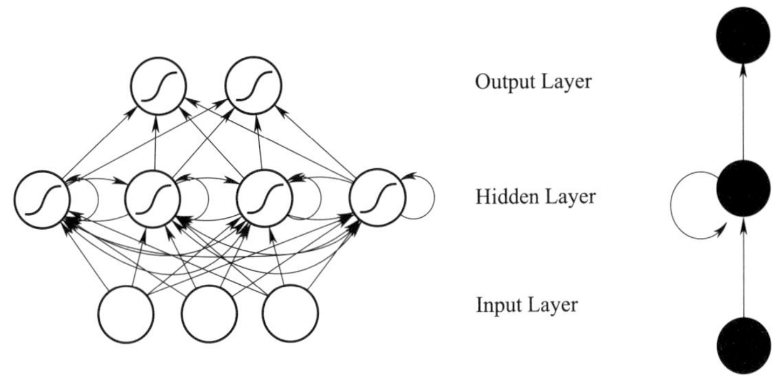

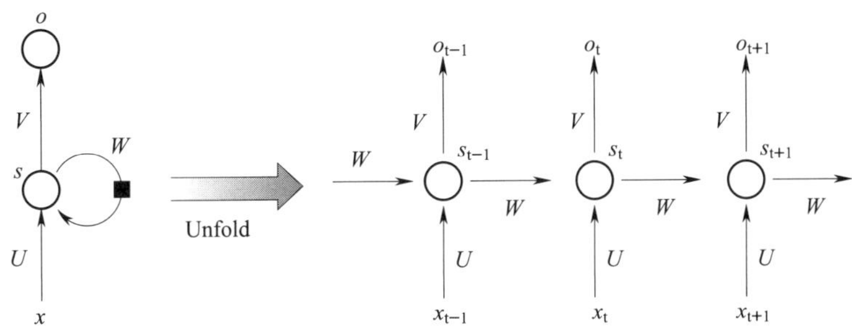

图 4–28　RNN 结构

RNN 已经在实践中证明对 NLP 是非常成功的。如词向量表达、语句合法性检查、词性标注等。在 RNN 中，目前使用最广泛、最成功的模型是 LSTM 模型，该模型通常比 Vanilla RNN 能够更好地对长短时依赖进行表达，该模型相对于一般的 RNN，只是在隐藏层做了手脚。

LSTM 模型是一类可学习长期依赖性的特殊 RNN。该网络由 Hochreiter 和 Schmidhuber 在 1997 年提出并得到了许多改进和推广。LSTM 在各种问题上表现得非常出色，现在已经得到了广泛的应用。LSTM 是为了避免长期依赖的问题而设计的。对于 LSTM 来说，长时间的记忆信息实际上是一种默认的行为，并不需要花时间去学习。图 4–29 显示了它的网络结构。

LSTM 是在普通 RNN 模型中重复神经网络模块的链式模型，设置 4 层神经网络层（如 tanh 层），并以特定方式交互。

LSTM 包含遗忘门、记忆门、输出门、细胞状态更新等环节，LSTM 中各个门的组成及关系如下：

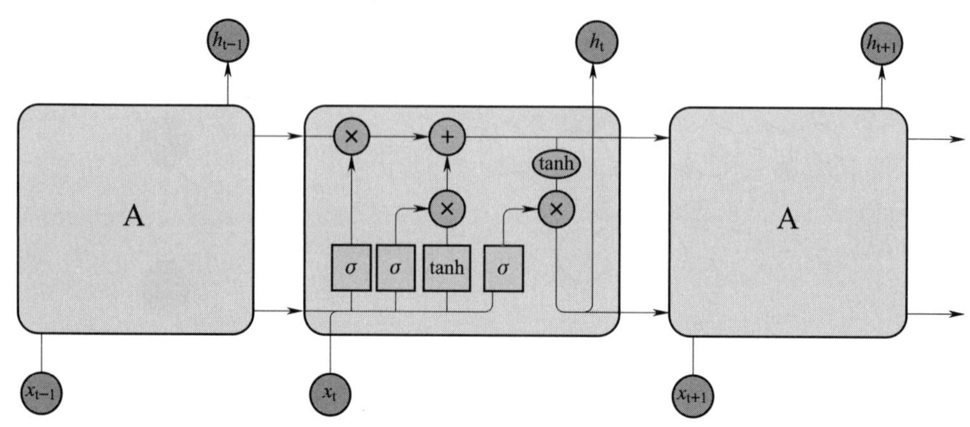

图 4–29　LSTM 模型体系结构

1）由 sigmod 神经网络层和位乘运算组成遗忘门。

2）记忆门由输入门、tanh 神经网络层以及位乘运算组成。

3）输出门与 tanh 函数及位乘运算共同作用于输出端的单元状态及输入信号。

（3）生成对抗网络（GAN）

生成对抗网络（generative adversarial network，GAN）是一类功能强大的神经网络，用于无监督学习。它是由 Ian J.Goodfellow 在 2014 年开发和引入的。GAN 基本上由两个相互竞争的神经网络模型组成系统，它们相互竞争，能够分析、捕获和复制数据集中的变化。

GAN 包含有两个模型，一个是生成模型（generative model），一个是判别模型（discriminative model）。生成模型的任务是生成看起来自然真实的、和原始数据相似的实例。判别模型的任务是判断给定的实例看起来是自然真实的还是人为伪造的（真实实例来源于数据集，伪造实例来源于生成模型）。

这可以看作一种零和游戏。采用类比的手法通俗理解：生成模型像“一个造假团伙，试图生产和使用假币”，而判别模型像“检测假币的警察”。生成器试图欺骗鉴别器，鉴别器则努力不被生成器欺骗。模型经过交替优化训练，两种模型都能得到提升，但最终要得到的是生成模型（造假团伙），这个生成模型所生成的产品能达到真假难分的地步。

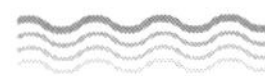

如图 4–30 所示，有两个网络 G（Generator，生成器）和 D（Discriminator，鉴别器）。Generator 是一个生成图片的网络，它接收一个随机的噪声 z，通过这个噪声生成图片，记作 G（z）。Discriminator 是一个判别网络，判别一张图片是不是“真实的”。它的输入是 x，x 代表一张图片，输出 D（x）代表 x 为真实图片的概率，如果为 1，就代表 100% 是真实的图片，如果输出为 0，就代表不可能是真实的图片。

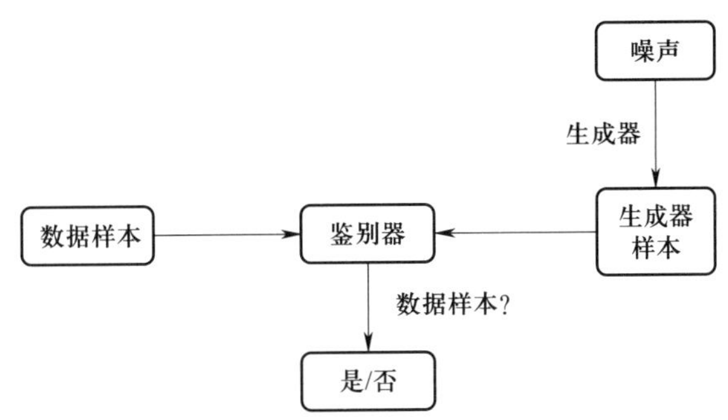

图 4–30　生成对抗网络（GAN）流程

GAN 相比于其他生成式模型，有以下特点：

1）GAN 是一种生成式模型，相比较其他生成模型（玻尔兹曼机和 GSN）只用到了反向传播，而不需要复杂的马尔科夫链。

2）相比其他所有模型，GAN 可以产生更加清晰、真实的样本。

3）GAN 采用的是一种无监督的学习方式训练，可以被广泛用在无监督学习和半监督学习领域。

4）相比变分自编码器，GAN 没有引入任何决定性偏置，变分方法引入决定性偏置，导致变分自编码器生成的实例比 GAN 更模糊。

5）相比 VAE, GANs 没有变分下界，如果鉴别器训练良好，那么生成器可以完美地学习到训练样本的分布。换句话说，GANs 是渐进一致的，但是 VAE 是有偏差的。

6）GAN 应用到一些场景上，例如，图片风格迁移、超分辨率、图像补全、去噪等，避免了损失函数设计的困难。

五、案例

1. 数据读取

实验数据是直接加载的 sklearn 内置的鸢尾花数据集，共 150 条数据，包含 4 个特征，而且是一个三分类问题。

```
from sklearn import datasets  # 导入方法类


iris=datasets.load_iris()         # 加载 iris 数据集
iris_feature=iris.data            # 加载特征数据
iris_target=iris.target           # 加载标签数据
```

2. 划分数据集

鸢尾花数据集的特征是已经处理好的，所以这里可以跳过数据预处理的步骤，可以直接进行训练预测。

但在训练之前，要先把数据集划分成训练集和测试集，划分代码如下所示：

```
from sklearn.model_selection import train_test_split


## 数据集划分
feature_train, feature_test, target_train, target_test=train_test_split(iris_feature,
iris_target, test_size=0.33, random_state=42)
```

其中 train_test_split（ ）方法的参数包括：

（1）train_size：训练集比例。

（2）test_size：测试集比例。

（3）random_size：乱序程度。

3. 模型训练和预测

首先是决策树分类器：

```
from sklearn.tree import DecisionTreeClassifier

dt_model=DecisionTreeClassifier()  # 所有参数均设置为默认状态
dt_model.fit(feature_train, target_train)  # 使用训练集训练模型
predict_results_dt=dt_model.predict(feature_test)  # 使用模型对测试集进行预测

# 查看预测结果
from sklearn.metrics import accuracy_score
print("predict_results:", predict_results_dt)
print("target_test:", target_test)
print(accuracy_score(predict_results_dt, target_test))
```

其中，DecisionTreeClassifier（ ）模型的参数包括：

（1）criterion：损失函数，包括基尼指数“gini”和熵“entropy”两种。

（2）splitter：确定每个节点的分裂策略，最佳“best”还是随机“random”。

（3）max_depth：决策树的最大深度，防止出现过拟合。

（4）min_samples_leaf：叶节点最小样本数量，用于剪枝处理。

其次是 KNN 分类器：

```
from sklearn.neighbors import KNeighborsClassifier
knn_model=KNeighborsClassifier(n_neighbors=1)
knn_model.fit(feature_train, target_train) # 使用训练集训练模型
predict_results_knn=knn_model.predict(feature_test) # 使用模型对测试集进行预测
# 查看预测结果
print("predict_results:", predict_results_knn)
```

```
print("target_test:", target_test)
print(accuracy_score(predict_results_knn, target_test))
```

其中，KNeighborClassifier 的具体参数包括：

（1）n_neighbors：KNN 中的 *K* 值，默认值是 5。

（2）weights：近邻权，标识每个样本的 *K* 个近邻样本的权重，可选“uniform”/“distance”或自定义权重。

（3）metric：距离度量方法。

最后是朴素贝叶斯分类器：

```
from sklearn.naive_bayes import GaussianNB


nb_model=GaussianNB()   # 高斯朴素贝叶斯 , 参数设置默认状态
nb_model.fit(feature_train, target_train)   # 使用训练集训练模型
predict_results_nb=nb_model.predict(feature_test)   # 使用模型对测试集进行预测


# 查看预测结果
print("predict_results:", predict_results_nb)
print("target_test:", target_test)
print(accuracy_score(predict_results_nb, target_test))
```

4. 总结

以上是利用决策树、KNN 和朴素贝叶斯三种分类器，对鸢尾花数据集进行分类。以鸢尾花数据分类为例是机器学习中的一个入门项目。

第二节　计算机视觉

一、计算机视觉的定义与典型任务

1. 计算机视觉的定义

计算机视觉（computer vision，CV）是一个研究领域，旨在助力计算机使用复杂算法（可以是传统算法，也可以是基于深度学习的算法）来理解数字图像和视频并提取有用的信息。计算机视觉应用领域包括医疗领域成像分析、人脸识别、公共安全、工业检测等。

2. 计算机视觉的典型任务

计算机视觉总共有三大典型任务：

（1）图像分类

一张图像中是否包含某种物体，对图像进行特征描述是物体分类的主要研究内容。一般来说，物体分类算法通过手工特征或者特征学习方法对整个图像进行全局描述，然后使用分类器判断是否存在某类物体。

对于图像分类而言，最受欢迎的方法是卷积神经网络（CNN）。CNN 网络结构由卷积层、池化层以及全连接层组成。通常，输入图像送入卷积神经网络中，通过卷积层进行特征提取，之后通过池化层过滤细节（一般采用最大值池化、平均池化），最后在全连接层进行特征展开，送入相应的分类器得到其分类结果。

（2）目标检测

目标检测通常是从图像中输出单个目标的 Bounding Box（边框）以及标签。在目标检测中，通常只有一个或固定数目的目标，而目标检测更一般化，其图像中出现的目标种类和数目都不定。因此，目标检测是比目标定位更具挑战性的任务。

第一个高效模型是 R-CNN（基于区域的卷积神经网络），后期又出现了 Fast R-CNN 算法以及 Faster R-CNN 算法。近年来，目标检测研究趋势主要向更快、更有效的检测系统发展。目前已经有一些其他的方法可供使用，例如 YOLO、SSD 等。

（3）图像分割

1）图像分割任务一般分为语义分割与实例分割。

语义分割任务的核心是分割过程，它将整个图像分成像素组，然后对其进行标记和分类。语义分割试图在语义上理解图像中每个像素的角色，例如，汽车、摩托车等。

基本思路：逐像素进行图像分类。将整张图像输入网络，使输出的空间大小和输入一致，通道数等于类别数，分别代表了各空间位置属于各类别的概率，即可以逐像素地进行分类。CNN 同样在此任务中展现了其优异的性能。典型的方法是全卷积网络（FCN）。FCN 模型输入一幅图像后直接在输出端得到密度预测，即每个像素所属的类别，从而得到一个端到端的方法来实现图像语义分割。

2）实例分割与语义分割有所不同，实例分割不仅需要对图像中不同的对象进行分类，而且还需要确定它们之间的界限、差异和关系。

基本思路：目标检测 + 语义分割。先用目标检测方法将图像中的不同实例框出，再用语义分割方法在不同包围盒内进行逐像素标记。

二、图像分类任务与模型

1. AlexNet

2010 年斯坦福大学的李飞飞组织并启动了大规模视觉图像识别竞赛（imagenet large scale visual recognition challenge，ILSVRC）。2012 年，Alex Krizhevsky、Ilya Sutskever 提出了 AlexNet 卷积神经网络模型，在 ImageNet 竞赛上大放异彩，取得了 top-5 错误率[①] 为 15.3% 的成绩，以领先第二名 10% 的准确率夺得了冠军，吸引了学术界与工业界的广泛关注。AlexNet 包含 5 个卷积层，有些层后面跟了 max-pooling 层，3 个全连接层，为了减少过拟合，在全连接层使用了 dropout。

① top-5 错误率：即对一张图像预测 5 个类别，只要有一个和人工标注类别相同就算对，否则算错。

AlexNet 网络结构如图 4–31 所示。

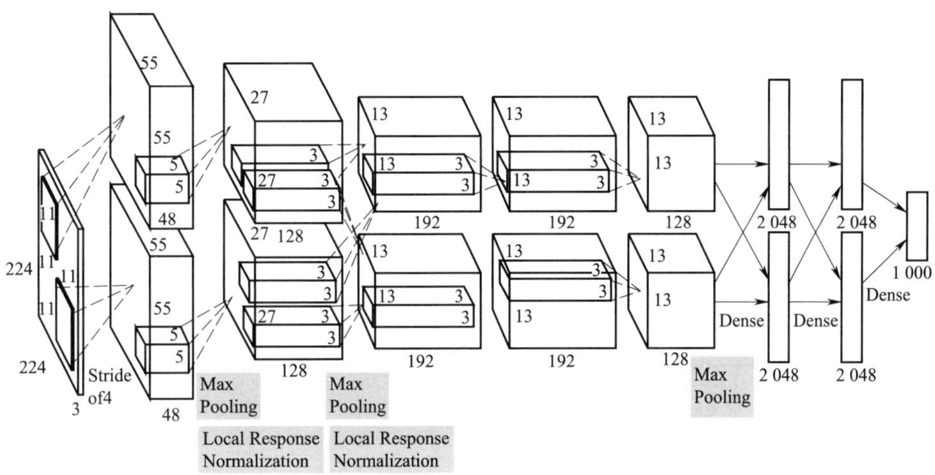

图 4–31　AlexNet 网络结构

2. VGG

VGG 是牛津大学视觉几何组（visual geometry group）提出的。VGG 有两种结构，分别是 VGG16 和 VGG19，两者并没有本质上的区别，只是网络深度不一样。VGG 网络结构如图 4–32 所示。

VGG16 相比 AlexNet 的一个改进是采用连续的几个 3×3 的卷积核代替 AlexNet 中的较大卷积核（11×11，7×7，5×5）。对于给定的感受野（与输出有关的输入图片的局部大小），采用堆积的小卷积核优于采用大的卷积核，因为多层非线性层可以增加网络深度来保证学习更复杂的模式，而且代价还比较小（参数更少）。

简单来说，在 VGG 中，使用了 3 个 3×3 卷积核来代替 7×7 卷积核，使用了 2 个 3×3 卷积核来代替 5×5 卷积核，这样做的主要目的是在保证具有相同感受野的条件下，提升了网络的深度，也在一定程度上提升了神经网络的效果。

2 个 3×3 连续卷积的感受野如图 4–33 所示。

3. ResNet

残差神经网络（ResNet）由微软研究院提出，在 2015 年的 ILSVRC 中取得了冠军。

残差神经网络的主要贡献是发现了“退化（degradation）现象”，并针对退化现象发明了残差结构，极大地消除了深度过大的神经网络训练困难问题。神经网络的“深度”首次突破了 100 层，最大的神经网络甚至超过了 1 000 层。

ConvNet Configuration					
A	A−LRN	B	C	D	E
11 weight layers	11 weight layers	13 weight layers	16 weight layers	16 weight layers	19 weight layers
input（224×224 RGB image）					
conv3−64	conv3−64 LRN	conv3−64 conv3−64	conv3−64 conv3−64	conv3−64 conv3−64	conv3−64 conv3−64
maxpool					
conv3−128	conv3−128	conv3−128 conv3−128	conv3−128 conv3−128	conv3−128 conv3−128	conv3−128 conv3−128
maxpool					
conv3−256 conv3−256	conv3−256 conv3−256	conv3−256 conv3−256	conv3−256 conv3−256 conv1−256	conv3−256 conv3−256 conv3−256	conv3−256 conv3−256 conv3−256 conv3−256
maxpool					
conv3−512 conv3−512	conv3−512 conv3−512	conv3−512 conv3−512	conv3−512 conv3−512 conv1−512	conv3−512 conv3−512 conv3−512	conv3−512 conv3−512 conv3−512 conv3−512
maxpool					
conv3−512 conv3−512	conv3−512 conv3−512	conv3−512 conv3−512	conv3−512 conv3−512 conv1−512	conv3−512 conv3−512 conv3−512	conv3−512 conv3−512 conv3−512 conv3−512
maxpool					
FC−4 096					
FC−4 096					
FC−1 000					
soft−max					

图 4–32　VGG 网络结构

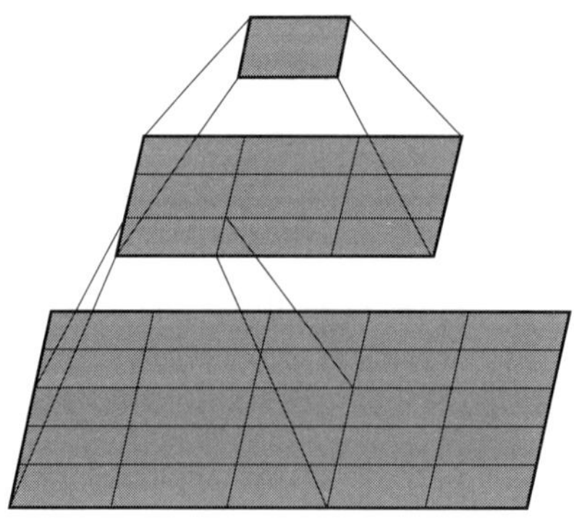

图 4–33　2 个 3×3 连续卷积的感受野

ResNet 网络结构如图 4-34 所示。

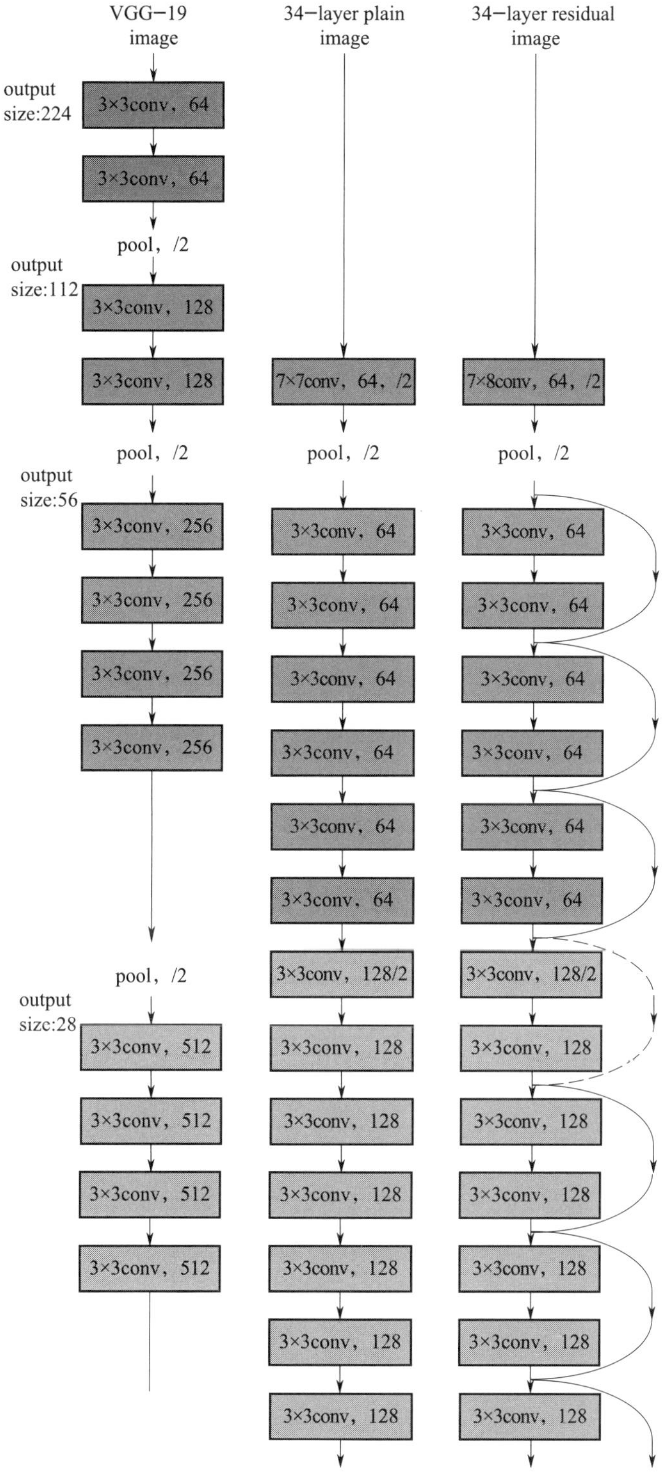

VGG-19
image
output size:224
3×3conv，64
3×3conv，64
pool，/2
output size:112
3×3conv，128
3×3conv，128
pool，/2
output size:56
3×3conv，256
3×3conv，256
3×3conv，256
3×3conv，256
pool，/2
output size:28
3×3conv，512
3×3conv，512
3×3conv，512
3×3conv，512

34-layer plain
image
7×7conv，64，/2
pool，/2
3×3conv，64
3×3conv，64
3×3conv，64
3×3conv，64
3×3conv，64
3×3conv，64
3×3conv，128/2
3×3conv，128
3×3conv，128
3×3conv，128
3×3conv，128
3×3conv，128

34-layer residual
image
7×8conv，64，/2
pool，/2
3×3conv，64
3×3conv，64
3×3conv，64
3×3conv，64
3×3conv，64
3×3conv，64
3×3conv，128/2
3×3conv，128
3×3conv，128
3×3conv，128
3×3conv，128
3×3conv，128
3×3conv，128

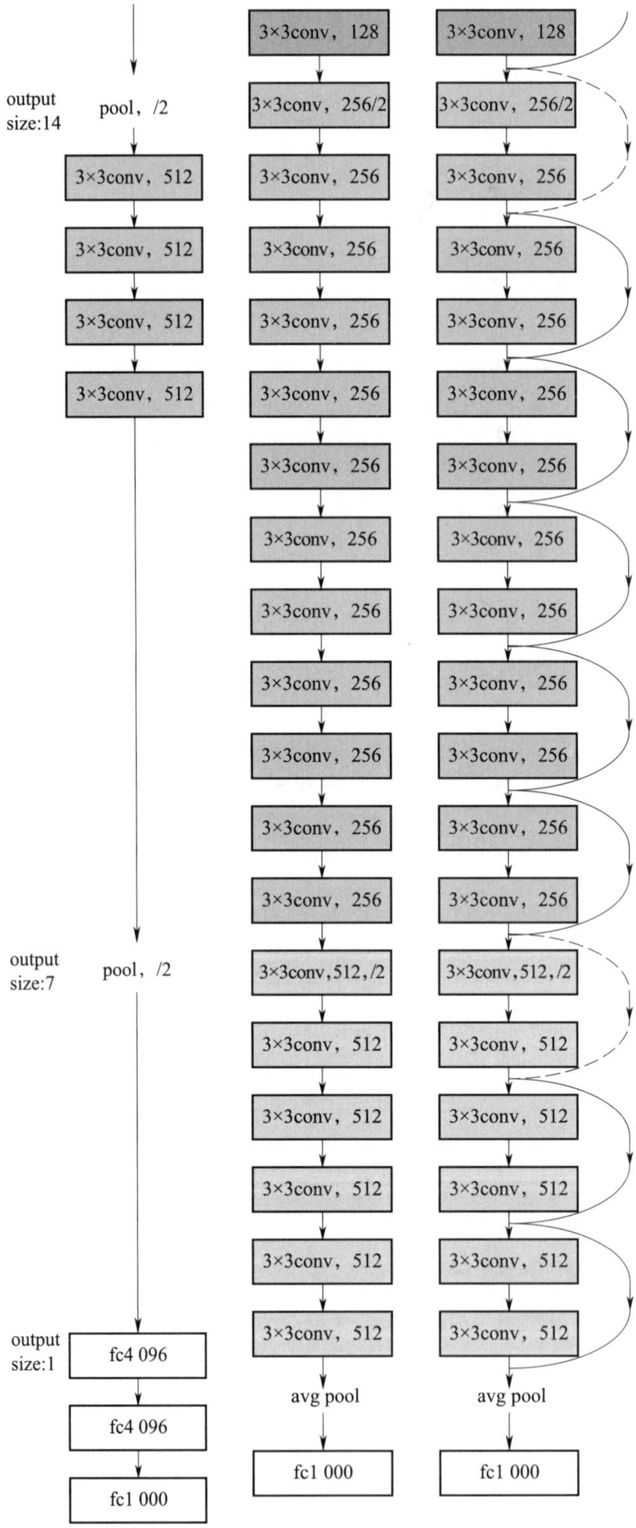

图 4–34　**ResNet** 网络结构

通过实验，ResNet 随着网络层不断加深，模型的准确率先是不断提高，达到最大值（准确率饱和），然后随着网络深度的继续增加，模型准确率毫无征兆地出现大幅度的降低，如图 4–35 所示。

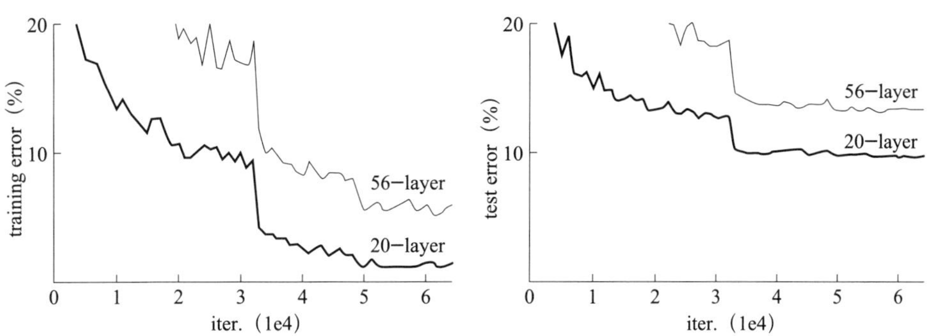

图 4–35　不同层数网络在 CIFAR–10 上的训练与测试误差

这个现象与“越深的网络准确率越高”的信念显然是矛盾的、冲突的。ResNet 团队把这一现象称为退化。

非线性转换极大地提高了数据分类能力，但是，随着网络的深度不断加大，竟然无法实现线性转换。显然，在神经网络中增加线性转换分支成为很好的选择，于是，ResNet 团队在 ResNet 模块中增加了快捷连接分支，在线性转换和非线性转换之间寻求一个平衡，如图 4–36 所示。

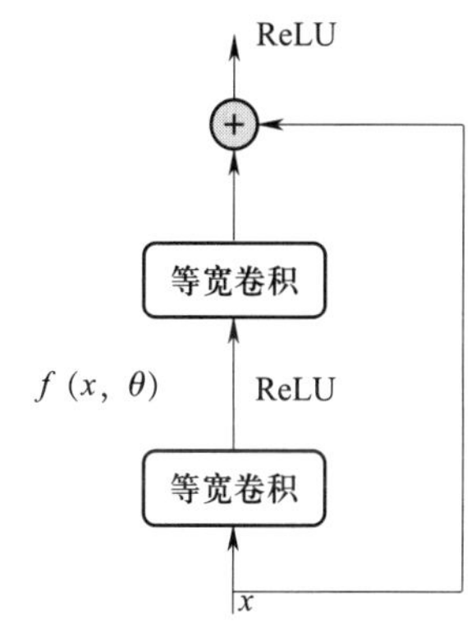

图 4–36　残差结构单元

加入残差结构之后，ResNet 与其他网络结构的误差对比见表 4–6。

ResNet 通过残差学习解决了深度网络的退化问题，可以训练出更深的网络。在 ResNet 之后网络结构上就很少出现大的改进了，研究方向也逐渐向着轻量化和面向应用场景倾斜。

表 4-6　　ResNet 与其他网络结构的误差对比

方法	top-1 error	top-5 error
VGG［41］(ILSVRC’ 14)	—	8.43
GoogLeNet［44］(ILSVRC’ 14)	—	7.89
VGG［41］(v5)	24.4	7.1
PReLU-net［13］	21.59	5.71
BN-inception［16］	21.99	5.81
ResNet-34 B	21.84	5.71
ResNet-34 C	21.53	5.60
ResNet-50	20.74	5.25
ResNet-101	19.87	4.60
ResNet-152	19.38	4.49

三、目标识别任务与模型

近年来，随着深度学习的快速发展，深度学习展现出强大的特征表示能力。利用深度学习进行目标检测可以让检测的准确性获得较大的提升，推动了目标检测的发展。

基于深度学习的目标检测算法主要分为两种类型：

（1）以 R-CNN 系列为代表的双阶段算法。

（2）以 YOLO、SSD 为代表的单阶段（one-stage）算法。

1. 双阶段算法

双阶段算法即以 R-CNN 系列为代表的基于候选区域的目标检测算法。具体来说，双阶段算法需要分两步完成，首先在图像上生成候选区域，然后对每一个候选区域依次进行分类与边界回归，如图 4-37 所示。

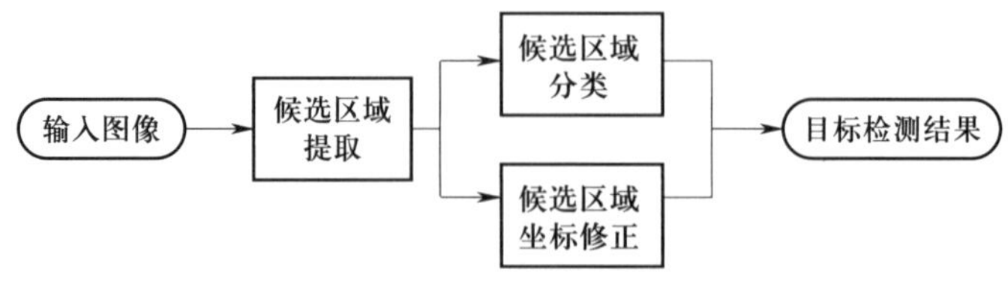

图 4-37　双阶段算法

加州大学伯克利分校的 Ross Girshick 等发表了 Regions with CNN features，简称 R-CNN 的方法。R-CNN 借鉴了滑动窗口思想，采用对区域进行识别的方案。

R-CNN 利用候选区域方法创建了约 2 000 个感兴趣的区域（ROI）。这些区域被转换为固定大小的图像，并分别送入卷积神经网络。之后使用支持向量机对区域进行分类，使用线性回归损失校正边界框，以实现目标分类并得到边界框。R-CNN 原理如图 4-38 所示。

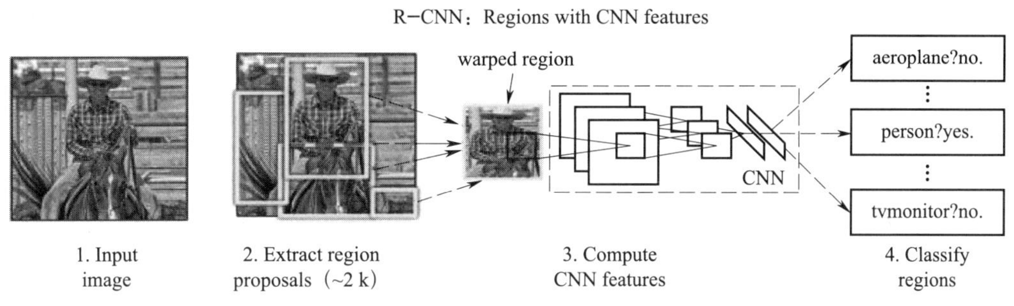

图 4-38　R-CNN 原理图

R-CNN 存在以下缺点：

（1）计算量大，耗时长。

（2）消耗大量内存。

（3）易因强行对输入尺寸进行变换和放缩操作而造成数据失真。

2. 单阶段算法

（1）YOLO

YOLO 在 2016 年被提出，发表在计算机视觉顶会 CVPR（computer vision and pattern recognition）上，YOLO 的全称是 you only look once，指只需要浏览一次就可以识别出图中物体的类别和位置。

因为只需要看一次，YOLO 被称为 Region-free 方法，相比于 Region-based 方法，YOLO 不需要提前找到可能存在目标的 Region。

一个典型的 Region-base 方法的流程是：先通过计算机图形学（或者深度学习）的方法，对图片进行分析，找出若干个可能存在物体的区域，将这些区域裁剪下来，放入一个图片分类器中，由分类器分类。

YOLO 的第一步是分割图片，它将图片分割为 $s \times s$ 个网格（grid），每个网格的大小都是相等的，如图 4–39 所示。

图 4–39　分割方式

与滑窗法要求物体在框内不同，YOLO 只要求物体中心处在框内，这时再去检测物体的长宽，以及本次预测的置信度。

YOLO v2 是基于 YOLO 的优点，以进一步提升目标物体的定位准确度和分类准确度为目标提出的。具体的改进点如下：使用 BN 层、使用高分辨率图像微调分类模型、采用 Anchor Boxes、约束预测边框的位置等，提高了检测精度。

YOLO v3 主要的改进有：调整了网络结构；利用多尺度特征进行对象检测；对象分类用 Logistic 取代 Softmax。YOLO v3 能够较准确地检测出较小的目标，速度相较前两代也更快。但随着 IoU 的增大，YOLO v3 识别物体位置精度会有所下降。

（2）SSD

SSD 的全称是 single shot multibox detector，single shot 指明了 SSD 算法属于 one-stage 方法，multibox 指明了 SSD 是多框预测。SSD 基本框架如图 4–40 所示。

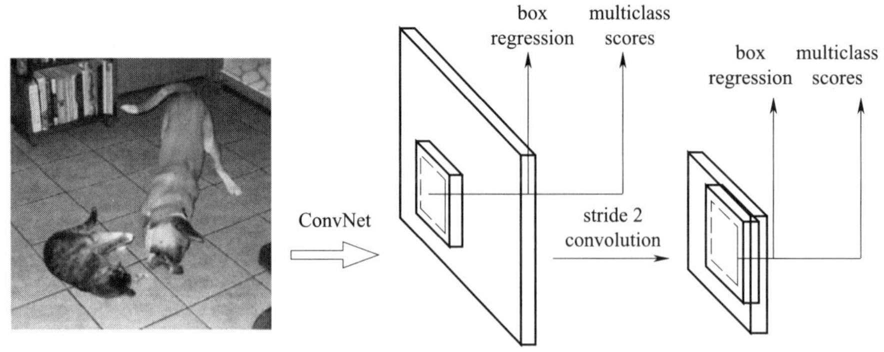

图 4–40　SSD 基本框架

相比 YOLO，SSD 采用 CNN 直接进行检测，而不是像 YOLO 那样在全连接层之后做检测。另外还有两个重要的改变，一是 SSD 提取了不同尺度的特征图（feature map）

来做检测，大尺度特征图（较靠前的特征图）可以用来检测小物体，而小尺度特征图（较靠后的特征图）用来检测大物体；二是 SSD 采用了不同尺度和长宽比的先验框（prior boxes，default boxes，在 Faster R–CNN 中叫作锚 Anchors）。YOLO 算法的缺点是难以检测小目标，而且定位不准。

四、图像分割任务与模型

1. 全卷积网络

全卷积网络（fully convolutional networks，FCN）对图像进行像素级的分类，从而解决了语义级别的图像分割（semantic segmentation）问题。与经典的 CNN 在卷积层之后使用全连接层得到固定长度的特征向量进行分类（全连接层＋ Softmax 输出）不同，FCN 可以接受任意尺寸的输入图像，采用反卷积层对最后一个卷积层的特征图进行上采样，使它恢复到输入图像相同的尺寸，从而可以对每个像素都产生一个预测，同时保留了原始输入图像中的空间信息，最后在上采样的特征图上进行逐像素分类。逐个像素计算 Softmax 分类的损失，相当于每一个像素对应一个训练样本。如图 4–41 所示为用于语义分割所采用的全卷积网络的结构示意图。

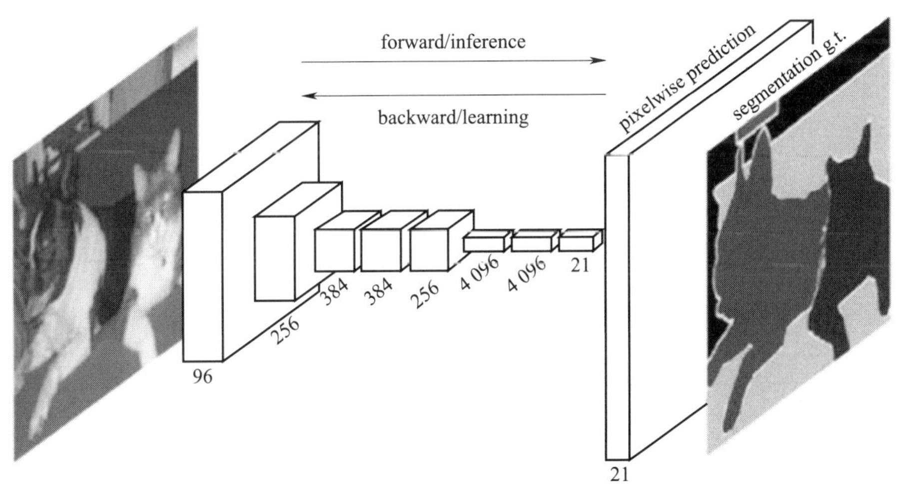

图 4–41　FCN 基本框架

简单来说，FCN 与 CNN 的区别在于把 CNN 最后的全连接层换成卷积层，输出的是一张已经标注好的图片。

传统的基于 CNN 的分割方法是为了对一个像素分类，使用该像素周围的一个图像块作为 CNN 的输入用于训练和预测。这种方法有几个缺点：一是存储开销很大。例如，对每个像素使用的图像块的大小为 15×15，然后不断滑动窗口，每次滑动的窗口对 CNN 进行判别分类，因此，所需的存储空间根据滑动窗口的次数和大小急剧上升。二是计算效率低下。相邻的像素块基本上是重复的，针对每个像素块逐个计算卷积，这种计算也有很大程度上的重复。三是像素块的大小限制了感知区域的大小。通常像素块的大小比整幅图像的大小小很多，只能提取一些局部的特征，从而导致分类的性能受到限制。

全卷积网络是从抽象特征中恢复出每个像素所属的类别，即从图像级别的分类进一步延伸到像素级别的分类。

2. U–Net

U–Net 发表于 2015 年，属于 FCN 的一种变体。U–Net 的初衷是为了解决生物医学图像方面的问题，由于效果确实很好，后来也被广泛地应用在语义分割的各个方向，例如，卫星图像分割、工业瑕疵检测等。

U–Net 和 FCN 都是 Encoder–Decoder 结构，结构简单但很有效。Encoder 负责特征提取，可以将各种特征提取网络放在这个位置。由于在医学方面，样本收集较为困难，作者为了解决这个问题，应用了图像增强的方法，在数据集有限的情况下获得了不错的精度。

如图 4–42 所示，U–Net 网络结构是对称的，形似英文字母 U，所以被称为 U–Net。整张图由蓝 / 白色框与各种颜色的箭头组成，其中，蓝 / 白色框表示 feature map；蓝色箭头表示 3×3 卷积，用于特征提取；灰色箭头表示 skip–connection，用于特征融合；红色箭头表示池化（pooling），用于降低维度；绿色箭头表示上采样，用于恢复维度；青色箭头表示 1×1 卷积，用于输出结果。其中灰色箭头 copy and crop 中的 copy 就是特征拼接（concatenate），而 crop 是为了让两者的长宽一致。

FCN 中深层信息与浅层信息融合是通过对应像素相加的方式，而 U–Net 是通过拼接的方式。在相加的方式下，特征图的维度没有变化，但每个维度都包含了更多特征，

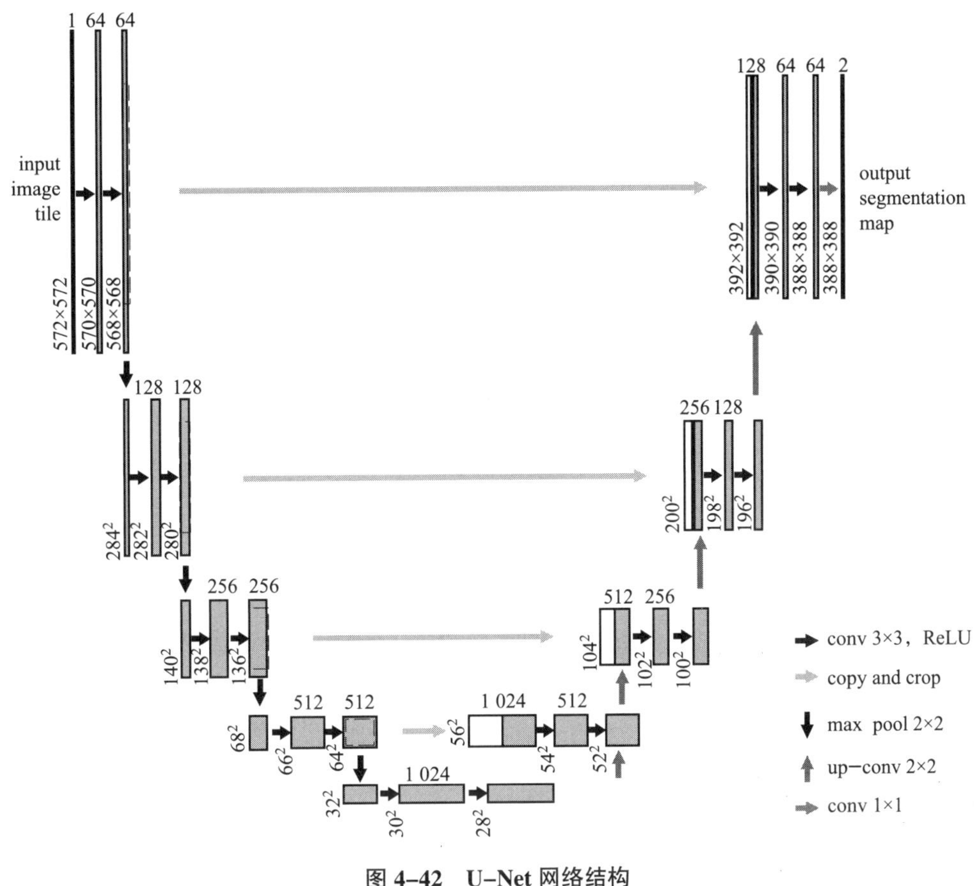

图 4-42　U-Net 网络结构

对于普通的分类，这种不需要从特征图复原到原始分辨率的任务来说，这是一个高效的选择；而拼接则保留了更多的维度 / 位置信息，这使得后面的层（layer）可以在浅层特征与深层特征自由选择，这对语义分割任务来说更有优势。

3. DeepLab

DeepLab 系列是谷歌团队提出的一系列语义分割算法。DeepLab v1 于 2014 年推出，并在 PASCAL VOC2012 数据集上取得了分割任务第二名的成绩，随后 2017—2018 年又相继推出了 DeepLab v2、DeepLab v3 以及 DeepLab v3+。

DeepLab v1 的两个创新点是空洞卷积（dilated convolution）和基于全连接条件随机场。它先将 VGG 的普通卷积替换为空洞卷积得到分隔图，再通过 CRF 将得到的分割图进行后处理优化，如图 4-43 所示。

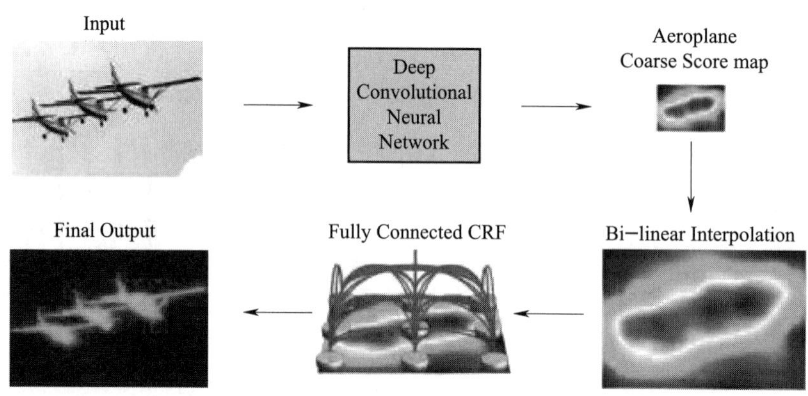

图 4–43　DeepLab v1 流程图

在全卷积网络中，特征图上像素点的感受野取决于卷积和池化操作。普通卷积的感受野每次只能增加两个像素，增长速度过于缓慢。传统卷积网络的感受野的增大一般采用池化操作来完成，但是池化操作在增大感受野的同时会降低图像的分辨率，从而丢失一些信息。对池化之后的图像再进行上采样会使很多细节信息无法还原，最终限制了分割的精度。

为了在不使用池化的情况下扩大感受野，使用了空洞卷积。空洞卷积是指在卷积操作中加入“空洞”（值为 0 的点）来增加感受野。空洞卷积引入了扩张率（dilated ration）这个超参数来制定空洞卷积上两个有效值之间的距离：扩张率为 r 的空洞卷积，两个有效值之间有 r–1 个空洞，如图 4–44 所示。其中红色的点为有效值，绿色的方格为空洞。如图 4–44a 所示，r=1 时空洞卷积变为普通卷积。

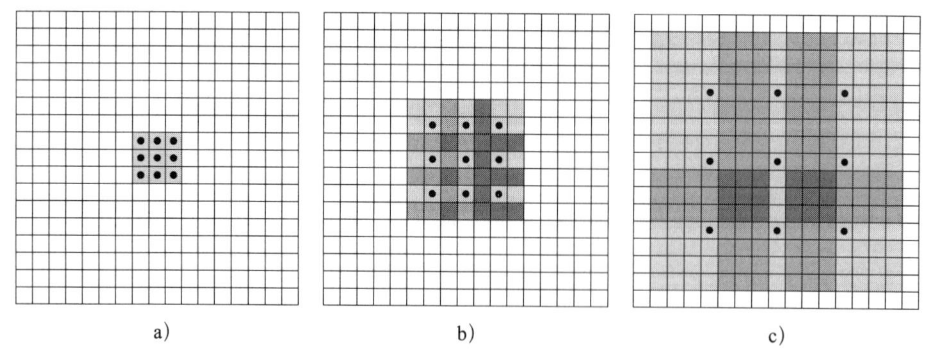

图 4–44　空洞卷积

a）扩张率为 1 时的 3 × 3 空洞卷积　b）扩张率为 2 时的 3 × 3 空洞卷积

c）扩张率为 4 时的 3 × 3 空洞卷积

条件随机场（conditional random field，CRF）被用作后处理来对分割的效果进行进一步优化，在 DeepLab v1 和 DeepLab v2 中也使用了 CRF。条件随机场是一个无向图，图中的顶点代表随机变量，顶点之间的连线代表节点之间的相互关系。在 CRF 中，随机变量 Y 的分布是条件概率，给定的观察值则是随机变量 X。

对比 DeepLab v1，DeepLab v2 依旧保持了图 4-43 的流程，即以空洞卷积和 CRF 为核心。DeepLab v2 的改进点之一是将 VGG-16 替换成了残差网络。在 DeepLab v3 中 CRF 被移除，引入了 Multi-Grid 策略，即多次使用空洞卷积核而不像在 v1 和 v2 中仅使用一次空洞卷积。

五、案例

这里使用 yolo 对 coco 数据集进行训练测试。

1. 准备工作

（1）训练 yolo 模型要准备的文件及文件格式如下：

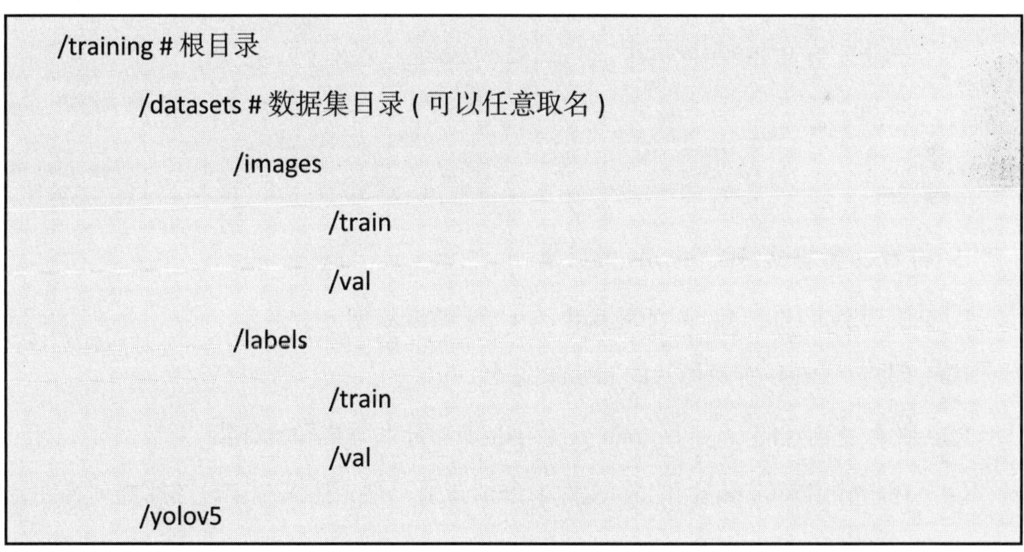

```
/training # 根目录
        /datasets # 数据集目录 ( 可以任意取名 )
                /images
                        /train
                        /val
                /labels
                        /train
                        /val
        /yolov5
```

（2）先创建一个 training 文件夹。

```
mkdir training/
```

（3）在 training 文件夹下使用 git clone 把 yolov5 克隆下来并安装依赖。

```
cd training
git clone clone https://github.com/ultralytics/yolov5
pip install -qr requirements.txt
```

（4）检查 pytorch 和 torchvision 的版本。

```
pip install --upgrade torch
pip install --upgrade torchvision
```

（5）检查 label 是否连续，如不连续需要重新编码。

（6）使用 Weights & Bias 进行可视化，其中 login 的 API 可以在 Weights & Bias 上获取。

```
    %load_ext tensorboard
    %tensorboard --logdir /kaggle/training/yolov5/runs
    %pip install -q --upgrade wandb
import wandb
wandb.login()
```

2. 将 coco 数据集转换为 yolo 数据集

（1）使用 json.load（open（file_path，’ r’））读取数据。

（2）创建一个 csv 存放图片的 id 和文件名。

（3）读取 2 创建的 csv，用 train_test_split 来切分训练集和验证集。

（4）在切分出来的 train 和 test 文件中分别新增一列，用来标记该图片为训练图片还是测试图片。

```
train[‘split’]=’train’
val[‘split’]=’val’
df=pd.concat([train, val], axis=0).rest_index(drop=True)
```

（5）将每张图片的标签单独存放到各自的.txt文件中，其中coco数据集的annotation是［lowest_x，lowest_y，w，h］，而yolo的annotation要求［center_x，center_y，w，h］，使用以下函数：

```
def coco2yolo(image_w, image_h, annotation):
    """Convert coco format data into yolo format data.
    Note: x, y in coco format are lowest left x and y. x, y in yolo format are center x, y.
    """
    x, y, w, h=annotation[ ‘bbox’ ]


    x=(x+w)/2.0
    y=(y+h)/2.0


    return (x/image_w, y/image_h, w/image_w, h/image_h)
```

（6）在training目录下创建dataset文件夹。

```
os.makedirs( ‘/kaggle/training/cowboy/images/train’ , exist_ok=True)
os.makedirs( ‘/kaggle/training/cowboy/images/test’ , exist_ok=True)
os.makedirs( ‘/kaggle/training/cowboy/labels/train’ , exist_ok=True)
os.makedirs( ‘/kaggle/training/cowboy/labels/test’ , exist_ok=True)
```

（7）将对应的图片和标签复制到train和test文件夹下。

（8）创建一个.ymal文件，该文件用于存放：

1）训练数据和测试数据的路径。

2）类别总数。

3）类别对应的名称。

3. 训练参数定义

```
lr0: 0.01 # initial learning rate (SGD=1E-2, Adam=1E-3)
lrf: 0.2 # final OneCycleLR learning rate (lr0 * lrf)
momentum: 0.937 # SGD momentum/Adam beta1
weight_decay: 0.0005 # optimizer weight decay 5e-4
warmup_epochs: 3.0 # warmup epochs (fractions ok)
warmup_momentum: 0.8 # warmup initial momentum
warmup_bias_lr: 0.1 # warmup initial bias lr
box: 0.05 # box loss gain
cls: 0.5 # cls loss gain
cls_pw: 1.0 # cls BCELoss positive_weight
obj: 1.0 # obj loss gain (scale with pixels)
obj_pw: 1.0 # obj BCELoss positive_weight
iou_t: 0.20 # IoU training threshold
anchor_t: 4.0 # anchor-multiple threshold
# anchors: 3 # anchors per output layer (0 to ignore)
fl_gamma: 0.0 # focal loss gamma (efficientDet default gamma=1.5)
hsv_h: 0.015 # image HSV-Hue augmentation (fraction)
hsv_s: 0.7 # image HSV-Saturation augmentation (fraction)
hsv_v: 0.4 # image HSV-Value augmentation (fraction)
degrees: 0.0 # image rotation (+/- deg)
translate: 0.1 # image translation (+/- fraction)
scale: 0.5 # image scale (+/- gain)
shear: 0.0 # image shear (+/- deg)
perspective: 0.0 # image perspective (+/- fraction), range 0-0.001
flipud: 0.0 # image flip up-down (probability)
```

```
fliplr: 0.5 # image flip left-right (probability)
mosaic: 1.0 # image mosaic (probability)
mixup: 0.0 # image mixup (probability)
copy_paste: 0.0 # segment copy-paste (probability)
```

4. 训练模型

```
BATCH_SIZE=32 # wisely choose, use the largest size that can feed up all your gpu ram
EPOCHS=5
MODEL=‘yolov5m.pt’ # 5s, 5m 5l
name=f’{MODEL}_BS_{BATCH_SIZE}_EP_{EPOCHS}’

# 在 yolov5 目录下
!python train.py --batch {BATCH_SIZE} \
                 --epochs {EPOCHS} \
                 --data data.yaml \
                 --weights {MODEL} \
                 --save-period 1 \
                 --project /kaggle/working/kaggle-cowboy \
                 --name {name} \
                 -- workers 4
```

5. 预测

（1）训练好的模型存放在 W&B 中，把最好的模型下载下来并上传到 kaggle。

（2）将测试图片放到 VALID_PATH 文件夹下。

（3）回到 yolov5 路径下运行下面代码进行预测。

```
!python detect.py --weights {MODEL_PATH} \
                    --source {VALID_PATH} \
                    --conf 0.546 \
                    --iou-thres 0.5 \
                    --save-txt \
                    --save-conf \
                    --augment
```

最终预测结果在 /kaggle/training/yolov5/runs/detect/exp/labels/。

（4）若要转换成 coco 的坐标使用下面这个函数。

```
def yolo2cc_bbox(img_width, img_height, bbox):
x=(bbox[0] - bbox[2] * 0.5) * img_width
y=(bbox[1] - bbox[3] * 0.5) * img_height
w=bbox[2] * img_width
h=bbox[3] * img_height

return (x, y, w, h)
```

（5）若之前对标签进行了编码，要把标签再映射回去。

第三节　自然语言处理

一、自然语言处理的定义及典型任务

1. 自然语言处理的定义

自然语言通常是指一种自然地随文化演化的语言。例如，汉语、英语、日语。使计算机能够理解自然语言以提供帮助或基于人类语言做出决策成为人工智能领域的一个研究方向。具体而言，该研究方向是自然语言处理（natural language processing，NLP），研究能实现人与计算机之间用自然语言进行有效通信的各种理论和方法。

2. 自然语言处理的典型任务

自然语言处理的技术非常多，下面列举了自然语言处理中的部分典型任务。

（1）信息抽取

从文本语料库中对目标数据进行辨识并提取的过程称为信息抽取。这个过程从自然语言文本中对指定类型的实体、关系、事件等信息进行抽取，常见的应用包括命名实体识别、关系抽取等。例如，有的分析需要从简历中提取求职者的电话号码和电子邮箱地址，因此，需要利用正则表达式进行匹配，然后提取。例如，需要研究消费者对不同旅游景点的评价，那么就需要从评价中对旅游景点的文本进行识别和抽取，然后再分析其评价。

（2）机器翻译

用计算机实现从一种自然语言（源语言 /source language）到另一种自然语言（目

标语言 /target language）文本的翻译。从 20 世纪中叶第一个机器翻译系统的问世，到现在与语音技术以及互联网应用进行融合，机器翻译技术已经相当成熟。

（3）消除歧义

无论是中文文本还是英文文本，都存在一词多义或多词一义的情况，如何对这些词语进行有效的辨识，是文本处理中重要的课题，这就是消除歧义。一种简单的方法就是比较文本相似度。例如，英文“time series”和“time series analysis”作为字符串具有很高的相似度，可以认为它们在描述同一个主题，因此应该进行归并。再如，“culture”这个词在人文科学中是“文化”的意思，但是在生物学中则往往表达为“培养”（如细胞培养，其英文为 cell culture）。

（4）情感分析

情感分析是利用自然语言处理、数据挖掘等技术对文本材料的主观信息进行定性和定量分析的过程。一个简单的例子是对文本的两极情绪进行判断，如“我很高兴”可以识别为积极情绪，“我很悲伤”被识别为消极情绪。更进一步还可以对这些情绪进行定量打分。例如，“我的情绪糟糕透了”的分数可能为 –3，而“我很悲伤”则为 –1，这种方法能够更加准确地对文本的情绪进行辨识，在舆情分析中非常有用。

（5）词嵌入

自然语言处理中把文本单元映射到连续向量空间的过程称为词嵌入，这一过程能够对非结构化数据进行降维，以便于特征的学习和后续模型的构建。常用的词嵌入方法包括人工神经网络、概率模型等，往往需要高性能计算设备做支持。

（6）文本分类

文本分类是按照一定的规则对文本单元进行自动归类的过程。对训练样本的文本特征进行抽取，并利用这些特征进行学习，构建关系模型对新的样本进行自动区分。这不仅需要基于知识经验构建文本特征，还需要统计方法和机器学习技术的辅助。

（7）文本可视化

可视化是对信息进行抽象，然后利用计算机图形展示的技术手段。常言道，“一图胜千言”，对于文本数据也是如此。文本作为非结构化的数据，其对应的可视化技术

也在迅速发展。常见的文本可视化方法包括词云、词频条形图、目标词出现位置可视化等。

（8）文本生成

自然语言生成（NLG）是自然语音处理（NLP）的另一项核心任务，主要目的是将非语言格式的数据转换成人类可以理解的语言格式。文本生成可应用于AI编辑新闻、聊天机器人、自动生成报告、看图说话等领域。

（9）文本摘要

文本摘要是指通过各种技术，对文本或者是文本的集合，抽取、总结或是精炼其中的要点信息，用以概括和展示原始文本的主要内容或大意。按照输入文本类型的不同，可以分为单文档文本摘要和多文档文本摘要；按照实现技术方案的不同，可以分为抽取式文本摘要和生成式文本摘要。

二、中文自然语言处理主要环节

中文词形变化很少，且没有表示词的语法功能的附加成分，由词序和虚词表示词之间的语法关系，因此，中文自然语言处理上也有与其他语言不同的难点。首先是中文缺乏计算语言学的句法和语义理论，大多数情况下都是直接借用国外语言的句法和语义理论。其次在词性分析上，词性的标注较难完成。另外，在语义的分析中，由于汉语不同于其他语言没有动词的时态变化，时态的确定也较为困难。

根据中文自然语言的特点及处理上的难点，下面将详细介绍中文自然语言处理的主要环节。

1. 获取语料

语料即语言材料。语料是语言学研究的内容，是构成语料库的基本单元。所以，人们简单地用文本作为替代，并把文本中的上下文关系作为现实世界中语言的上下文关系的替代品。把一个文本集合称为语料库（corpus），当有几个这样的文本集合的时候，称之为语料库集合（corpora）。

很多业务部门、公司等随着业务发展都会积累大量的纸质或者电子文本资料。对于这些资料，在允许的条件下稍加整合，把纸质的文本全部电子化就可以作为语料库。

现阶段网络上也可以找到公开的数据集，如《人民日报》的分类数据集，这些数据集中的内容也可以作为训练用的语料库。

2. 语料预处理

语料的预处理工作包含数据清洗、分词、词性标注、去停用词四个大的方面。

（1）数据清洗

数据清洗是在语料中找到感兴趣的东西，把不感兴趣的、视为噪声的内容清洗删除，包括对于原始文本提取标题、摘要、正文等信息。常见的数据清洗方式有人工去重、对齐、删除和标注等，或者规则提取内容、正则表达式匹配、根据词性和命名实体提取、编写脚本或者代码批处理等。

（2）分词

分词是将连续的字序列按照一定的规范重新组合成语义独立词序列的过程。分词算法分为三大类：基于字符串匹配的分词方法、基于理解的分词方法和基于统计的分词方法。字符串匹配又叫作机械分词方法，它是按照一定的策略将待分析的汉字串与一个“充分大的”机器词典中的词条进行匹配，若在词典中找到某个字符串，则匹配成功（识别出一个词）。理解法是通过让计算机模拟人对句子的理解，达到识别词的效果。其基本原理就是在分词的同时进行句法、语义分析，利用句法信息和语义信息处理歧义现象。统计法的原理则是从形式上来看，词是稳定的字的组合，在上下文中，相邻的字同时出现的次数越多，就越有可能构成一个词。因此，字与字相邻共现的频率或概率能够较好地反映成词的可信度。可以对语料中相邻共现的各个字的组合的频度进行统计，计算它们的互现信息。定义两个字的互现信息，计算两个汉字 X、Y 的相邻共现概率。互现信息体现了汉字之间结合关系的紧密程度。当紧密程度高于某一个阈值时，便可认为此字组可能构成了一个词。

（3）词性标注

词性标注就是给每个词或者词语打词类标签，如形容词、动词、名词等。这样做可以让文本在后面的处理中融入更多有用的语言信息。词性标注是一个经典的序列标注问题，对于不同的中文自然语言处理来说，词性标注是否必需也是不同的。例如，常见的文本分类就不用关心词性问题，但是类似情感分析、知识推理却是需要的，

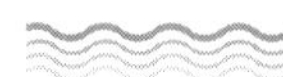

表 4–7 是常见的中文词性整理。常见的词性标注方法有基于最大熵的词性标注、基于统计最大概率输出词性和基于 HMM 的词性标注。

表 4–7　　常见的中文词性整理

词性编码	词性名称	注解
ag	形语素	形容词性语素。形容词代码为 a，语素代码 g 前面置以 a
a	形容词	取英语形容词 adjective 的第一个字母
ad	副形词	直接作状语的形容词。形容词代码 a 和副词代码 d 并在一起
an	名形词	具有名词功能的形容词。形容词代码 a 和名词代码 n 并在一起
b	区别词	取汉字“别”的声母
c	连词	取英语连词 conjunction 的第一个字母
dg	副语素	副词性语素。副词代码为 d，语素代码 g 前面置以 d
d	副词	取 adverb 的第二个字母，因其第一个字母已用于形容词
e	叹词	取英语叹词 exclamation 的第一个字母
f	方位词	取汉字“方”的声母
g	语素	绝大多数语素都能作为合成词的“词根”，取汉字“根”的声母
h	前接成分	取英语 head 的第一个字母
i	成语	取英语成语 idiom 的第一个字母
j	简称略语	取汉字“简”的声母
k	后接成分	
l	习用语	习用语尚未成为成语，有点“临时性”，取“临”的声母
m	数词	取英语 numeral 的第三个字母，n、u 已有他用
ng	名语素	名词性语素。名词代码为 n，语素代码 g 前面置以 n
n	名词	取英语名词 noun 的第一个字母
nr	人名	名词代码 n 和“人（ren）”的声母并在一起
ns	地名	名词代码 n 和处所词代码 s 并在一起
nt	机构团体	“团”的声母为 t，名词代码 n 和 t 并在一起
nz	其他专名	“专”的声母的第一个字母为 z，名词代码 n 和 z 并在一起
o	拟声词	取英语拟声词 onomatopoeia 的第一个字母
p	介词	取英语介词 preposition 的第一个字母
q	量词	取英语数量 quantity 的第一个字母
r	代词	取英语代词 pronoun 的第二个字母，因 p 已用于介词
s	处所词	取英语空间 space 的第一个字母
tg	时语素	时间词性语素。时间词代码为 t，语素代码 g 前面置以 t

续表

词性编码	词性名称	注解
t	时间词	取英语时间 time 的第一个字母
u	助词	取英语助词 auxiliary 的第二个字母
vg	动语素	动词性语素。动词代码为 v，语素代码 g 前面置以 v
v	动词	取英语动词 verb 的第一个字母
vd	副动词	直接作状语的动词。动词和副词的代码并在一起
vn	名动词	指具有名词功能的动词。动词和名词的代码并在一起
w	标点符号	
x	非语素字	非语素字只是一个符号，字母 x 通常用于代表未知数、符号
y	语气词	取汉字“语”的声母
z	状态词	取汉字“状”的声母的前一个字母
un	未知词	不可识别词及用户自定义词组。取英文 Unkonwn 的前两个字母。（非北大标准，CSW 分词中定义）

（4）去停用词

停用词一般指对文本特征没有任何作用的字词，例如，标点符号、语气、人称等一些词。所以在一般性的文本处理中，分词之后，接下来一步就是去停用词。但是对于中文来说，去停用词操作不是一成不变的，停用词词典是根据具体场景来决定的，例如在情感分析中，语气词、感叹号是应该保留的，因为它们对表示语气程度、感情色彩有一定的贡献和意义。

3. 特征工程

做完语料预处理之后，接下来需要考虑如何把分词之后的字和词语表示成计算机能够计算的类型。显然，如果要计算至少需要把中文分词的字符串转换成数字，确切地说，应该是数学中的向量。有两种常用的表示模型，分别是词袋模型和词向量。

词袋模型（bag of word，BOW），即不考虑词语原本在句子中的顺序，直接将每一个词语或者符号统一放置在一个集合，然后按照计数的方式对出现的次数进行统计。统计词频只是最基本的方式，TF-IDF 是词袋模型的一个经典用法。

词向量是将字、词语转换成向量矩阵的计算模型。目前，最常用的词表示方法是 One-hot，这种方法把每个词表示为一个很长的向量，如图 4-45 所示。这个向量的维

度是词表大小，其中绝大多数元素为 0，只有一个维度的值为 1，这个维度就代表了当前的词。还有 Google 团队的 Word2Vec，其主要包含两个模型，跳字模型（skip-gram）和连续词袋模型（continuous bag of words，CBOW），以及两种高效训练的方法，负采样（negative sampling）和层序 softmax（hierarchical softmax）。除此之外，还有一些词向量的表示方式，如 Doc2Vec、WordRank 和 FastText 等。

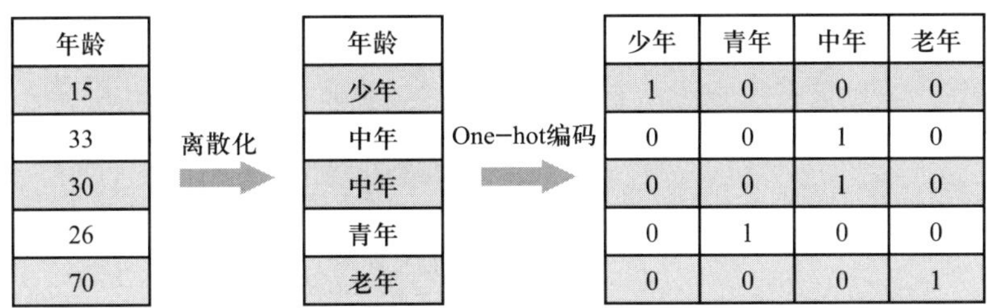

图 4-45 One-hot 编码

在特征构造完毕后，还需要进行特征选择。在一个实际问题中，构造好的特征向量，是要选择合适的、表达能力强的特征。文本特征一般都是词语，具有语义信息，使用特征选择能够找出一个特征子集，其仍然可以保留语义信息；但通过特征提取找到的特征子空间，将会丢失部分语义信息。所以特征选择是一个很有挑战的过程，更多地依赖于经验和专业知识，并且有很多现成的算法进行特征的选择。目前，常见的特征选择方法主要有 DF、MI、IG、CHI、WLLR、WFO 六种。

4. 模型训练

在构建并选择完特征向量后，接下来的事情便是训练模型。对于不同的应用需求，使用不同的模型，传统的有监督和无监督等机器学习模型，如 KNN、SVM、Naive Bayes、决策树、GBDT、k-means 等模型；深度学习模型，如 CNN、RNN、LSTM、Seq2Seq、FastText、TextCNN 等。

三、典型模型介绍

除机器学习及深度学习模型外，2017 年 Transformer 模型的提出迅速在自然语言处理领域得到了应用。2018 年 10 月，Google 发出一篇论文“BERT：Pre-training of Deep

Bidirectional Transformers for Language Understanding”，BERT 模型横空出世，并取得横扫 NLP 领域 11 项任务的最佳成绩；最近 ChatGPT 爆火全网，而 GPT 模型同样是以 Transformer 作为基础。

Transformer 模型的结构如图 4–46 所示。和大多数 seq2seq 模型一样，Transformer 的结构也是由编码器和解码器构成的。

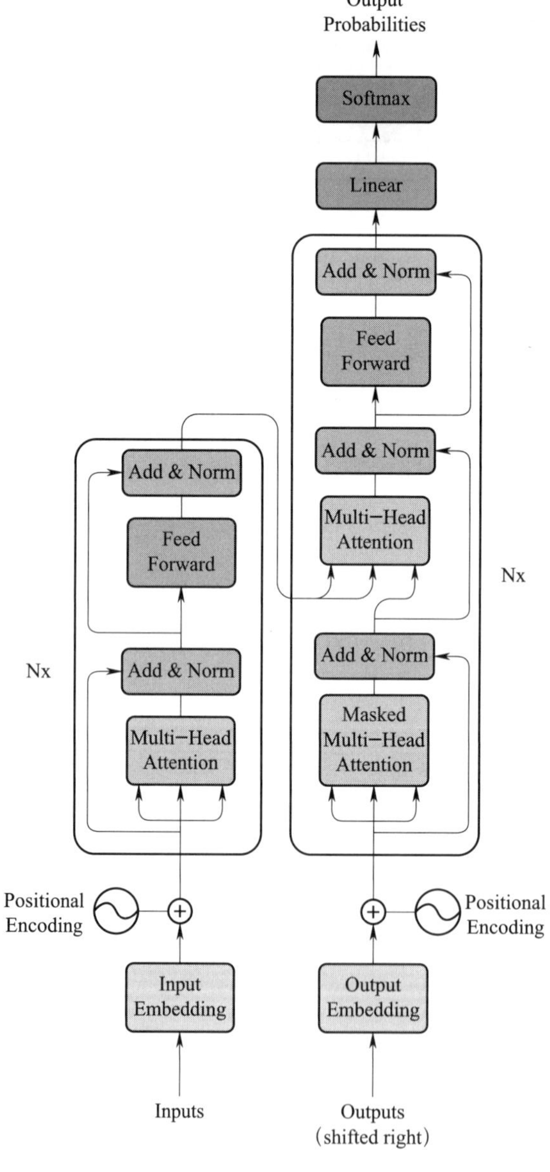

图 4–46　Transformer 结构

编码器/解码器主要由两个模块组成：前馈神经网络和注意力机制，解码器通常多一个注意力机制。Transformer 最重要的部分是注意力机制。通俗来讲，注意力机制在图像处理中的应用是让机器“像人一样特别注意图像的某个部分”，就像在看图时，通常会“特别关注”图中的某些地方。在自然语言处理领域，可以从增强字/词的语义表示这一角度来理解注意力机制。一个字/词在一篇文本中表达的意思通常与它的上下文有关。例如，光看“鹄”字，可能会觉得很陌生，而看到它的上下文“鸿鹄之志”后，就对它立马熟悉了起来。因此，字/词的上下文信息有助于增强其语义表示。同时，上下文中的不同字/词对增强语义表示所起的作用往往不同。例如，在上面这个例子中，“鸿”字对理解“鹄”字的作用最大，而“之”字的作用则相对较小。为了有区分地利用上下文字信息增强目标字的语义表示，就可以用到注意力机制。

BERT 是 2018 年 10 月由 Google AI 研究院提出的一种预训练模型。BERT 的全称是 bidirectional encoder representation from transformers。它强调了不再像以往一样采用传统的单向语言模型或者把两个单向语言模型进行浅层拼接的方法进行预训练，而是采用新的 masked language model（MLM），以至于能生成深度的双向语言表征。BERT 在机器阅读理解顶级水平测试 SQuAD1.1 中表现出惊人的成绩：衡量指标全部超越人类，并且在 11 种不同 NLP 测试中创出最佳效果的表现，包括将 GLUE 基准推高至 80.4%（绝对改进 7.6%），MultiNLI 准确度达到 86.7%（绝对改进 5.6%），成为 NLP 发展史上里程碑式的模型成就。BERT 的具体结构如图 4–47 所示。

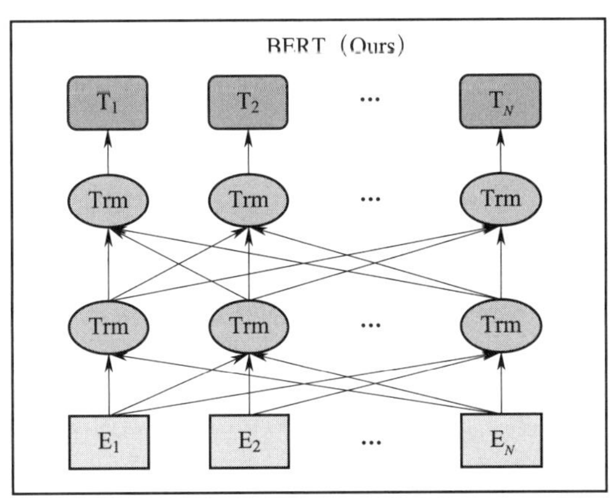

图 4–47 BERT 模型结构

2018年6月，OpenAI发表论文介绍了自己的语言模型GPT，GPT是generative pre-training的简称，它基于Transformer架构，GPT模型先在大规模语料上进行无监督预训练，再在小得多的有监督数据集上为具体任务进行精细调节。先训练一个通用模型，然后在各个任务上调节，这种不依赖针对单独任务的模型设计技巧能够一次性在多个任务中取得很好的表现。

对比来说，GPT中训练的是单向语言模型，其实就是直接应用Transformer的解码器，只能利用上文的信息；BERT中训练的是双向语言模型，可以利用上下文的信息，并应用了Transformer编码器部分，不过在其基础上还做了Masked操作。应用上GPT是基于自回归模型，可以应用在自然语言理解和自然语言生成两大任务，而原生的BERT采用的是基于自编码模型，只能完成自然语言理解任务。

BERT模型基于去噪自编码器的预训练模型可以很好地建模双向语境信息，性能优于基于自回归语言模型的预训练方法。然而，由于需要遮蔽（mask）一部分输入，BERT忽略了被遮蔽位置之间的依赖关系，因此，出现预训练和微调效果的差异，基于以上问题，一种泛化的自回归预训练模型XLNet应运而生。XLNet是一个类似BERT的模型，是一种通用的自回归预训练方法。它是CMU和Google Brain团队在2019年6月发布的模型，XLNet在20个任务上超过了BERT的表现，并在18个任务上取得了当前最佳效果，包括机器问答、自然语言推断、情感分析和文档排序。

无论是BERT还是XLNet语言模型，在英文语料中表现都很优异，但在中文语料中效果一般，ERNIE则是以中文语料训练得出一种语言模型。ERNIE是一种知识增强语义表示模型，其在语言推断、语义相似度、命名实体识别、文本分类等多个NLP中文任务上都有优异表现。ERNIE在处理中文语料时，通过对预测汉字进行建模，可以学习到更大语义单元的完整语义表示。ERNIE模型内部核心由Transformer构成，其模型结构如图4-48所示。模型结构主要包括两个模块，下层模块的文本编码器主要负责捕获来自输入标记的基本词汇和句法信息；上层模块的知识编码器负责将从下层获取的知识信息集成到文本信息中，以便能够将标记和实体的异构信息表示到一个统一的特征空间中。

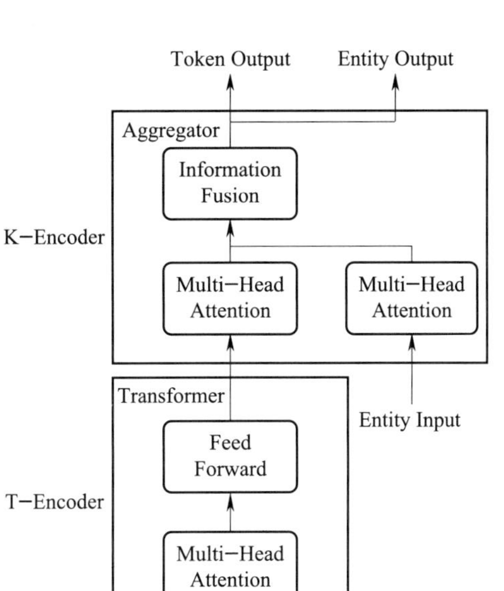

图 4–48　ERNIE 模型结构

ERNIE 模型通过建立海量数据中的实体概念等先验语义知识，学习完整概念的语义表示，即在训练模型时采用遮盖单词的方式，通过对词和实体概念等语义单词进行遮盖，使得模型对语义知识单元的表示更贴近真实世界。此外，ERNIE 模型引入多源语料训练，其中包括百科类、新闻资讯类、论坛对话等数据。总体来说，ERNIE 模型通过实体概念知识来学习真实世界的完整概念语义表示，使得模型对实体概念的学习和推理能力更胜一筹；通过对训练语料的扩充，尤其是引入了对话语料使模型的语义表示能力更强。

阿里巴巴达摩院提出的 NLP 预训练模型 StructBERT 通过对 BERT 模型的改进，取得了更好的效果。StructBERT 的模型架构和 BERT 一样，它的改进在于新增了两个预训练目标：单词结构目标（word structural objective）和句子结构目标（sentence structural objective），如图 4–49 所示。

汉字的顺序并不一定会影响阅读，这是 StructBERT 改进思路的来源。对于一个人来说，字或字符的顺序不影响阅读，一个良好的语言模型应该有把打乱的句子重构的能力。通过新增的预训练目标和对 Masked 操作的改进，StructBERT 能对语言的顺序进行正确重构，并对正确顺序的句子做出预测。

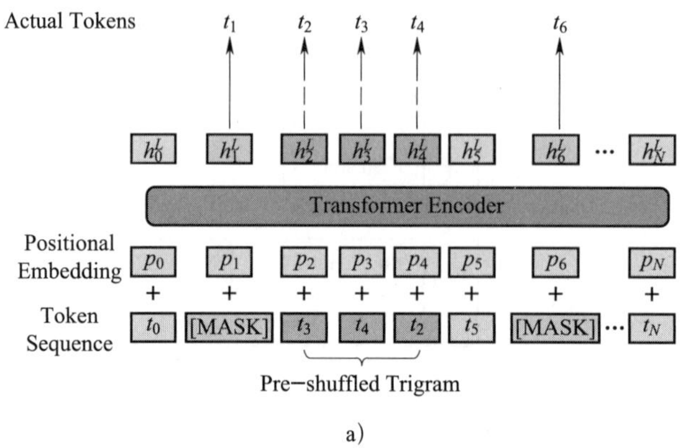

a）

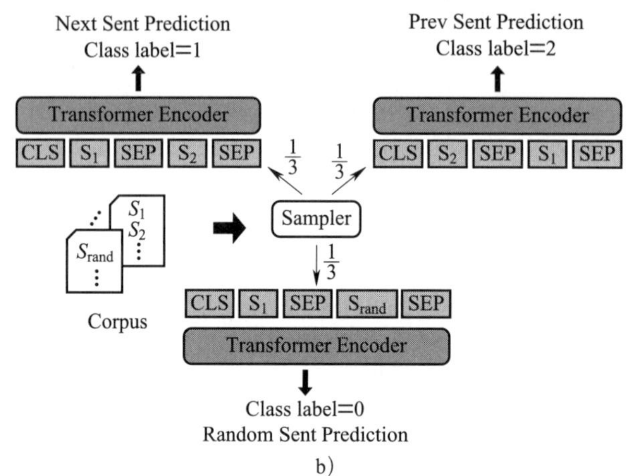

b）

图 4–49　StructBERT 新增的预训练目标

a）word structural objective　b）sentence structural objective

四、案例

本案例以互联网新闻作为数据集，搭建模型来精准区分文本的情感极性，情感分为正、中、负三类，分别以 0、1、2 来表示。

1. 数据预处理

把文本数据去除标点符号，以空格进行分词，并使用 jieba 去除停用词，将处理好的文本数据以词和标签的形式展示出来。

```
import pandas as pd
import jieba
raw_df=pd.read_csv('data/sentiment_analysis_data.csv') # 加载原始数据
stop_words=set(open('data/stop_words.txt', encoding='utf-8').read().strip().split
('\n'))

# 分词 , 生成新的 dataframe
data=[] # 存储分词后的数据和 label
for title, content, label in raw_df.values:
    words=[
        # 过滤停用词
        word for word in jieba.cut(str(title) + ' ' + str(content)) if word.strip() and
word.strip() not in stop_words
    ]
    data.append([' '.join(words), label])

df=pd.DataFrame(data, columns=['cut', 'label'])
print(df)
```

2. 特征构造和特征选择

除了词特征，还增加了 bigram 特征，也就是将连续的 *n* 个词作为一个词。这样一来，特征词可能会达到上万维，造成资源浪费。因此，要进行降维处理，选择最重要的特征。

```
# 使用 CountVectorizer 生成 文档词频矩阵
from sklearn.feature_extraction.text import CountVectorizer
```

```
vectorizer=CountVectorizer(ngram_range=(1, 2))  # 特征除了词特征外，增加了 bi-gram 特征
X=vectorizer.fit_transform(df['cut'])  # 获取文档词的词频矩阵
print(type(X)) # 打印类型，稀疏矩阵存储
X.shape  # 超多的特征词
```

使用卡方检验进行特征选择，用 selector.get_support（ ）来选择最重要的 50 个特征词转成 array 对象并打印。

```
# 使用卡方检验进行特征选择
from sklearn.feature_selection import chi2
from sklearn.feature_selection import SelectKBest

#selector=SelectKBest(chi2, k=5000) # 选择 5000 个特征词
selector=SelectKBest(chi2, k=50)
new_X=selector.fit_transform(X, df['label'])
# 打印最重要的 50 个特征词
import numpy as np

np.array(vectorizer.get_feature_names())[selector.get_support()]
```

3. 权重计算

权重计算是为各个特征赋值，算出各个词特征的重要性。常见的权重有 tf（词频），tfidf，这里使用的是 tfidf，也就是词频乘上倒排文档频率。

```
# 使用 TfidfTransformer 对词频矩阵进行 tfidf 计算
from sklearn.feature_extraction.text import TfidfTransformer
weight_X=TfidfTransformer().fit_transform(new_X)
print(weight_X)
```

4. 归一化

通常需要对连续的特征进行归一化，归一化是让预处理的数据被限定在一定的范围内，从而消除奇异样本数据导致的不良影响。数据归一化处理后，可以加快梯度下降求最优解的速度，且有可能提高精度。上一步的 tfidf 已经做了归一化，如果没有添加额外的特征，这一步可以忽略。

5. 数据集划分

使用 train_test_split 函数进行划分，test_size=0.3 表示把训练集和测试集按照 7∶3 进行划分。

```
    # 使用留出法划分训练集和测试集
    from sklearn.model_selection import train_test_split

    train_X, test_X, train_y, test_y=train_test_split(weight_X, df['label'], test_size=0.3)
# 训练集测试集 7 3 开
    print('train data: ', train_X.shape, train_y.shape) # 打印训练集 shape
    print('test data: ', test_X.shape, test_y.shape) # 打印测试集 shape
```

6. 训练分类模型

本次训练采用逻辑回归模型。从 sklearn.linear_model 调用 LogisticRegression，实例化 LogisticRegression（ ）这个类，并使用 fit（train_X，train_y）传入训练集的 x 和 y，训练模型。

```
# 使用逻辑回归模型
from sklearn.linear_model import LogisticRegression

clf=LogisticRegression().fit(train_X, train_y) # 创建一个 lr 模型 , 使用训练集训练
```

最终经过参数搜索找到最优参数后，一个用于新闻文本情感极性分类的简单模型便训练完成了。

第四节　语 音 识 别

一、语音识别定义

语音识别是人机交互的入口，是指机器/程序接收、解释声音，或理解和执行口头命令的能力。在智能时代，越来越多的场景在设计个性化的交互界面时，采用以对话为主的交互形式。一个完整的对话交互是由“听懂—理解—回答”三个步骤完成的闭环，其中，“听懂”需要语音识别（automatic speech recognition，ASR）技术；“理解”需要自然语言处理（natural language processing，NLP）技术；“回答”需要语音合成（text to speech，TTS）技术。三个步骤环环相扣，相辅相成。语音识别技术是对话交互的开端，是保证对话交互高效准确进行的基础。

语音识别技术始于20世纪50年代，贝尔实验室研发了10个孤立数字的语音识别系统，此后，语音识别相关研究大致经历了3个发展阶段。第一阶段，从20世纪50年代到90年代，语音识别仍处于探索阶段。这一阶段主要通过模板匹配（将待识别的语音特征与训练中的模板进行匹配）进行语音识别，主要实现了小词汇量、孤立词的语音识别。20世纪90年代至21世纪初为第二阶段，这一阶段的语音识别主要以隐马尔科夫模型（hidden markov model，HMM）为基础的概率统计模型为主，识别的准确率和稳定性都得到极大提升。21世纪初至今是语音识别的第三阶段。这一阶段的语音识别建立在深度学习基础上，得益于神经网络对非线性模型和大数据的处理能力，取得了大量成果。迄今为止，以神经网络为基础的语音识别系统仍旧是国内外学者的研

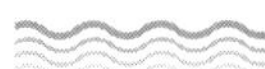

究热点。

二、传统语音识别技术

所谓语音识别，就是将一段语音信号转换成相对应的文本信息，系统主要包含特征提取、声学模型、语言模型以及字典与解码四大部分，其中为了更有效地提取特征，往往还需要对所采集到的声音信号进行滤波、分帧等预处理工作，把要分析的信号从原始信号中提取出来；之后，特征提取工作将声音信号从时域转换到频域，为声学模型提供合适的特征向量；声学模型中再根据声学特性计算每一个特征向量在声学特征上的得分；语言模型则根据语言学相关的理论，计算该声音信号对应可能词组序列的概率；最后根据已有的字典，对词组序列进行解码，得到最后可能的文本表示，如图 4–50 所示。

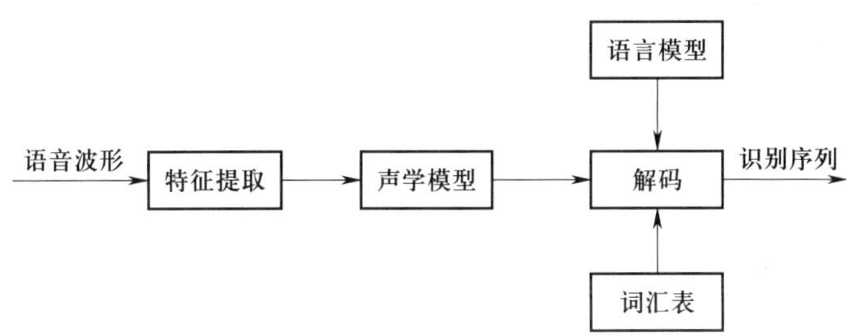

图 4–50　传统语音识别技术

1. 声学信号预处理

作为语音识别的前提与基础，语音信号的预处理过程至关重要。在最终进行模板匹配时，是将输入语音信号的特征参数同模板库中的特征参数进行对比，因此，只有在预处理阶段得到能够表征语音信号本质特征的特征参数，才能够将这些特征参数进行识别率高的语音识别。

首先需要对声音信号进行滤波与采样，此过程主要是为了排除非人体发声以外频率的信号与 50 Hz 电流频率的干扰，该过程一般是用一个设定上下截止频率的带通滤波器进行滤波，再将原有离散信号进行量化处理实现的；之后需要平滑信号的高频与低频部分的衔接段，从而可以在同一信噪比条件下对频谱进行求解，使得分析更为方便快捷；分帧加窗操作是为了将原有频域随时间变化的信号具有短时平稳特性，即将连续的信号用不同长度的采集窗口分成一个个独立的频域稳定的部分以便于分析，此过程主要是采用预加重技术；最后还需要进行端点检测工作，也就是对输入语音信号的起止点进行正确判断，这主要是通过短时能量（同一帧内信号变化的幅度）与短时平均过零率（同一帧内采样信号经过零的次数）进行大致的判定。

2. 声学特征提取

完成信号的预处理之后，随后进行的就是整个过程中极为关键的特征提取的操作。将原始波形进行识别并不能取得很好的识别效果，频域变换后提取的特征参数用于识别，能用于语音识别的特征参数必须满足以下几点：特征参数能够尽量描述语音的根本特征；尽量降低参数分量之间的耦合，对数据进行压缩；应使计算特征参数的过程更加简便，使算法更加高效。基音周期、共振峰值等参数都可以作为表征语音特性的特征参数。

目前，主流研究机构最常用到的特征参数有线性预测倒谱系数（linear prediction cepstrum coefficient，LPCC）和梅尔倒谱系数（mel-frequency cepstral coefficient，MFCC）。两种特征参数在倒谱域上对语音信号进行操作，前者以发声模型作为出发点，利用线性预测编码（LPC）技术求倒谱系数。后者则模拟听觉模型，把语音经过滤波器组模型的输出作为声学特征，然后利用离散傅里叶变换（discrete fourier transform，DFT）进行变换。

MFCC 主要由预加重、分帧、加窗、快速傅里叶变换（fast fourier transform，FFT）、梅尔滤波器组、离散余弦变换几部分组成，其中 FFT 与梅尔滤波器组是 MFCC 最重要的部分。一个完整的 MFCC 算法包括以下几个步骤：

1）快速傅里叶变换（FFT）。

2）梅尔频率尺度转换。

3）配置三角形滤波器组并计算每一个三角形滤波器对信号幅度谱滤波后的输出。

4）对所有滤波器输出作对数运算，再进一步做离散余弦变换（DTC），即可得到 MFCC。

所谓基音周期，是指声带振动频率（基频）的振动周期，因其能够有效表征语音

信号特征，因此，从最初的语音识别研究开始，基音周期检测就是一个至关重要的研究点；所谓共振峰，是指语音信号中能量集中的区域，因其表征了声道的物理特征，并且是发音音质的主要决定条件，因此同样是十分重要的特征参数。

3. 声学模型

声学模型是语音识别系统中非常重要的一个组件，对不同基本单元的区分能力直接关系到识别结果的好坏。语音识别本质上是一个模式识别的过程，模式识别的核心是分类器和分类决策的问题。

通常，在孤立词、中小词汇量识别中使用动态时间规整（DTW）分类器会有良好的识别效果，并且识别速度快、系统开销小，是语音识别中很成功的匹配算法。但是，在大词汇量、非特定人语音识别时，DTW 识别效果就会急剧下降，这时候使用隐马尔科夫模型（HMM）进行训练，识别效果就会有明显提升，由于在传统语音识别中一般采用连续的高斯混合模型（GMM）来对状态输出密度函数进行刻画，因此又称为 GMM–HMM 构架。

（1）高斯混合模型

对于一个随机向量 x，如果它的联合概率密度函数符合如下公式，则称它服从高斯分布，并记为 x~N（μ，Σ）。

$$p(x)=\frac{1}{(2\pi)^{D/2}|\Sigma|^{1/2}}\exp\left[-\frac{1}{2}(x-\mu)^T\Sigma^{-1}(x-\mu)\right] \tag{4-30}$$

其中，μ 为分布的期望，Σ 为分布的协方差矩阵。高斯分布有很强的近似真实世界数据的能力，同时又易于计算，因此，被广泛地应用在各个学科之中，如图 4–51 所示。但是，仍然有很多类型的数据不好被一个高斯分布所描述。这时可以使用多个高斯分布的混合分布来描述这些数据，由多个分量分别负责不同潜在的数据来源。此时，随机变量符合密度函数。

$$p(x)=\sum_{m=1}^{M}\frac{c_m}{(2\pi)^{D/2}|\Sigma_m|^{1/2}}\exp\left[-\frac{1}{2}(x-\mu_m)^T\Sigma_m^{-1}(x-\mu_m)\right] \tag{4-31}$$

其中，M 为分量的个数，通常由问题规模来确定。

数据服从混合高斯分布所使用的模型称为高斯混合模型。高斯混合模型被广泛地应用在很多语音识别系统的声学模型中。考虑到在语音识别中向量的维数相对较大，

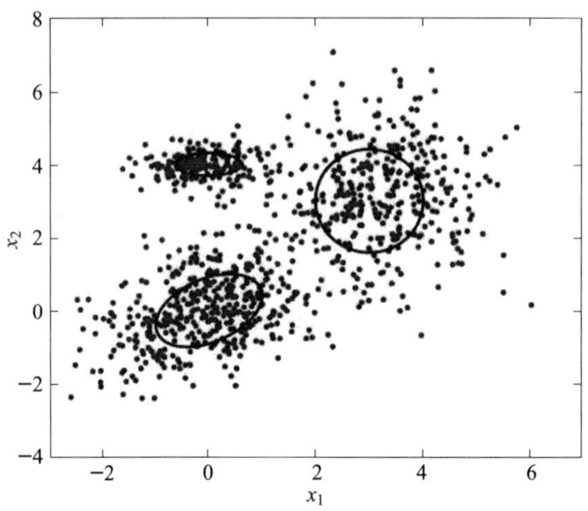

图 4–51　使用高斯混合模型对二维数据建模

所以通常会假设混合高斯分布中的协方差矩阵 Σm 为对角矩阵。这样既大大减少了参数的数量，同时可以提高计算的效率。

（2）隐马尔科夫模型

现在考虑一个离散的随机序列，若转移概率符合马尔可夫性质，即将来状态和过去状态独立，则称其为一条马尔可夫链（markov chain）。若转移概率和时间无关，则称其为齐次（homogeneous）马尔可夫链。马尔可夫链的输出和预先定义好的状态一一对应，对于任意给定的状态，输出是可观测的，没有随机性。如果对输出进行扩展，使马尔可夫链的每个状态输出为一个概率分布函数。这样的话，马尔可夫链的状态不能被直接观测到，只能通过受状态变化影响的符合概率分布的其他变量来推测。这种以隐马尔可夫序列假设来建模数据的模型称为隐马尔可夫模型。

对应到语音识别系统中，使用隐马尔可夫模型来刻画一个音素内部子状态变化，来解决特征序列到多个语音基本单元之间对应关系的问题，如图 4–52 所示。

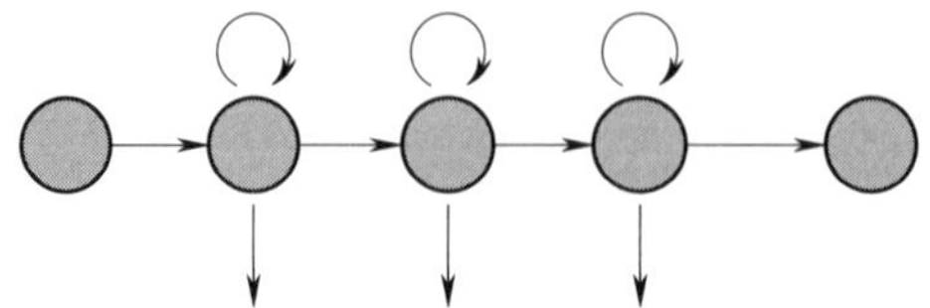

图 4–52　常用的一阶隐马尔可夫模型

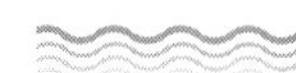

在语音识别任务中使用隐马尔可夫模型需要计算模型在一段语音片段上的可能性。在训练的时候，需要使用 Baum-Welch 算法学习隐马尔可夫模型参数，进行最大似然估计（maximum likelihood estimation，MLE）。Baum-Welch 算法是 EM（expectation-maximization）算法的一种特例，利用前后项概率信息迭代地依次进行计算条件期望的 E 步骤和最大化条件期望的 M 步骤。

4. 语言模型

语言模型主要是刻画人类语言表达的方式习惯，着重描述了词与词在排列结构上的内在联系。在语音识别解码的过程中，在词内转移参考发声词典、词间转移参考语言模型，好的语言模型不仅能够提高解码效率，还能在一定程度上提高识别率。语言模型分为规则模型和统计模型两类，统计模型用概率统计的方法来刻画语言单位内在的统计规律，其设计简单实用而且取得了很好的效果，已经被广泛用于语音识别、机器翻译、情感识别等领域。

最简单、最常用的语言模型是 N 元语言模型（N-gram language model，N-gram LM）。N 元语言模型假设在给定上文环境下，当前词的概率只与前 $n-1$ 个词相关。于是词序列 w_1，…，w_m 的概率 P（w_1，…，w_m）可以近似为：

$$
\begin{aligned}
P(w_1, \cdots, w_m) &= \prod_{i=1}^{m} P(w_i \mid w_1, \cdots, w_{i-1}) \\
&\approx \prod_{i=1}^{m} P(w_i \mid w_{i-(n-1)}, \cdots, w_{i-1})
\end{aligned}
\tag{4-32}
$$

为了得到公式中的每一个词在给定上文环境下的概率，需要一定数量的该语言文本来估算。可以直接使用包含上文的词对在全部上文词对中的比例来计算该概率，即

$$
P(w_i \mid w_{i-(n-1)}, \cdots, w_{i-1}) = \frac{\text{count}(w_{i-(n-1)}, \cdots, w_{i-1}, w_i)}{\text{count}(w_{i-(n-1)}, \cdots, w_{i-1})} \tag{4-33}
$$

对于在文本中未出现的词对，需要使用平滑方法来进行近似，如 Good-Turing 估计或 Kneser-Ney 平滑等。

5. 解码与字典

解码器是识别阶段的核心组件，通过训练好的模型对语音进行解码，获得最可能

的词序列，或者根据识别中间结果生成识别网格（lattice）以供后续组件处理。解码器部分的核心算法是动态规划算法 Viterbi。由于解码空间非常巨大，通常在实际应用中会使用限定搜索宽度的令牌传递方法（token passing）。

传统解码器会完全动态生成解码图（decode graph），如著名语音识别工具 HTK（HMM tool kit）中的 HVite 和 HDecode 等。这样的实现内存占用较小，但考虑到各个组件的复杂性，整个系统的流程烦琐，不能高效地将语言模型和声学模型结合起来，同时更加难以扩展。现在主流的解码器实现会一定程度上使用预生成的有限状态变换器（finite state transducer，FST）作为预加载的静态解码图。这里可以将语言模型（G）、词汇表（L）、上下文相关信息（C）、隐马尔可夫模型（H）四个部分分别构建为标准的有限状态变换器，再通过标准的有限状态变换器操作将它们组合起来，构建一个从上下文相关音素子状态到词的变换器。这样的实现方法额外使用了一些内存空间，但让解码器的指令序列变得更加整齐，使得一个高效的解码器的构建更加容易。同时，可以对预先构建的有限状态变换器进行预优化，合并和剪掉不必要的部分，使得搜索空间变得更加合理。

在过去，最流行的语音识别系统通常使用梅尔倒谱系数（MFCC）或者相对频谱变换－感知线性预测（RASTA-PLP），作为特征向量，使用高斯混合模型－隐马尔科夫模型（GMM-HMM）作为声学模型，用最大似然（ML）准则和期望最大化算法来训练这些模型。

三、基于深度学习的语音识别技术

早在 20 世纪 80 年代，就有研究者在语言识别中使用神经网络作为分类器。但受限于当时机器的计算能力，语音数据的稀少，以及对语音基本单元建模的选择等因素，神经网络分类器并没有在语音识别系统中成为主流，效果不如使用高斯混合模型。但随着人们对神经网络的重新认识，深度学习的风潮再次席卷了语音界，人们纷纷转向研究深度神经网络在语音识别中的应用。深度神经网络模型是区分性（discriminative）的模型，对于区分不同的基本单位来说，比需要描述完整分布的产生性（generative）模型——高斯混合模型需要的参数相对要少，更容易获得好的效果。

1. 声学模型

深度学习的兴起为声学建模提供了新途径，学者们用深度神经网络（deep neural network，DNN）代替 GMM 估计 HMM 的观测概率，得到了 DNN–HMM 语音识别系统，其结构如图 4–53 所示。DNN–HMM 采用 DNN 的每个输出节点来估计给定声学特征条件下 HMM 某个状态的后验概率。DNN 模型的训练阶段大致分为两个步骤：第 1 步是预训练，利用无监督学习的算法训练受限玻尔兹曼机（restricted boltzmann machine，RBM），RBM 算法通过逐层训练并堆叠成深层置信网络（deep belief networks，DBN）；第 2 步是区分性调整，在 DBN 的最后一层上面增加一层 Softmax 层，将其用于初始化 DNN 的模型参数，然后使用带标注的数据，利用传统神经网络的学习算法（如 BP 算法）学习 DNN 的模型参数。相比于 GMM–HMM，DNN–HMM 具有更好的泛化能力，擅长举一反三，帧与帧之间可以进行拼接输入，特征参数也更加多样化，且对所有状态只需训练一个神经网络。

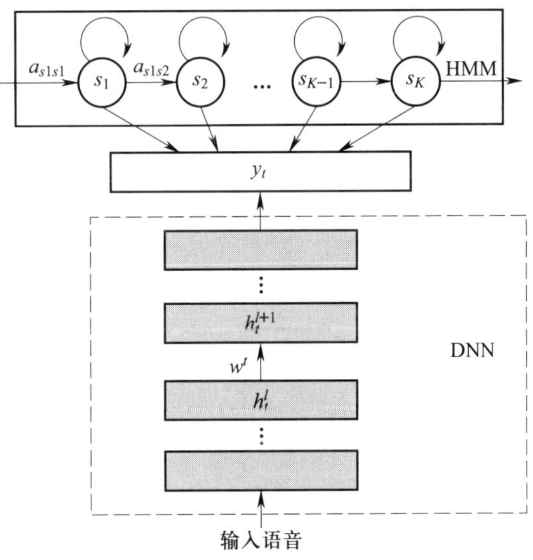

图 4–53　基于 DNN–HMM 的语音识别系统框架

通过将 DNN 取代 GMM 对 HMM 观测概率进行声学建模，DNN–HMM 相比 GMM–HMM 在语音识别性能方面有很大提升；然而，DNN 在时序信息的上下文建模能力以及灵活性等方面仍有欠缺。针对这一问题，对上下文信息利用能力更强的循环神经网络（RNN）和卷积神经网络（CNN）被引入声学建模中。在 RNN 的网络结构中，当前

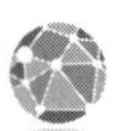

时刻的输出依赖记忆与当前时刻的输入，这对于语音信号的上下文相关性建模非常有优势。然而，RNN 存在因梯度消失和梯度爆炸而难以训练的问题，于是研究人员引入门控机制，得到梯度传播更加稳定的长短时记忆（long short-term memory，LSTM）网络。LSTM 通过输入门、输出门和遗忘门可以更好地控制信息的流动和传递，具有长短时记忆能力。虽然 LSTM 的计算复杂度会比 DNN 增加，但其整体性能比 DNN 稳定提升 20% 左右。LSTM-RNN 对语音的上下文信息的利用率更高，识别的准确率与鲁棒性也均有提升。

BLSTM 是在 LSTM 基础上做的进一步改进，不仅考虑语音信号的历史信息对当前帧的影响，还要考虑未来信息对当前帧的影响，因此，其网络中沿时间轴存在正向和反向两个信息传递过程，这样该模型可以更充分考虑上下文对于当前语音帧的影响，能够极大提高语音状态分类的准确率。BLSTM 考虑未来信息的代价是需要进行句子级更新，模型训练的收敛速度比较慢，同时也会带来解码的延迟，对于这些问题，业界都进行了工程优化与改进，即使现在仍然有很多大公司还在使用该模型结构。LSTM 模型如图 4-54 所示。

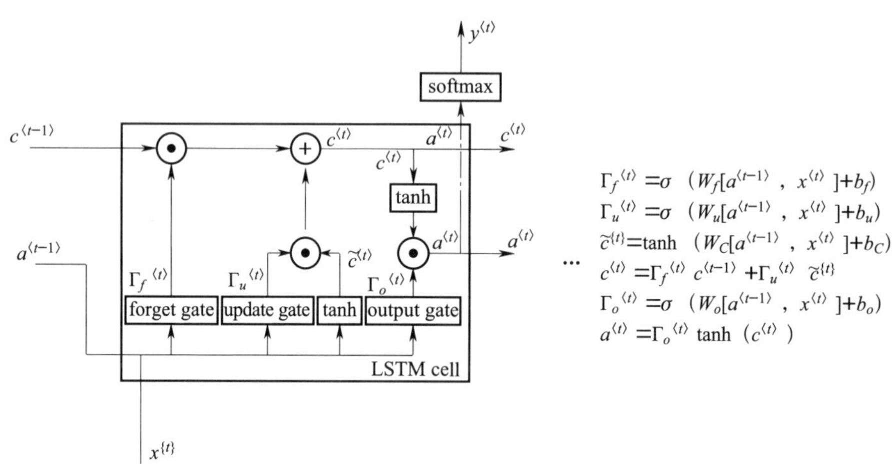

图 4-54　LSTM 模型

CNN 的优势在于卷积的不变性和池化技术，对上下文信息有建模能力，对噪声具有鲁棒性，并且可以减少计算量。时延神经网络（time delay neural network，TDNN）是 CNN 对大词汇量连续语音识别的成功应用。CLDNN（CNN-LSTM-DNN）综合了三

者的优点，实验结果也证明了三者的结合得到了正向的收益。

TDNN 是最早基于 CNN 的语音识别方法，TDNN 会沿频率轴和时间轴同时进行卷积，因此，能够利用可变长度的语境信息。TDNN 用于语音识别分为两种情况，第一种情况，只有 TDNN，很难用于大词汇量连续性语音识别（LVCSR），原因在于可变长度的表述（utterance）与可变长度的语境信息是两回事，在 LVCSR 中需要处理可变长度表述问题，而 TDNN 只能处理可变长度语境信息；第二种情况，TDNN-HMM 混合模型，由于 HMM 能够处理可变长度表述问题，因而该模型能够有效地处理 LVCSR 问题。

DFCNN 的全称叫作全序列卷积神经网络（deep fully convolutional neural network），是一种语音识别框架。DFCNN 先对时域的语音信号进行傅里叶变换得到语音的语谱图，DFCNN 直接将一句语音转化成一张图像作为输入，输出单元则直接与最终的识别结果（比如音节或者汉字）相对应。DFCNN 的结构中把时间和频率作为图像的两个维度，通过较多的卷积层和池化层的组合，实现对整句语音的建模。DFCNN 的原理是把语谱图看作带有特定模式的图像，而有经验的语音学专家能够从中看出里面说的内容。DFCNN 模型如图 4-55 所示。

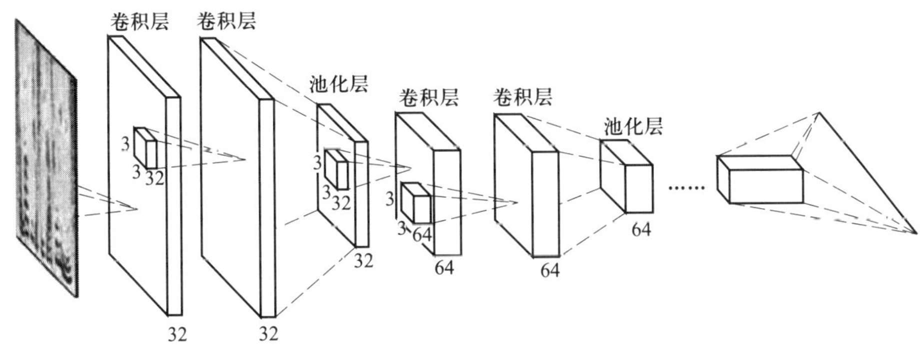

图 4-55　DFCNN 模型

长期的研究和实践证明：基于深度学习的声学模型要比传统的基于浅层模型的声学模型更适合语音处理任务。语音识别的应用环境常常比较复杂，选择能够应对各种情况的模型建模，声学模型是工业界及学术界常用的建模方式。但单一模型都有局限性。HMM 能够处理可变长度的表述，CNN 能够处理可变声道，RNN/CNN 能够处理可变语境信息。声学模型建模中，混合模型由于能够结合各个模型的优势，目前乃至今后一段时间内仍是声学建模的主流方式。

2. 语言模型

随着深度学习的发展，语言模型的研究也开始引入深度神经网络。从 n-gram 模型可以看出，当前的词组出现依赖于前方的信息，因此，很适合用循环神经网络进行建模。

Bengio 等将神经网络用于语言模型建模，提出用词向量的概念，用连续变量代替离散变量，利用神经网络去建模当前词出现的概率与其前 $n-1$ 个词之间的约束关系。这种模型能够降低模型参数的数量，具有一定的泛化能力，能够较好地解决数据稀疏带来的问题，但其对取得长距离信息仍束手无策。为进一步解决问题，RNN 被用于语言模型建模。循环神经网络语言模型（RNNLM）中隐含层的循环能够获得更多上下文信息，通过在整个训练集上优化交叉熵来训练模型，使得网络能够尽可能建模出自然语言序列与后续词之间的内在联系。其优势在于相同的网络结构和超参数可以处理任意长度的历史信息，能够利用神经网络的表征学习能力，极大程度避免了未登录问题；但无法任意修改神经网络中的参数，不利于新词的添加和修改，且实时性不高。

语言模型的性能通常采用困惑度（perplexity，PPL）进行评价。PPL 定义为序列的概率几何平均数的倒数，其公式定义如下：

$$P(w_i \mid w_{i-n+1}, w_{i-n+2}, \cdots, w_{i-1}) = \frac{\text{count}(w_{i-n+1}, w_{i-n+2}, \cdots, w_{i-1}, w_i)}{\text{count}(w_{i-n+1}, w_{i-n+2}, \cdots, w_{i-1})} \tag{4-34}$$

PPL 越小，表示出现下一个预测词的概率越大，该模型的效果越好。

四、端到端语音识别

传统的语音识别由多个模块组成，彼此独立训练，但各个子模块的训练目标不一致，容易产生误差累积，使得子模块的最优解并不一定是全局最优解。针对这个问题，学者们提出了端到端的语音识别系统，将输入的语音波形或特征矢量序列直接转换成单词、字符序列。端到端语音识别将声学模型、语言模型、发音词典等模块容纳至一

个系统，通过训练直接优化最终目标，如词错误率（word error rate，WER）、字错误率（character error rate，CER），极大地简化了整个建模过程。目前端到端的语音识别方法主要有基于连接时序分类（connectionist temporal classification，CTC）和基于注意力机制（attention model）两类方法及其改进方法。

CTC 引入空白（blank）符号解决输入输出序列不等长的问题，主要思想是最大化所有可能对应的序列概率之和，无须考虑语音帧和字符的对齐关系，只需要输入和输出就可以训练。CTC 实质是一种损失函数，常与 LSTM 联合使用。基于 CTC 的模型结构简单，可读性较强，但对发音词典和语言模型的依赖性较强，且需要做独立性假设。RNN-Transducer 模型是对 CTC 的一种改进，加入一个语言模型预测网络，并和 CTC 网络通过一层全连接层得到新的输出，这样解决了 CTC 输出需做条件独立性假设的问题，能够对历史输出和历史语音特征进行信息累积，更好地利用语言学信息提高识别准确率。

基于注意力机制的端到端模型最开始被用于机器翻译，能够自动实现两种语言的不同长度单词序列之间的转换。该模型主要由编码网络、解码网络和注意力子网络组成。编码网络将语音特征序列经过深层神经网络映射成高维特征序列，注意力网络分配权重系数，解码网络负责输出预测的概率分布。该模型不需要先验对齐信息，也不用音素序列间的独立性假设，不需要发音词典等人工知识，可以真正实现端到端的建模。2016 年谷歌提出了一个 listen-attend-spell（LAS）模型，其结构框架如图 4-56 所示。LAS 模型真正实现了端到端，所有组件联合训练，也无独立性假设要求。但 LAS 模型需要对整个输入序列之后进行识别，因此实时性较差，之后也有许多学者对该模型不断改进。

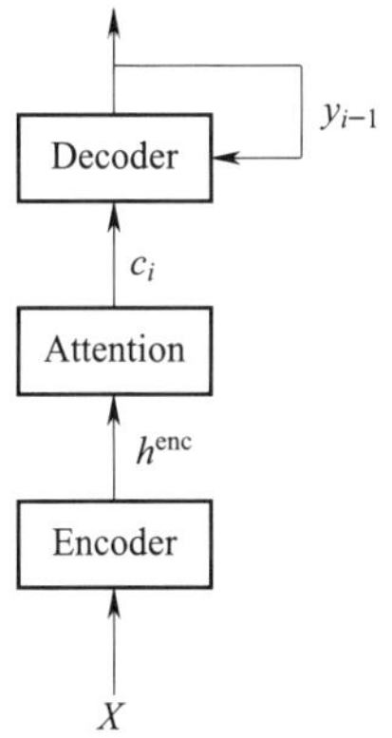

图 4-56　LAS 模型框架

目前端到端的语音识别系统仍是语音识别领域的研究热点，基于 CTC、注意力机制以及两者结合的系统都取得了非常不错的成果。其中 Transformer-Transducer 模型将 RNN-T 模型中的 RNN 替换为 Transformer，提升了计算效率，还控制注意力模块上下文时间片的宽度，满足流式语音识别的需求。2020 年谷歌提出的 ContextNet 模型，采用 Squeeze-and-Excitation 模块获取全局信息，并通过渐进降采样和模型缩放在减小模型参数和保持识别准确率之间取得平衡。在 Transformer 模型捕捉长距离交互的基础上加入了 CNN 擅长的局部提取特征得到 Conformer 模型，实现以更少的参数达到更好的精度。实际上端到端的语音识别系统在很多场景的识别效果已经超出传统结构下的识别系统，但距其落地得到广泛商业应用仍有一段路要走。

五、总结与展望

目前主流的语音识别方法大多基于深度神经网络。这些方法大体分为两类：一类是采用一定的神经网络取代传统语音识别方法中的个别模块，如特征提取、声学模型或语言模型等；另一类是基于神经网络实现端到端的语音识别。相比于传统的识别方法，基于深度神经网络的语音识别方法在性能上有了显著的提升。在低噪声加近场等理想环境下，当前的语音识别技术研究已经达到了商业需求。然而，在实际应用中存在各种复杂情况，如声源远场、小语种识别、说话人口音、专业语言场景等，这些情况使得复杂场景下的语音识别应用落地仍面临挑战。此外，尽管当前深度学习在语音识别的应用确实提高了识别率等性能，但效果好的模型往往规模复杂且庞大、需要的数据资源较为冗余，不适合用于移动设备（如手机、智能穿戴设备等）；小语种、多口音、不同方言等的识别性能仍然有待提升。总之，当前语音识别领域已取得丰富的研究成果，但仍有很长一段路要走。

在未来很长一段时间内，基于深度神经网络的语音识别仍是主流；面向不同应用场景，根据语音信号特点对现有神经网络结构进行改进仍是未来研究重点。

第五节　智能决策

一、智能识别的定义

大数据智能决策就是用智能计算方法对大数据进行智能化分析与处理，从中抽取结构化的知识，进而对问题进行求解或对未来做出最优判断的过程。该过程需要满足大数据决策在不确定性、动态性、全局性以及关联性上的分析需求。从静态决策到动态决策、从单人决策到群体决策、从基于小规模数据分析的决策到基于大数据知识发现的决策，决策理论与方法已经发生了巨大的变化，基于大数据的智能决策逐渐成为新时代决策应用及研究的新生力量。

在面向大数据的决策应用中，关联性为问题假设的初步分析以及正确数据选择提供必要的判定与依据，它既是一个重要前提，也是一种必要的分析手段；不确定性是大数据决策的显著特征，同时也是大数据智能决策研究的重点与难点；大数据决策的动态性决定了大数据知识动态演化的重要性，如何有效利用数据的增量性同样是大数据智能决策研究的关键点；大数据决策追求的全局性，要求大数据智能决策能够将多源信息进行融合与协同，以消除信息孤岛。需要指出的是，大数据的关联性、不确定性、动态性和全局性不是相互独立的因素，四者之间存在着潜在的联系，在实际应用中可能并发存在，但从研究的角度出发，一般很难将上述四种因素的分析同时讨论。此外，智能决策支持系统是智能决策分析方法的载体，随着大数据应用的普及，智能决策支持系统的发展也是大数据决策领域备受人们关注的研究方向。

二、智能决策理论及方法

智能决策方法是结合人工智能、机器学习、数据挖掘等方法，采用推理实现决策功能的方法，能够用于实现不确定环境下的智能决策。人类面临越来越复杂的决策任务和决策环境：决策问题所涉及的变量规模越来越大；决策所依赖的信息具有不完备性、模糊性、不确定性等特点，使得决策问题难以全部定量化地表示出来；某些决策问题及其目标可能是模糊的、不确定的，使得决策者对自己的偏好难以明确，随着决策分析的深入，对决策问题的认知加深，自己原有的偏好 / 倾向得到不断修正，使得决策过程出现不断调整的情况，这时传统的决策数学模型已经难以胜任求解复杂度过高的决策问题。AI 应用于决策科学主要有两种模式：一是针对可建立精确数学模型的决策问题，由于问题的复杂性，如组合爆炸、参数过多等而无法获得问题的解析解，需要借助 AI 中的智能搜索算法获得问题的数值解；二是针对无法建立精确数学模型的不确定性决策问题、半结构化或非结构化决策问题，需要借助 AI 方法建立相应的决策模型并获得问题的近似解。

数据库知识发现（knowledge discovery in databases，KDD）是指从大量数据中提取有用、新颖的、有效的并最终能被人理解的模式的处理过程。数据挖掘（data mining，DM）是 KDD 的核心阶段，通过实施相关算法获得期望的模式。

智能决策的核心是如何获取支持决策的信息和知识，知识获取是基于知识的系统（KBS）的最大瓶颈。推理规则的获取与 KBS 中知识获取一样难，因而基于案例推理（case-based reasoning）渐渐变成基于案件检索（case-based retrieving）等。

（1）步骤

数据库知识发现分为以下几个步骤：

1）理解、定义用户的目标和 KDD 运行的环境。

2）选取可用的数据；定义附加的、必需的数据，如领域知识；数据集合为一个数据集。

3）缺失值处理，剔除噪声或异常数据。

4）维数约简（特征选择与抽取，数据采样）；属性转换（离散化和泛化）；数码

 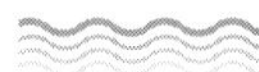

编码。

5）确定数据挖掘类型，如分类、聚类、回归；选择特定的方法；执行数据挖掘算法。

6）评估和解释所挖掘的模式，重点是可理解性、有用性。

7）与原有知识系统合并。

（2）数据预处理

1）空值估算。空值是指属性值未知且不可用、与其他任何值都不相同的符号。在样本数据集中，空值在所有非主码属性中都可能出现。

①空值出现的主要原因：

a. 在信息收集时忽略了一些认为不重要的数据或信息提供者不愿意提供，而这些数据对以后的信息处理可能是有用的；

b. 某些属性值未知；

c. 数据模型的限制。

②空值处理的常用方法：

a. 从训练集中移去含未知值的实例；

b. 用某个最可能的值进行替换；

c. 基于样本中其他属性的取值和分类信息，构造规则来预测丢失的数据，并用预测结果“填补”丢失值；

d. 应用贝叶斯公式确定未知值的概率分布，选择最可能的值填补空值或根据概率分布用不同值填补空值形成多个对象；

e. 将含有未知值的一个给定样本数据集转换成一个新的、可能不相容的但每个属性值均已知的数据集，方法是将某个属性的未知值用所有该属性的可能值替换形成多个数据集。

2）连续属性离散化。离散化问题本质上可归结为利用选取的分割点对属性的值域空间进行划分的问题。

离散化方法：等区间方法、等信息量方法、基于信息熵的方法、Holte 的 1R 离散化方法、统计试验方法、超平面搜索方法以及用户自定义区间等。应用不同的准则可将现有的离散化方法分为局部与全局方法（论域空间）、静态与动态方法（属性空间）和有导师与无导师方法（是否依赖决策属性）。

①等区间离散化方法。等区间分割是将连续属性的值域等分成（$k_i \in \mathrm{N}$）个区间，k_i 一般由用户确定。假设某个属性的最大属性值为 x_{max}，最小属性值为 x_{min}，用户给定的分割点参数为 k，则分割点间隔为 $\delta=\frac{x_{max}-x_{min}}{k}$，所得到的属性分割点为 $x_{min}+i_g$，i=1，2，…，k。

②等信息量离散化方法。等信息量分割首先将测量值进行排序，然后将属性值域分成 k 个区间，每个区间包含相同数量的测量值。假设某个属性的最大属性值为 x_{max}，最小属性值为 x_{min}，用户给定的分割点参数为 k，样本集中的对象个数为 n，则需要将样本集中的对象按该属性的取值从小到大排列，然后按对象数平均划分为 k 段即得到分割点集，每两个相邻分割点之间的对象数均为$\frac{n}{k}$。

③统计试验方法。统计试验方法根据决策属性分析区间划分之间的独立程度，确定分割点的有效性。对于任意分割点 $c_j^i \in P_i$（$0<j<k_i$），均可将［s_i，e_i］分成 2 个区间 L=［s_i，c_j^i）和 R=（c_j^i，e_i），两区间的独立程度为：

$$X^2=\sum_{i=1}^{2}\sum_{j=1}^{r}\frac{(n_{ij}-E_{ij})^2}{E_{ij}} \tag{4-35}$$

其中，r 是决策类数目，n_{ij} 是在第 i 区间中属于第 j 决策类的对象数。

$$E_{lj}=\frac{\sum_{k=1}^{r}n_{lk}\times\sum_{k=1}^{2}n_{kj}}{\sum_{k=1}^{r}\sum_{m=1}^{r}n_{km}} \tag{4-36}$$

若 E_{ij}=0，则取 E_{lj}=0.1。基于统计试验的离散化方法是将 χ^2 值较大的分割点作为有效分割点。面向验证（系统验证用户的假设）：包括传统统计学中最常用的方法，如拟合优度检验、假设检验（如均值 t 检验）和方差分析。面向发现（系统自动发现新的规则和模式）：预测方法 VS 描述方法；监督学习 VS 无监督学习。

（3）数据库知识发现的目标和方法

1）归纳总结（induction & summarization）。从泛化的角度总结数据，即从低层次数据抽象出高层次的描述的过程。主要方法：归纳、泛化。泛化（generalization）是用

来扩展一假设的语义信息，使其能够包含更多的正例。

2）关联规则（association rules）。关联规则的形式为 A → B，A 为前件，B 为后件。A 为满足前件的对象集，B 为满足后件的对象，N 为全部对象集。Support= $\frac{|A \cap B|}{N}$，Confidence= $\frac{|A \cap B|}{|A|}$。关联规则发现的典型方法：Apriori 算法。其主要思想：①一个频繁项集（支持度超过给定值的项集）的子集一定是频繁的。例如，{beer，diaper，nuts} 是频繁的，那么 {beer，diaper} 一定是频繁的。②任一项是非频繁的，则包含该项的超集一定是不频繁的。例如，若 {beer，diaper} 是不频繁的，那么 {beer，diaper，nuts} 一定是不频繁的。

3）分类（classification）。按类标签（为数据库中的某属性集，一般仅包含一个属性）对数据库中的对象进行分类，具有相同标签值或标签值在指定区间内的对象属于同类。分类规则是判断某个对象属于某类的充分条件，即对象具有某类的属性时则表示该对象属于该类。

4）聚类（clustering）。聚类也叫分段，就是将数据库中的实体分成若干组或簇，簇内实体相似性最大，簇间相似性最小。对象相似的判断方法有多种，如距离法。典型方法：k-means。聚类方法的核心问题是样品间的相似性度量，通常用距离来度量。实际应用时常分析两个样品之间的相对距离，这时需要对样品数据进行标准化处理，然后用标准化数据计算距离。对于给定的 n 个样品，先粗略地形成 k（$k \leqslant n$）个分割，使得每个分割对应一个类，每个类至少有一个样品并且每个样品精确地属于一个类，然后按照某种原则进行修正，直至分类比较合理为止。

5）回归（regression）。根据历史数据拟合一函数将属性集映射到相应的值集。回归可以看作一种分类，区别是分类的类标签值是离散的，而回归是连续的。

三、智能决策支持结构及流程

智能决策支持系统是人工智能和决策支持系统（DSS）相结合，应用专家系统（expert system，ES）技术，使 DSS 能够更充分地应用人类的知识，如关于决策问题的描述性知识，决策过程中的过程性知识，求解问题的推理性知识，通过逻辑推理来帮助解决复杂的决策问题的辅助决策系统。

1. 智能决策系统结构

DSS 结构是在传统三库 DSS 的基础上增设知识库与推理机，在人机对话子系统加入自然语言处理系统，与四库之间插入问题处理系统（PSS）而构成的四库系统结构，分别是模型库、数据库、方法库和知识库。

（1）智能人机接口

四库系统的智能人机接口接受用自然语言或接近自然语言的方式表达的决策问题及决策目标，这较大程度地改变了人机界面的性能。

（2）问题处理系统

问题处理系统处于智能决策支持系统（IDSS）的中心位置，是联系人与计算机及所储存的求解资源的桥梁，主要由问题分析器与问题求解器两部分组成。具体工作流程如图 4–57 所示。

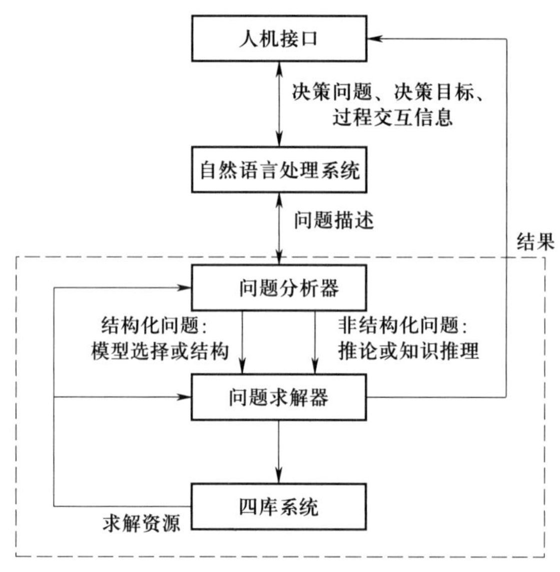

图 4–57　问题处理系统工作流程

（3）知识库和推理机

知识库子系统是对有关规则、因果关系及经验等知识进行获取、解释、表示、推理以及管理与维护的系统，在 DSS 中引进知识库子系统提高了系统的智能化程度。知识库子系统从组成上来看可分为三部分：知识库管理系统、知识库及推理机，如图 4–58 所示。

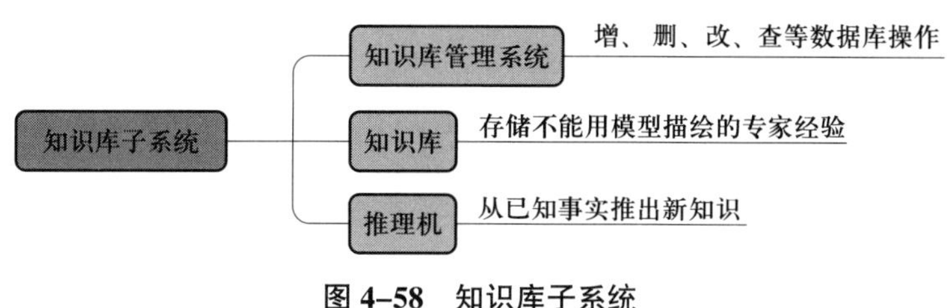

图 4–58　知识库子系统

2. 智能决策系统流程

（1）适用性分析

IDSS 在决策支持系统的基础上引入人工智能技术，能够较好地解决非结构化问题，为决策者提供定性和定量的建议，辅助其决策。

（2）模型库设计

1）基本数学模型库。存放一些具有无针对性的基本数学模型和算法，如初等模型、微分方程模型、图论及网络分析模型以及概率统计模型等，支持其他模型库的运行。

2）业务模型库。存放一些用于完成特定业务的模型和算法。例如，神经网络、模式识别方法等。

（3）数据库设计

1）原始数据。来源于各数据源的数据。

2）统计数据。统计分析来自数据源的数据。

3）综合数据（包括图和表）。存储模型库模型和其他数据分析工具对源数据分析处理的结果。

四、总结

大数据可以为人们带来更加科学全面的决策支持，但大数据智能决策的应用研究还处于初期阶段，并仍面临诸多挑战。在此，讨论大数据智能决策面临的一些问题挑战，并指出潜在的应对方法或未来的发展趋势。发展基于大数据的人工智能新技术，实现基于大数据的智能决策是推动发展智能经济、智能服务、智能制造的关键手段。现阶段，智能决策理论方法在大数据驱动的模式下快速发展，并逐渐形成一系列围绕多源异构大数据智能化处理的新方法和新趋势。作为一门快速发展的开放性学科领域，大数据智能决策在内涵外延、模型理论、技术方法及实施策略等方面还需要人们继续投入更多的研究与实践。

第六节　实　　验

实验一：基于图像处理方法的视觉检测

一、实验目的

（1）掌握图像处理方法。

（2）掌握图像计算相关算法。

（3）掌握视觉检测程序与 PLC 的数据交互。

（4）掌握计算机视觉检测方法。

二、实验相关知识点

（1）图像处理的相关算法：灰度化、二值化、滤波、边缘提取、旋转等。

（2）图像计算相关算法：圆拟合等。

（3）OPC UA 通信协议的使用。

（4）计算机视觉检测方法。

三、实验内容以及主要步骤

实验内容一：印章材质以及孔位检测

主要步骤如下：

（1）使用相关方法对图像进行预处理，以获得 ROI（感兴趣区域）图像。

（2）编写程序，完成印章材质的检测。

（3）编写程序，完成印章孔位的检测。

（4）使用 OPC UA，完成视觉检测程序与 PLC 的数据交互。

实验内容二：齿轮齿数、尺寸的计算以及齿轮轴材质检测

主要步骤如下：

（1）使用相关方法对图像进行预处理，以获得 ROI（感兴趣区域）图像。

（2）编写程序，完成齿轮的齿数计算。

（3）编写程序，完成齿轮尺寸的测量。

（4）编写程序，完成齿轮轴材质的检测。

（5）使用 OPC UA，完成视觉检测程序与 PLC 的数据交互。

实验二：基于机器学习方法的视觉检测

一、实验目的

（1）掌握基于深度学习的单阶段目标检测算法 YOLOv5。

（2）掌握基于迁移学习（微调）的方法训练缺陷检测数据集。

二、实验相关知识点

（1）目标检测算法 YOLOv5。

（2）迁移学习（微调）。

三、实验内容以及主要步骤

1. 实验内容

基于 YOLOv5 实现钢材表面缺陷检测。

2. 主要步骤

（1）深度学习环境配置。

（2）准备数据集：收集钢材表面缺陷图像并标注缺陷标签和位置。

（3）模型训练：利用训练数据集训练 YOLOv5 模型。

（4）评估训练模型：利用测试数据集评估训练模型的准确率等。

（5）使用模型进行检测。

思考题

1. 机器学习的三个要素是什么？
2. 机器学习有哪几种学习方式？各有什么特点？
3. 计算机视觉有几个典型任务？各有什么特点？
4. 自然语言处理的典型任务有哪些？
5. 传统语音识别技术与基于深度学习的语音识别技术各有什么特点？
6. 智能决策的系统结构与流程是怎样的？

第五章 信息物理系统与工业数字孪生

信息物理系统（cyber-physical systems，CPS）集成感知、计算、通信、控制等信息技术及自动控制技术，实现物理空间与信息空间相互映射、交互、协同。实现系统内资源配置和运行按需响应及优化。工业数字孪生基于建模工具在数字空间构建起精准物理对象或过程对象模型，再利用 CPS 驱动模型运转，进而通过数据与模型集成融合构建起综合决策能力，推动工业全业务流程闭环优化。

本章围绕 CPS 及工业数字孪生，分为三节。第一节为信息物理系统，介绍 CPS 的来源与基本特征，分析了 CPS 的体系架构，同时阐述了 CPS 的层次划分及相关技术。第二节为工业数字孪生，讲解了工业数字孪生的发展脉络、功能架构及其技术体系。第三节为面向智能制造的数字孪生生态，围绕基于数字孪生的智能制造应用场景及面向智能制造的数字孪生系统进行描述。

- **职业功能：**智能制造共性技术应用。
- **工作内容：**选择和使用工业软件及仿真技术。
- **专业能力要求：**能理解 CPS 的核心理念，并能运用数字技术进行智能制造子系统的数字化产品设计与开发。
- **相关知识要求：**CPS 技术基础、数字孪生技术基础。

第一节　信息物理系统

考核知识点及能力要求：

- 掌握 CPS 的来源，理解 CPS 出现的意义。
- 熟悉并理解 CPS 的基本特征。
- 熟悉 CPS 的体系架构。
- 理解 CPS 的层次划分，熟悉 SoS 智能服务平台的相关技术。

随着信息技术的发展，网络世界与物理世界的联系越来越紧密。作为物联网的演进，CPS 越来越得以重视。国内对 CPS 的研究规模不断扩大，其成果正由计算机领域逐渐向工业制造系统拓展。

一、CPS 概述

1. CPS 的来源

（1）术语来源

cyber-physical systems 的术语来源可以追溯到较早时期。“cyber”一词最早可追溯至希腊语单词“kubernetes”，意为“掌舵人”。1948 年诺伯特·维纳受到安培的启发，创造了“cybernetics”这个单词。1954 年在钱学森所著“Engineering Cybernetics”中，第一次在工程设计和实验应用中使用“cybernetics”这一名词，在 1958 年发布的该书中文版中，被翻译为“控制论”。“cyber”一词容易使人们联想到“cyberspace”，“赛博空间”的概念。“cyberspace”最早出现于1982年美国作家威廉·吉布森（William Gibson）发表的短篇小说《燃烧的铬合金（Burning Chrome）》，并在其后的小说《神经漫游者（Neuromancer）》中为公众所熟知。此后“cyber”常作为前缀，应用于与自动控制、计算机、信息技术及互联网等相关的事物。

信息物理系统（cyber-physical systems，CPS）这一术语，最早由美国国家航空航天局（NASA）于1992年提出。在2006年举办的国际第一个关于信息物理系统的研讨会（NSF workshop on cyber-physical systems）上，美国国家科学基金会（NSF）科学家海伦·吉尔（Helen Gill）将CPS这一概念进行详细描述，如图5-1所示。

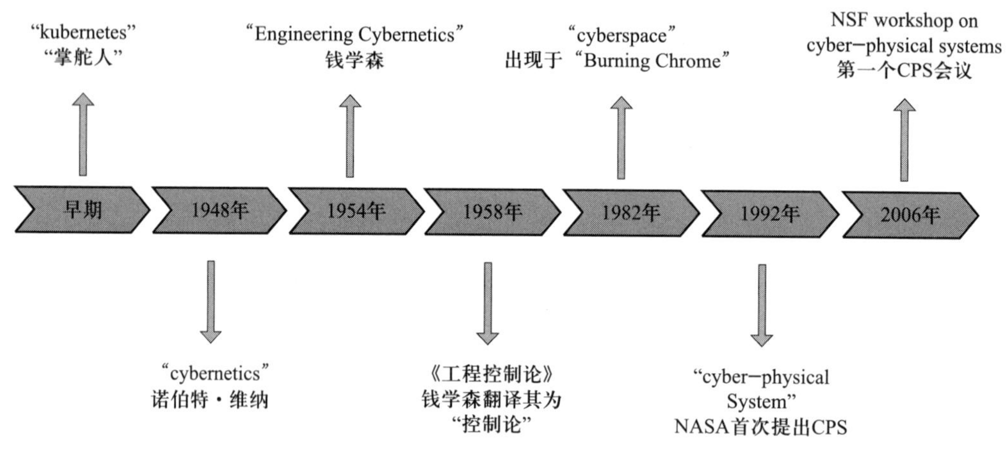

图5-1　CPS的来源

（2）技术来源

CPS涉及的相关底层理论技术源于对嵌入式技术的应用与提升。随着信息化和工业化的深度融合发展，新一代生产装备信息化和网络化的需求加剧，传统嵌入式系统中解决物理系统相关问题所采用的单点解决方案已不再适用。急需一种对计算、感知、通信、控制等技术进行更为深度融合的新模式。于是，CPS在新型传感、通信、云计算、智能控制等新一代信息技术的发展与推动下出现。

（3）需求来源

CPS的出现源于制造业企业亟须新的技术应用使得自身生产系统向柔性化、个性化、定制化方向发展。当前我国工业生产正面临产能过剩、供需矛盾、成本上升等诸

多问题，传统的研发设计、生产制造、应用服务、经营管理等方式已经不能满足广大用户新的消费需求、使用需求。制造业需要转型升级，提高对资源配置利用的效率。需要依托 CPS 来实现个性化定制、极少量生产、服务型制造和云制造等新的生产模式。在实际应用需求的拉动下，CPS 为实现制造业转型升级提供了一种强有力的解决方案。

2. CPS 的不同定义与理解

由于 CPS 发展时间相对较短，尽管已经引起了国际社会的广泛关注，不同国家或机构的专家学者对 CPS 理解与认识仍有差异。

（1）中国科学院何积丰院士从广义上理解，CPS 就是一个在环境感知的基础上，深度融合了计算、通信和控制能力的可控可信可扩展的网络化物理设备系统，它通过计算进程和物理进程相互影响的反馈循环实现深度融合和实时交互来增加或扩展新的功能，以安全、可靠、高效和实时的方式监测或者控制一个物理实体。

（2）美国国家标准与技术研究院 CPS 公共工作组（NIST CPS PWG）

CPS 将计算、通信、感知和驱动与物理系统结合，并通过与环境（含人）进行不同程度的交互，以实现有时间要求的功能。

（3）美国国家科学基金会（NSF）

CPS 是通过计算核心（嵌入式系统）实现感知、控制、集成的物理、生物和工程系统。在系统中，计算被“深深嵌入”到每一个相互联通的物理组件中，甚至可能嵌入到物料中。CPS 的功能由计算和物理过程交互实现。

（4）德国国家科学与工程院（acatech）

CPS 是指使用传感器直接获取物理数据和执行器作用物理过程的嵌入式系统，使用来自各地的数据和服务，通过数字网络将物流、在线服务、协调与管理过程连接。CPS 开放的技术系统，使整个系统的功能、服务远远超出了当前嵌入式系统。

（5）Smart America

CPS 是物联网与系统控制相结合的名称。因此，CPS 不仅仅是能够“感知”某物在哪里，还增加了“控制”某物并与其周围物理世界互动的能力。

（6）欧盟第七框架计划

CPS 包含计算、通信和控制，它们紧密地与不同物理过程（如机械、电子和化学）

融合在一起。

（7）美国辛辛那提大学 Jay Lee 教授

CPS 以多源数据的建模为基础，以智能连接（connection）、智能分析（conversion）、智能网络（cyber）、智能认知（cognition）和智能配置与执行（configuration）的 5C 体系为构架，建立虚拟与实体系统关系性、因果性和风险性的对称管理，持续优化决策系统的可追踪性、预测性、准确性和强韧性（resilience），实现对实体系统活动的全局协同优化。

（8）加利福尼亚大学伯克利分校 Edward A. Lee

CPS 是计算过程和物理过程的集成系统，利用嵌入式计算机和网络对物理过程进行监测和控制，并通过反馈环实现计算和物理过程的相互影响。

3. CPS 的本质

基于硬件、软件、网络、工业云等一系列工业和信息技术构建起的智能系统其最终目的是实现资源优化配置。实现这一目标的关键要靠数据的自动流动，在流动过程中数据经过不同的环节，在不同的环节以不同的形态（隐性数据、显性数据、信息、知识）展示出来，在形态不断变化的过程中逐渐向外部环境释放蕴藏在其背后的价值，为物理空间实体“赋予”实现一定范围内资源优化的“能力”。因此，信息物理系统的本质就是构建一套信息空间与物理空间之间基于数据自动流动的状态感知、实时分析、科学决策、精准执行的闭环赋能体系，解决生产制造、应用服务过程中的复杂性和不确定性问题，提高资源配置效率，实现资源优化。

实现数据的自动流动具体来说需要经过四个环节，分别是状态感知、实时分析、科学决策、精准执行。

1）状态感知是对外界状态的数据获取。生产制造过程中蕴含着大量的隐性数据，这些数据暗含在实际过程中方方面面，如物理实体的尺寸、运行机理，外部环境的温度、液体流速、压差等。状态感知通过传感器、物联网等一些数据采集技术，将这些蕴含在物理实体背后的数据不断地传递到信息空间，使得数据不断“可见”，变为显性数据。状态感知是对数据的初级采集加工，是一次数据自动流动闭环的起点，也是数据自动流动的源动力。

2）实时分析是对显性数据的进一步理解，是将感知的数据转化成认知信息的过程，是对原始数据赋予意义的过程，也是发现物理实体状态在时空域和逻辑域的内在因果性或关联性关系的过程。大量的显性数据并不一定能够直观地体现出物理实体的内在联系。这就需要经过实时分析环节，利用数据挖掘、机器学习、聚类分析等数据处理分析技术对数据进一步分析、估计，使得数据不断“透明”，将显性化的数据进一步转化为直观可理解的信息。此外，在这一过程中，人的介入也能够为分析提供有效的输入。

3）科学决策是对信息的综合处理。决策是根据积累的经验、对现实的评估和对未来的预测，为了达到明确的目的，在一定的条件约束下，所做的最优决定。在这一环节 CPS 能够权衡判断当前时刻获取的所有来自不同系统或不同环境下的信息，形成最优决策对物理空间实体进行控制。分析决策并最终形成最优策略是 CPS 的核心关键环节。这个环节不一定在系统最初投入运行时就能产生效果，往往在系统运行一段时间之后逐渐形成一定范围内的知识。对信息的进一步分析与判断，使得信息真正转变成知识，并且不断地迭代优化形成系统运行、产品状态、企业发展所需的知识库。

4）精准执行是对决策的精准物理实现。在信息空间分析并形成的决策最终将会作用到物理空间，而物理空间的实体设备只能以数据的形式接受信息空间的决策。因此，执行的本质是将信息空间产生的决策转换成物理实体可以执行的命令，进行物理层面的实现。输出更为优化的数据，使得物理空间设备运行得更加可靠，资源调度更加合理，实现企业高效运营，各环节智能协同效果逐步优化。

CPS 构建了一套信息空间与物理空间之间基于数据自动流动的业务数据化、知识模型化、数据业务化、决策执行化的规则体系，提升数据价值，解决生产制造、应用服务过程中的复杂问题，提高资源配置效率。即实现：业务—（数据化）—产生数据—（模型化）—高价值数据—（业务化）—反哺业务的逻辑闭环。

4. CPS 中的几个基本概念

下面对 CPS 中的一些基本概念做出简要解释，以便让大家对 CPS 进行理解。

1）物理实体（physical entity）是指客观存在的、具有某种属性可以加以区分的、能够被感知但不依赖感知而存在的事物。

2）信息虚体（cyber object）是指对物理实体的形态、功能、机理、运行状态等进行的数字化描述与建模。

3）物理空间（physical space）是指包含制造全流程中人、设备、物料、工艺过程/方法、环境等物理实体的空间。

4）信息空间（cyber space）是指通过电磁频谱、电子系统、网络设施等实现信息创建、存储、修改、交换和利用的空间。

5）数字模型（digital model）能够在信息空间再现物理实体的物理属性、功能、行为和性能等，支撑数字孪生体完成产品设计、仿真、监测、诊断、预测、迭代优化等服务。数字模型是几何模型、行为模型、规则模型、数据模型、知识模型、业务模型、机理模型等的总称。

6）机理模型（mechanism model）是指描述系统外部行为、内部状态、运行规律、使用规则等的一系列模型。

7）数字主线（digital thread）是指能够实现产品全生命周期各环节数据流集成与交互的信息交流框架或环境。数字主线通过建立统一的数据、信息、知识的传递和访问标准，可以消除与产品有关的信息孤岛，将正确的信息以正确的方式推送到正确的地方。

二、CPS 的特征与架构

1. CPS 的特征

CPS 支撑信息化和工业化的深度融合，构建了联通物理空间与信息空间的通路，驱动数据的自动流动，实现了对资源的优化配置。想要理解 CPS 的特征，不能单独分析一个方面，这样过于片面。要结合 CPS 的层次分析，在不同的层次上会体现不同基本特征。CPS 六大典型特征分别为数据驱动、软件定义、泛在连接、虚实映射、异构集成、系统自治。

（1）数据驱动

数据存在于工业生产中，并且大量数据是隐藏的，未被充分利用并挖掘其潜在价值。通过构建状态感知、实时分析、科学决策、精准执行的数据自动流动的闭环赋能

体系，CPS 能够将数据从物理空间中的隐性形态转化为信息空间的显性形态，并不断迭代优化形成知识库。在这一过程中，状态感知获得数据；实时分析数据；基于数据科学决策；精准执行输出数据。数据是 CPS 的重点，CPS 运行过程中通过数据的生成、传输、分析、自动执行以及不断的迭代优化，不断产生更为优化的数据，实现对外部环境的资源优化配置。

（2）软件定义

软件正在从 IT 领域向工业领域产生影响。工业软件是对各类工业生产环节规律的代码层面的抽象描述，支撑了绝大多数的生产制造过程。对面向制造业的 CPS 而言，软件就成为了实现其功能的一个核心组成。CPS 会全面应用到研发设计、生产制造、管理服务等方方面面，全面感知和控制人、机、物、法、环，实现各类资源的优化配置。这一过程需要对工业技术模块化、代码化、数字化并不断软件化。软件在控制产品和装备运行的同时，可以把产品和装备运行的状态实时展现出来。

（3）泛在连接

网络通信是 CPS 的基础保障，能够实现 CPS 内部单元之间以及与其他 CPS 之间的互联互通。在工业生产场景应用时，CPS 对网络连接的时延、可靠性等网络性能和组网灵活性、功耗都有特性化需求，同时还对异构网络融合、业务支撑的高效性和智能性等具有要求。泛在连接特征，是实现在任何时间、任何地点、任何人、任何物都能顺畅的通信。

构成 CPS 的各器件、模块、单元、企业等实体都要具备泛在连接能力，并实现跨网络、跨行业、异构多技术的融合与协同，以保障数据在系统内的自由流动。泛在连接通过对物理世界状态的实时采集、传输，以及信息世界控制指令的实时反馈下达，提供无处不在的优化决策和智能服务。

（4）虚实映射

CPS 构筑信息空间与物理空间数据交互的闭环通道，能够实现信息虚体与物理实体之间的交互联动。采用数字孪生技术，以物理实体建模产生的静态模型为基础，通过实时数据采集、数据集成和监控，将物理空间中的物理实体在信息空间进行全要素重建。同时通过信息空间对数据的分析处理，对外部复杂环境变化进行应对，并通过以虚控实的方式作用到物理实体。

（5）异构集成

软件、硬件、网络、工业云等一系列技术的有机组合构建了一个信息空间与物理空间之间数据自动流动的闭环“赋能”体系。尤其在高层次的 CPS，往往会存在大量不同类型的硬件、软件、数据、网络。CPS 能够将这些异构硬件、异构软件、异构数据及异构网络集成起来，实现数据在信息空间与物理空间不同环节的自动流动，实现信息技术与工业技术的深度融合。因此，CPS 必定具有异构集成的特征。能够为各个环节的深度融合打造交互通道，为融合提供可靠保障。

（6）系统自治

CPS 能够根据感知环境变化，获取数据进行处理分析，对外部变化自适应地做出响应。同时在更高层级的 CPS 中多个 CPS 之间通过网络平台互联实现 CPS 之间的自组织。多个单元级 CPS 统一调度，实现生产运行效率的提升；多个系统级 CPS 联入统一的智能服务平台，在企业级层面调配生产运营、管理企业经营、实现供应链变化响应等。通过自优化自配置，获取大量现场运行数据及控制参数，形成知识库、模型库、资源库，使得系统能够不断自我学习与提升，增强复杂环境适应性。

2. CPS 体系架构

体系架构是复杂系统模块化集成的重要基础。以下罗列出两种体系架构，分别为 CPS 三层架构以及 5C 层级架构。

（1）CPS 三层架构

Ashibani 和 Mahmoud 于 2017 年提出 CPS 三层架构。其中 CPS 分为三个层次：感知层、传播层和应用层，如图 5-2 所示。

1）感知层有终端设备，如传感器、执行器、摄像头、GPS、RFID 标签和读卡器。这些设备能够收集实时数据，如声音、光、电或位置，并从应用层执行命令。

2）传输层在感知和应用程序之间交换和处理数据。传输是通过局域网、互联网或 Wi-Fi、蓝牙、ZigBee 和红外等通信技术实现的。

3）应用层处理来自传输层的信息，并发出由传感器和执行器执行的命令。该层的主要目标是创造一个智能环境。

图 5–2　CPS 三层架构

（2）5C 层级架构

5C 层级架构是包含智能感知层、信息挖掘层、网络层、认知识别层和配置执行层的高度复杂系统，能够实现物理资源与网络空间信息资源的高度融合，如图 5–3 所示。

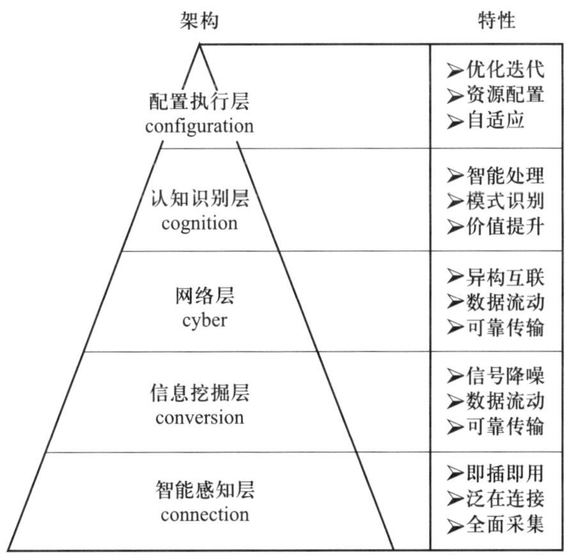

图 5–3　5C 层级架构

1）智能感知层（connection）。智能感知层作为网络空间与实体空间交互的第一层，肩负着建立联通性的使命。这一层主要负责数据的采集与信息的传输，其可能的形式之一是，利用本地代理在机器上采集数据，在本地做轻量级的分析来提取特征，之后通过标准化的通信协议将特征传输至能力更强的计算平台。

2）信息挖掘层（conversion）。在数据导入后，需要对其进行预测性分析来将数据转化为用户可执行的信息。根据不同的工业场景，机器学习与统计建模的算法可以识别数据的模型状态来进行故障检测、故障分类与故障预测。高维的数据流将被转化为低维的、可执行的实时健康信息，为用户迅速做决策提供实证支持。

3）网络层（cyber）。网络层是整个 CPS 的核心，它是“5C”体系架构的信息集散中心，也是发挥 CPS 对于互联、大规模机群建模优势的关键层。在网络层中，基于群组的预诊断技术可以将大量相似设备的信息进行聚类，根据本地集群建立更为符合该集群状态的基线来进行预测。

4）认知识别层（cognition）。CPS 在这一层将综合前两层产生的信息，为用户提供所监控系统的完整信息。这一层 CPS 应该提供设备维护的可执行信息：机器总体的性能表现、机器预测的趋势、潜在的故障、故障可能发生的时间、需要进行的维护以及最佳的维护时间。

5）配置执行层（configuration）。根据认知识别层提供的信息，用户或者控制系统将要对设备实体进行干预，使其保持在用户能够接受的性能范围之内，避免非预期的故障停机。这一层是网络空间对实体空间的反馈，是对设备健康状况的洞察并为用户创造价值的关键步骤。

基于各类传感器对终端的量测，CPS 能够实现对物理系统的智能感知和模型映射，并将决策控制信息反馈到物理控制执行系统。数据从智能感知层经过清洗降噪、协议转换、分析与计算实现数据信息对物理系统的价值提升。

三、CPS 的实现

1. CPS 层次

CPS 具有层次性，一个智能部件、一台智能设备、一条智能产线、一个智能工厂

都可能成为一个 CPS。同时 CPS 还具有系统性，一个工厂可能涵盖多条产线，一条产线也会由多台设备组成。因此，要定义一个 CPS 最小单元结构，即“单元级”。以此为基础，可拓展出系统级与 SoS 级。

CPS 划分为单元级、系统级、SoS 级（system of systems，系统之系统级）三个层次。单元级 CPS 可以通过组合与集成构成更高层次的 CPS，即系统级 CPS；系统级 CPS 可以通过工业云、工业大数据等平台构成 SoS 级的 CPS，实现企业级层面的数字化运营。

（1）单元级

单元级 CPS 是具备可感知、可计算、可交互、可延展、自决策功能的 CPS 最小单元。其本质是通过软件对物理实体及环境进行状态感知、计算分析，并最终控制到物理实体，构建最基本的数据自动流动的闭环，形成物理世界和信息世界的融合交互。单元级 CPS 能够通过物理硬件、自身嵌入式软件系统及通信模块，构成含有“感知－分析－决策－执行”数据自动流动基本的闭环，实现在设备工作能力范围内的资源优化配置，如图 5–4 所示。

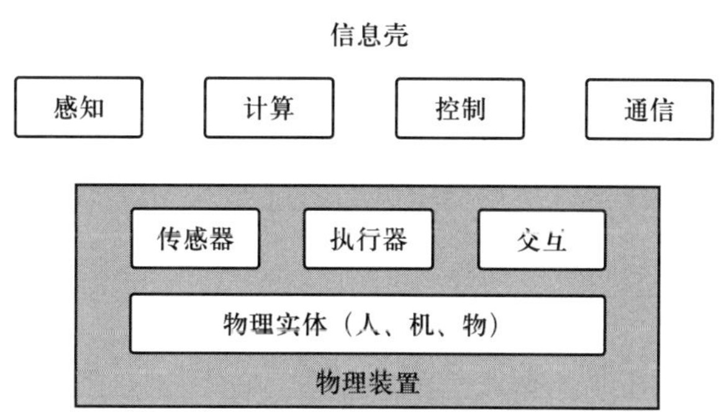

图 5–4　单元级 CPS

物理装置主要包括人、机、物等物理实体和传感器、执行器、与外界进行交互的装置等，是物理过程的实际操作部分。物理装置通过传感器能够监测、感知外界的信号、物理条件（如光、热）或化学组成（如烟雾）等，同时经过执行器能够接收控制指令并对物理实体施加控制作用。

信息壳主要包括感知、计算、控制和通信等功能，是物理世界中物理装置与信息世界之间交互的接口。物理装置通过信息壳实现物理实体的“数字化”，信息世界可以通过信息壳对物理实体“以虚控实”。信息壳是物理装置对外进行信息交互的桥梁，通过信息壳从而使得物理装置与信息世界联系在一起，物理空间和信息空间走向融合。

（2）系统级

在单元级 CPS 的基础上，通过加入网络，可以实现系统级 CPS 的协同调配。系统级 CPS 由多个单元级 CPS 及非 CPS 单元设备的集成构成。多个单元级 CPS 集成到统一的网络，对系统内部的多个单元级 CPS 进行统一指挥，实体管理，进而提高各设备间协作效率，实现产线范围内的资源优化配置。对于系统级 CPS，网络联通极其重要，确保多个单元级 CPS 能够协同运作。

多个单元级通过工业网络，实现更宽更广的数据自动流动，实现多个单联、互通和互操作，进一步提高制造资源优化配置的广度、深度和精度。系统级 CPS 基于多个单元级 CPS 的状态感知、信息交互、实时分析，实现了局部制造资源的自组织、自配置、自决策、自优化。在单元级 CPS 功能的基础上，系统级 CPS 还主要包含互联互通、即插即用、边缘网关、数据互操作、协同控制、监视与诊断等功能，如图 5–5 所示。

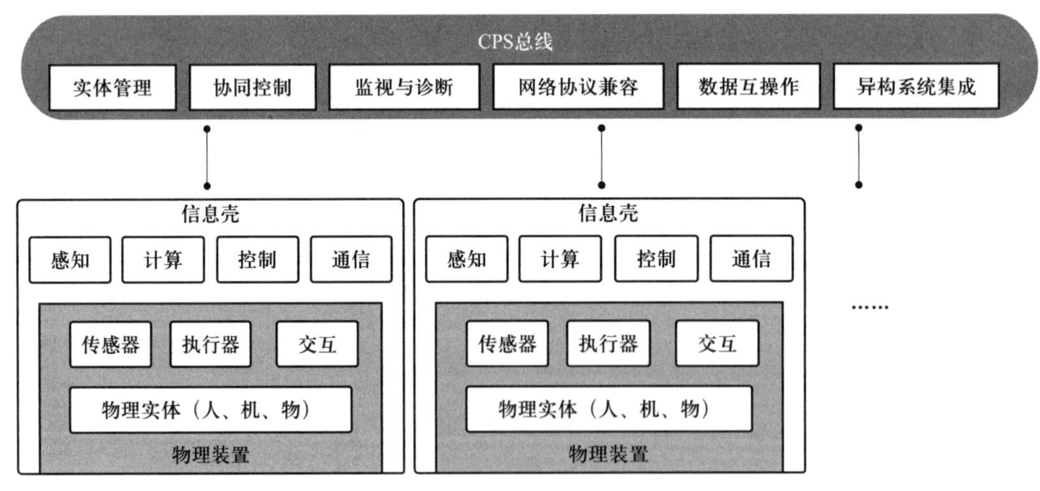

图 5–5　系统级 CPS

（3）SoS 级

在系统级 CPS 的基础上，可以通过构建 CPS 智能服务平台，实现系统级 CPS 之间

的协同优化。SoS 级 CPS 由多个系统级 CPS 构成。CPS 智能服务平台能够将多个系统级 CPS 工作状态统一监测，实时分析，集中管控。利用数据融合、分布式计算、大数据分析技术对多个系统级 CPS 的生产计划、运行状态、寿命估计统一监管，实现企业级远程监测诊断、供应链协同、预防性维护。实现更大范围内的资源优化配置，避免资源浪费。

SoS 级 CPS 主要实现数据整合，从而对内进行资产的优化和对外形成运营优化服务。其主要功能包括：数据存储、数据融合、分布式计算、大数据分析、数据服务，并在数据服务的基础上形成了资产性能管理和运营优化服务。

SoS 级 CPS 可以通过大数据平台，实现跨系统、跨平台的互联、互通和互操作，促成了多源异构数据的集成、交换和共享的闭环自动流动，在全局范围内实现信息全面感知、深度分析、科学决策和精准执行。这些数据部分存储在 CPS 智能服务平台，部分分散在各组成的组件内。对于这些数据进行统一管理和融合，分布式计算和大数据分析能力，是这些数据能够提供数据服务，有效支撑高级应用的基础，如图 5–6 所示。

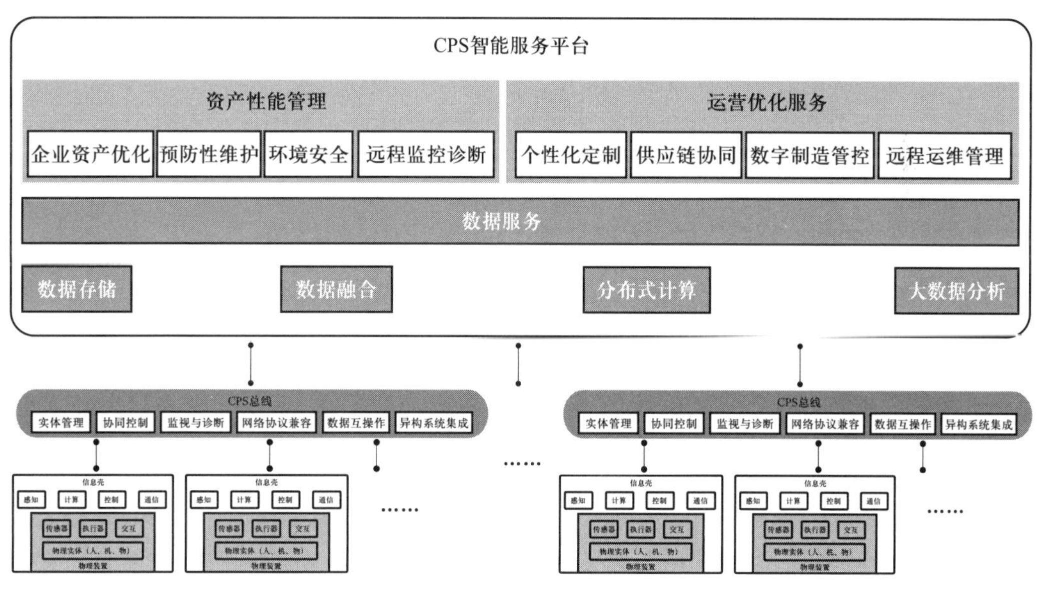

图 5–6　SoS 级 CPS

2. CPS 技术体系

通过研究分析 CPS 的体系架构和技术需求，综合单元级、系统级、SoS 级 CPS 所需的自动控制技术、智能感知技术、计算（软件）技术、通信技术、互联技术、协同控制技术、分布式终端管理技术、数据存储和处理技术、云服务技术等，并结合 CPS 所需当前已较为成熟的嵌入式软件、通信、大数据等技术，提出了 CPS 技术体系，供研究应用 CPS 参考，如图 5-7 所示。

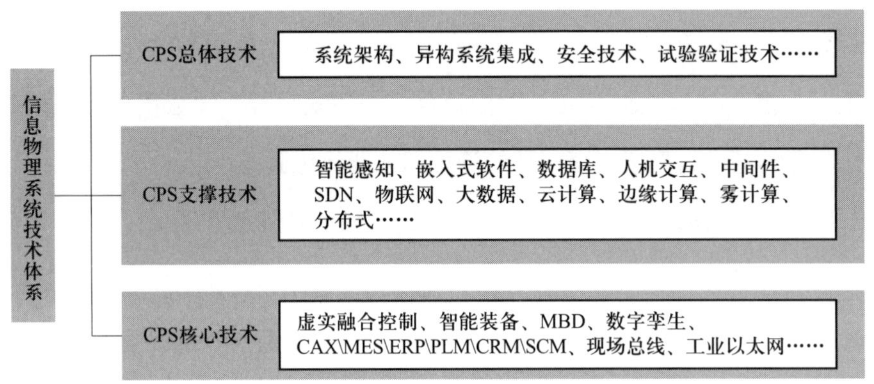

图 5-7　CPS 技术体系

CPS 技术体系主要分为 CPS 总体技术、CPS 支撑技术、CPS 核心技术。CPS 总体技术主要包括系统架构、异构系统集成、安全技术、试验验证技术等，是 CPS 的顶层设计技术；CPS 支撑技术主要包括智能感知、嵌入式软件、数据库、人机交互、中间件、软件定义网络（SDN）、物联网、大数据等，是基于 CPS 应用的支撑；CPS 核心技术主要包括虚实融合控制、智能装备、基于模型的设计（MBD）、数字孪生、现场总线、工业以太网、CAX/MES/ERP/PLM/CRM/SCM 等，是 CPS 的基础技术。

对以上各种技术的总结可以分为四大核心技术要素，即“一硬”（感知和自动控制）、“一软”（工业软件）、“一网”（工业网络）、“一平台”（工业云和智能服务平台）”。其中感知和自动控制是 CPS 实现的硬件支撑；工业软件固化了 CPS 计算和数据流程的规则，是 CPS 的核心；工业网络是互联互通和数据传输的网络载体；工业云和智能服务平台是 CPS 数据汇聚和支撑上层解决方案的基础，对外提供资源管控和能力服务。

其中，工业云和智能服务平台通过边缘计算技术、雾计算技术、大数据分析技术等进行数据的加工处理，形成对外提供数据服务的能力，并在数据服务基础上提供个性化和专业化智能服务，如图 5-8 所示。

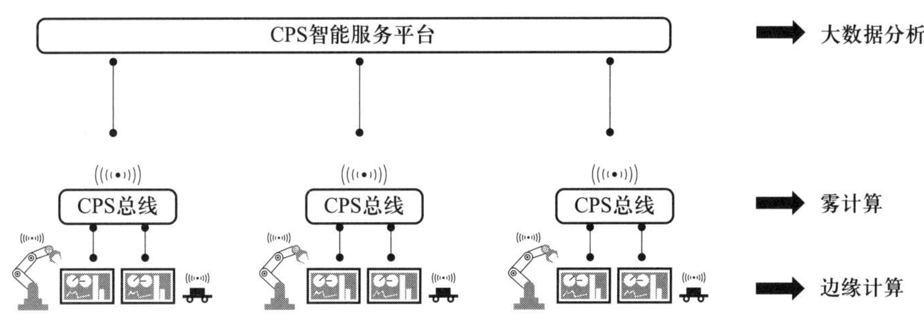

图 5-8 CPS 智能服务平台

（1）边缘计算

边缘计算指在靠近物或数据源头的网络边缘侧，融合网络、计算、存储、应用核心能力的开放平台，就近提供边缘智能服务，满足行业数字化在敏捷连接、实时业务、数据优化、应用智能、安全与隐私保护等方面的关键需求。

对于 SoS 级 CPS，其每一个 CPS 组成均具有计算和通信功能，通过每一个 CPS 的边缘计算，数据在边缘侧就能解决，更适合实时的数据分析和智能化处理。边缘计算聚焦实时、短周期数据的分析，具有安全、快捷、易于管理等优势，能更好地支撑 CPS 单元的实时智能化处理与执行，满足网络的实时需求，从而使计算资源更加有效地得到利用。此外，边缘计算虽靠近执行单元，但同时也是云端所需高价值数据的采集单元，可以更好地支撑云端的智能服务。

（2）雾计算

CPS 是复杂控制系统，局域型的 CPS 对于每个 CPS 组成也需要进行协同计算，从而对组成 CPS 单元协同控制。雾计算将数据、数据处理和应用程序集中在网络边缘的设备中，数据的存储及处理更依赖本地设备，而非服务器。雾计算是新一代的分布式计算，在 CPS 中应用分布式的雾计算，通过智能路由器等设备和技术手段，在不同设备之间组成数据传输带，可以有效减少网络流量，数据中心的计算负荷也相应减轻。雾计算可以作为产品 CPS 或系统 CPS 之间的计算处理，以应对网络产生的大量数据——运用处理程序对这些数据进行预处理，以提升其使用价值。雾计算不仅可以解决联网设备自动化的问题，更关键的是，它对数据传输量的要求更小。

（3）大数据分析

大数据分析技术将给全球工业带来深刻的变革，创新企业的研发、生产、运营、营销和管理方式，给企业带来了更快的速度、更高的效率和更深远的洞察力。工业大数据的典型应用包括产品创新、产品故障诊断与预测，工业企业供应链优化和产品精准营销等方面。工业云和智能服务平台所支持的 CPS 技术，可以通过大数据分析实现上述创新。

3. CPS 典型应用场景

目前，在产品及工艺设计、生产线或工厂设计过程中，借助于仿真分析手段使设计的精度得到大幅度提高，但由于缺少足够的实际数据为设计人员提供支撑，使得在设计、分析、仿真过程中不能有效模拟真实环境，从而影响了设计精度。所以需要建立实际应用与设计之间的信息交互平台，使得在设计过程中可以直接提取真实数据，通过对数据进行分析处理来直接指导设计与仿真，最后形成更优化的设计方案，提高设计精度，降低研制成本。

（1）产品及工艺设计

通常为了更好地满足设计目标，需要通过基于产品应用环境进行产品使用性能的仿真，例如机械产品包括结构强度仿真、机械动力学仿真、热力学仿真等。传统的仿真系统各自独立，在仿真过程中不能完整描述产品的综合应用环境，而 CPS 很好地解决了这个问题。在进行产品研发设计过程中，通过将已有的相关经验设计数据或者试验数据等不同种类的数据进行采集，建立结构、动力、热力等异构仿真系统组成的集成综合仿真平台，将数据及仿真模型以软件的形式进行集成，从而实现更全面、真实的产品使用工况仿真，同时结合产品设计规范、设计知识库等信息，形成以某一目标的优化设计算法，通过数据驱动形成产品优化设计方案，实现产品设计与产品使用的高度协同。在产品工艺设计方面，为了使产品的制造工艺设计更加精准、高效，需要对实际制造工艺的具体参数进行采集，例如，机械加工中刀具的切削参数、电机功率参数等，在软件系统或平台中将工艺参数、工艺设计方案、工艺模型进行信息的组织和融合，考虑不同的工艺参数对产品制造质量、产品制造效率、产品制造设备可承受力等方面的影响，建立关联性模型，依据工艺设计目标和制造现场实际条件，以实时

采集的工艺数据进行仿真，并以已有的工艺方案、工艺规范作为支撑，形成制造工艺优化方案。

（2）生产线 / 工厂设计

在生产线 / 工厂设计方面，首先建立产品生产线 / 工厂的初步方案，初步形成产品的制造工艺路线，通过采集实际和试验所生成的工时数据、物流运输数据、工装和工具配送数据等，在软件系统中基于工艺路线建立生产线 / 工厂中的人、机械、物料等生产要素与生产线产能之间的信息模型。在此过程中，综合考虑生产线 / 工厂中不同设备、不同软件系统、不同网络通信协议之间的集成，根据生产线 / 工厂建设环境、能源等现有条件，结合系统采集的工时、运输等数据来分析计算出合理的设备布局、人员布局、工装工具物料布局、车间运输布局，建立生产线 / 工厂生产模型，进行生产线 / 工厂生产仿真，依据仿真结果优化生产线 / 工厂的设计方案。同时，生产线 / 工厂的管理系统设计要通过数据传递接口与企业管理系统、行业云平台及服务平台进行集成，从而实现生产线 / 工厂设计与企业、行业的协同。

第二节　工业数字孪生

考核知识点及能力要求：

- 掌握工业数字孪生的发展脉络，理解其出现的意义。
- 熟悉并理解工业数字孪生的功能架构。
- 熟悉并理解工业数字孪生的技术体系架构。
- 掌握数字孪生技术与其他技术的区别。

随着新一代信息技术（如云计算、物联网、大数据等）与制造业的融合与落地应用，世界各国纷纷出台了各自的先进制造发展战略。如何实现制造物理世界与信息世界的交互与共融，是当前国内外实践智能制造理念和目标所共同面临的核心瓶颈之一。作为工业互联网数据闭环优化的核心使能技术，数字孪生具备打通数字空间与物理世界，将物理数据与孪生模型集成融合，形成综合决策后再反馈给物理世界的功能，为物理实体增加或扩展新的能力。

一、数字孪生概论

1. 发展脉络

数字孪生发展经历了三个阶段。

第一阶段为概念阶段。首次出现数字孪生概念是在 2003 年，由美国密歇根大学 Michael Grieves 教授提出。概念提出是由于当时产品生命周期管理（PLM）、仿真等工业软件已经较为成熟，可以为数字孪生体在虚拟空间构建提供支撑基础。

第二阶段，数字孪生开始应用于航空航天产业。2010 年，“Digital Twin” 一词在 NASA 的技术报告中被正式提出，2012 年美国空军研究室将数字孪生应用到战斗机维护中。这与航空航天行业最早建设基于模型的系统工程（MBSE）息息相关，能够支撑多类模型敏捷流转和无缝集成。

第三阶段，数字孪生向多类行业进行拓展应用。近些年，数字孪生应用已从航空航天领域向工业各领域延伸，西门子、GE 等工业巨头纷纷深入数字孪生研究领域，给予制造业数字化转型，并且开始探索基于数字孪生的智能生产新模式。

国家发展改革委和中央网信办在 2020 年 4 月 7 日发布了《关于推进“上云用数赋智”行动　培育新经济发展实施方案》，首次指出数字孪生是七大新一代数字技术之一，其他六种技术为大数据、人工智能、云计算、5G、物联网和区块链。同时该文件还单独提出了“数字孪生创新计划”，即我国数字孪生国家战略，该计划要求“引导各方参与提出数字孪生的解决方案”。虽然我国提出数字孪生国家战略并不是最早的，但把数字孪生作为一个产业提出，则早于英国、美国、德国和日本。新一代数字技术中蕴含的数字化、网络化、智能化、服务化的技术特点与第四次工业革命的

发展趋势高度融合，也是数字孪生技术作为新经济驱动力的重要体现，其潜在价值巨大。

2. 数字孪生的定义

数字孪生不局限于构建的数字化模型，不是物理实体的静态、单向映射，也不应该过度强调物理实体的完全复制、镜像，虚实两者也不是完全相等；数字孪生不能割离实体，也并非物理实体与虚拟模型的简单加和，两者也不一定是简单的一一对应关系，可能出现一对多、多对一、多对多等情况；数字孪生不等同于传统意义上的仿真/虚拟验证、全生命周期管理，也并非只是系统大数据的集合。

就目前而言，对于数字孪生没有统一共识的定义，不同的学者、企业、研究机构等对数字孪生的理解也存在着不同的认识。

数字孪生是一组虚拟信息结构，可以从微观原子级别到宏观几何级别全面描述潜在的物理制成品。在最佳状态下，可以通过数字孪生获得任何物理制成品的信息。数字孪生有两种类型：数字孪生原型（prototype）和数字孪生实例（instance）。数字孪生包括三个主要部分：①实体空间中的物理产品；②虚拟空间中的虚拟产品；③将虚拟产品和物理产品联系在一起的数据和信息的连接。

数字孪生是“物理生命体”的数字化描述。“物理生命体”是指“孕育”过程（实体的设计开发过程）和服役过程（运行、使用）中的物理实体（如产品或装备），数字孪生体是“物理生命体”在其孕育和服役过程中的数字化模型。数字孪生不能只说物理实体的镜像，而是与物理实体共生。数字孪生支撑从（产品）创新概念开始到得到真正产品的整个过程。

数字孪生是以数字化方式创建物理实体的虚拟模型，借助数据模拟物理实体在现实环境中的行为，通过虚实交互反馈、数据融合分析、决策迭代优化等手段，为物理实体增加或扩展新的能力。作为一种充分利用模型、数据、智能并集成多学科的技术，数字孪生面向产品全生命周期过程，发挥连接物理世界和信息世界的桥梁和纽带作用，提供更加实时、高效、智能的服务。

NASA认为，数字孪生是充分利用物理模型、传感器更新、运行历史等数据，集成多学科、多尺度、多物理量、多概率的仿真过程，从而在虚拟空间反映相对应的飞行实体的全生命周期过程。GE Digital 公司认为，数字孪生是资产和流程的软件表示，用于理解、预测和优化绩效以改善业务成果。数字孪生由三部分组成：数据模型、一组分析工具或算法、知识。西门子公司认为，数字孪生是物理产品或流程的虚拟表示，用于理解和预测物理对象或产品的性能特征。数字孪生用于在产品的整个生命周，在物理原型和资产投资之前模拟、预测和优化产品和生产系统。SAP 公司认为，数字孪生是物理对象或系统的虚拟表示，但其远远不仅是一个高科技的外观。数字孪生使用数据、机器学习和物联网来帮助企业优化、创新和提供新服务。PTC 公司认为，数字孪生（PTC 公司翻译为数字映射）正在成为企业从数字化转型举措中获益的最佳途径。对于工业企业，数字孪生主要应用于产品的工程设计、运营和服务，带来重要的商业价值，并为整个企业的数字化转型奠定基础。

总的来说，数字孪生可以概括为：以模型和数据为基础，通过多学科耦合仿真等方法，完成现实世界中的物理实体到虚拟世界中的镜像数字化模型的精准映射，并充分利用两者的双向交互反馈、迭代运行，以达到物理实体状态在数字空间的同步呈现，通过镜像化数字化模型的诊断、分析和预测，进而优化实体对象在其全生命周期中的决策、控制行为，最终实现实体与数字模型的共享智慧与协同发展。

3. 数字孪生中的相关概念

数字孪生中的一些相关概念，这里要做出简要解释，更容易让大家对数字孪生进行理解。

物理域（物理空间）（physical domain/space）由物理实体组成的集合，包含人员、设备、材料等。

虚拟域（虚拟 / 数字空间）（analog/digital space）由信息虚体组成的集合，包含模型、算法、数据等。

数字化表达（analytic expression）是物理实体的信息集合，用以支持与它相关的某些决策。

数字化建模（analytic model）将信息数据分配给物理世界中待完成计算机识别对象的过程。

基于模型的设计（MBD）通过算法建模进行软件设计的过程。

元数据（metadata）是关于数据的组织、数据域及其关系的信息，简言之，元数据就是关于数据的数据。

元模型（metamodel）是关于模型的模型。这是特定领域的模型，定义概念并提供用于创建该领域中的模型的构建元素。

增强现实（augmented reality）真实环境的交互体验，通过计算机对在真实环境中的对象生成的感知信息进行增强。

虚拟现实（virtual reality）一种可以创建和体验虚拟世界的计算机仿真系统，它利用计算机生成一种模拟环境，使用户沉浸到该环境中。

4. 数字孪生的特点

（1）互操作性

数字孪生中的物理对象与孪生对象能够全生命周期实时映射、动态交互和实时连接，因此数字孪生具备以多样的数字模型映射物理实体的能力，通过实时获取的数据对孪生模型进行修正完善。

（2）可扩展性

数字孪生技术具备集成、添加和替换数字模型的能力，能够针对多尺度、多物理、多层级的模型内容进行扩展。

（3）实时性

数字孪生技术要求数字化，即以一种计算机可识别和处理的方式管理数据以对随时间轴变化的物理实体进行表征。表征的对象包括外观、状态、属性、内在机理，形成物理实体实时状态的数字虚体映射。

（4）保真性

数字孪生的保真性指描述数字虚体模型和物理实体的相似性。虚体和实体既要保持几何结构的高度仿真，又要在状态、相态和时态上仿真。同时在不同的数字孪生场景下，同一数字虚体的仿真程度可能不同，与其场景下的需求有关。

（5）闭环性

数字孪生中的数字虚体，用于描述物理实体的可视化模型和内在机理，能够实现对物理对象从采集感知、决策分析到反馈控制的全流程闭环应用。因此数字孪生具有闭环性。

（6）OT化

以设备为核心建立软件组件，使能工业专家的知识沉淀。

（7）解耦式

数字孪生与应用业务逻辑分层解耦，保障数字孪生与业务逻辑灵活独立更新。

5. 数字孪生与其他技术的比较

（1）数字孪生与仿真

仿真技术是应用仿真硬件和仿真软件通过仿真实验，借助某些数值计算和问题求解，反映系统行为或过程的模型技术，是将包含了确定性规律和完整机理的模型转化成软件的方式来模拟物理世界的方法，目的是依靠正确的模型和完整的信息、环境数据，反映物理世界的特性和参数。仿真技术仅仅能以离线的方式模拟物理世界，不具备分析优化功能，因此不具备数字孪生的实时性、闭环性等特征。

数字孪生需要依靠包括仿真、实测、数据分析在内的手段对物理实体状态进行感知、诊断和预测，进而优化物理实体，同时进化自身的数字模型。仿真技术作为创建和运行数字孪生的核心技术，是数字孪生实现数据交互与融合的基础。在此基础之上，数字孪生必须依托并集成其他新技术，与传感器共同在线以保证其保真性、实时性与闭环性。

（2）数字孪生与信息物理系统

数字孪生与CPS都是利用数字化手段构建系统为现实服务。其中，CPS属于系统实现，而数字孪生侧重于模型的构建等技术实现。CPS是通过集成先进的感知、计算、通信和控制等信息技术和自动控制技术，构建了物理空间与虚拟空间中人、机、物、环境和信息等要素相互映射、适时交互、高效协同的复杂系统，实现系统内资源配置和运行的按需响应、快速迭代和动态优化。

相比于综合了计算、网络、物理环境的多维复杂系统CPS，数字孪生的构建作为建设CPS系统的使能技术基础，是CPS具体的物化体现。数字孪生的应用既有产品，也有产线、工厂和车间，直接对应CPS所面对的产品、装备和系统等对象。数字孪生

在创立之初就明确了以数据、模型为主要元素构建的基于模型的系统工程，更适合采用人工智能或大数据等新的计算能力进行数据处理任务。

（3）数字孪生与数字主线

数字主线被认为是产品模型在各阶段演化利用的沟通渠道，是依托于产品全生命周期的业务系统，涵盖产品构思、设计、供应链、制造、售后服务等各个环节。在整个产品的生命周期中，通过提供访问、整合以及将不同/分散数据转换为可操作性信息的能力来通知决策制定者。数字主线也是一个允许可连接数据流的通信框架，并提供一个包含生命周期各阶段功能的集成视图。数字主线有能力为产品数字孪生提供访问、整合和转换能力，其目标是贯通产品生命周期和价值链，实现全面追溯、信息交互和价值链协同。由此可见，产品的数字孪生是对象、模型和数据，而数字主线是方法、通道、链接和接口。

简单地说，在数字孪生的广义模型之中，存在着彼此具有关联的小模型。数字主线可以明确这些小模型之间的关联关系并提供支持。因此，从全生命周期这个广义的角度来说，数字主线是属于面向全生命周期的数字孪生的。

（4）数字孪生和资产管理壳

出自工业 4.0 的资产管理壳，是德国自工业 4.0 组件开始，发展起来的一套描述语言和建模工具，从而使得设备、部件等企业的每一项资产之间可以完成互联互通与互操作。借助其建模语言、工具和通信协议，企业在组成生产线的时候，可具备通用的接口，即实现“即插即用”性，大幅度降低工程组态的时间，更好地实现系统之间的互操作性。

自数字孪生和资产管理壳问世以来，更多的观点是视二者为美国和德国的工业文化不同的体现。实际上，相较于资产管理壳这样一个起到管控和支撑作用的“管家”，数字孪生如同一个“执行者”，从设计、模型和数据入手，感知并优化物理实体，同时推动传感器、设计软件、物联网、新技术的更新迭代。但是，基于这两者在技术实现层次上比较相近，德国目前也正在努力把资产管理壳转变为支撑数字孪生的基础技术。

二、工业数字孪生

1. 工业数字孪生意义

从国家层面来看，随着我国工业互联网创新发展工程的深入实施，我国涌现了大量数字化网络化创新应用，但在智能化探索方面实践较少，如何推动我国工业互联网应用由数字化网络化迈向智能化成为当前亟须解决的重大课题。而数字孪生为我国工业互联网智能化探索提供了基础方法，成为支撑我国制造业高质量发展的关键抓手。

从产业层面来看，数字孪生有望带动我国工业软件产业快速发展，加快缩短与国外工业软件差距。由于我国工业历程发展时间短，工业软件核心模型和算法一直与国外存在差距，成为国家关键“卡脖子”短板。数字孪生能够充分发挥我国工业门类齐全、场景众多的优势，释放我国工业数据红利，将人工智能技术与工业软件结合，通过数据科学优化机理模型性能，实现工业软件弯道超车。

从企业层面来看，数字孪生在工业研发、生产、运维全链条均发挥重要作用。在研发阶段，数字孪生能够通过虚拟调试加快推动产品研发低成本试错；在生产阶段，数字孪生能够构建实时联动的三维可视化工厂，提升工厂一体化管控水平；在运维阶段，数字孪生可以将仿真技术与大数据技术结合，不但能够知道工厂或设备“什么时候发生故障”，还能够掌握“哪里发生了故障”，极大提升了运维的安全可靠性。

2. 工业数字孪生的功能架构

工业数字孪生是多类数字化技术集成融合和创新应用，基于建模工具在数字空间构建起精准物理对象模型，再利用实时 IoT 数据驱动模型运转，进而通过数据与模型集成融合构建起综合决策能力，推动工业全业务流程闭环优化，如图 5-9 所示。

第一层，连接层。具备采集感知和反馈控制两类功能，是数字孪生闭环优化的起始和终止环节。通过深层次的采集感知获取物理对象全方位数据，利用高质量反馈控制完成物理对象最终执行。

第二层，映射层。具备数据互联、信息互通、模型互操作三类功能，同时数据、信息、模型三者间能够实时融合。其中，数据互联指通过工业通信实现物理对象市场数据、研发数据、生产数据、运营数据等全生命周期数据集成；信息互通指利用数据

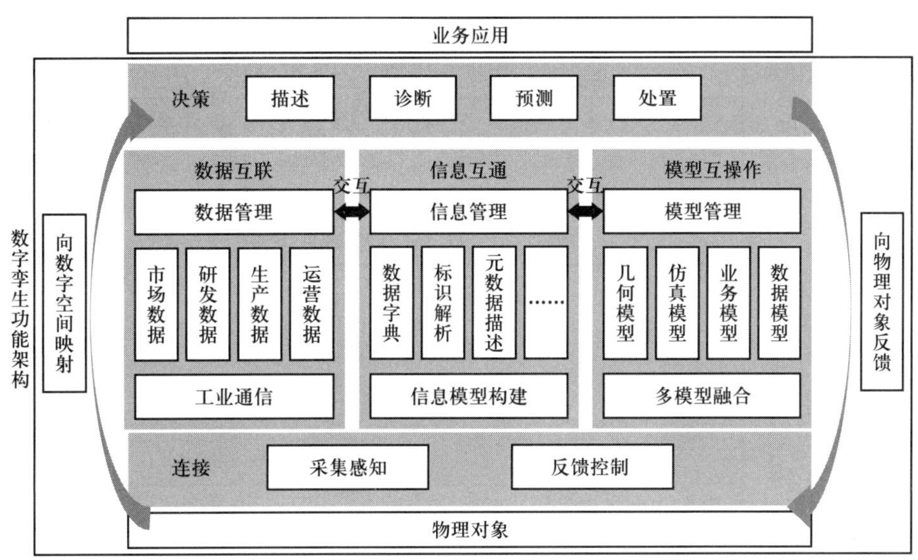

图 5–9　数字孪生功能架构

字典、标识解析、元数据描述等功能，构建统一信息模型，实现物理对象信息的统一描述；模型互操作指能够通过多模型融合技术将几何模型、仿真模型、业务模型、数据模型等多类模型进行关联和集成融合。

第三层，决策层。在前两层基础上，综合决策进而实现描述、诊断、预测、处置等不同深度应用，并将最终决策指令反馈给物理对象，支撑实现闭环控制。

全生命周期实时映射、综合决策、闭环优化是数字孪生发展三大典型特征。一是全生命周期实时映射，指孪生对象与物理对象能够在全生命周期实时映射，并持续通过实时数据修正完善孪生模型；二是综合决策，指通过数据、信息、模型的综合集成，构建起智能分析的决策能力；三是闭环优化，指数字孪生能够实现对物理对象从采集感知、决策分析到反馈控制的全流程闭环应用。本质是设备可识别指令、工程师知识经验与管理者决策信息在操作流程中的闭环传递，最终实现智慧的累加和传承。

3. 工业数字孪生技术体系架构

工业数字孪生技术不是近期才诞生的，它基于一系列数字化技术的集成融合和创新应用，包含数字支撑技术、数字线程技术、数字孪生体技术、人机交互技术四大类型。其中，核心技术是数字线程技术和数字孪生体技术，数字支撑技术和人机交互是基础技术，如图 5–10 所示。

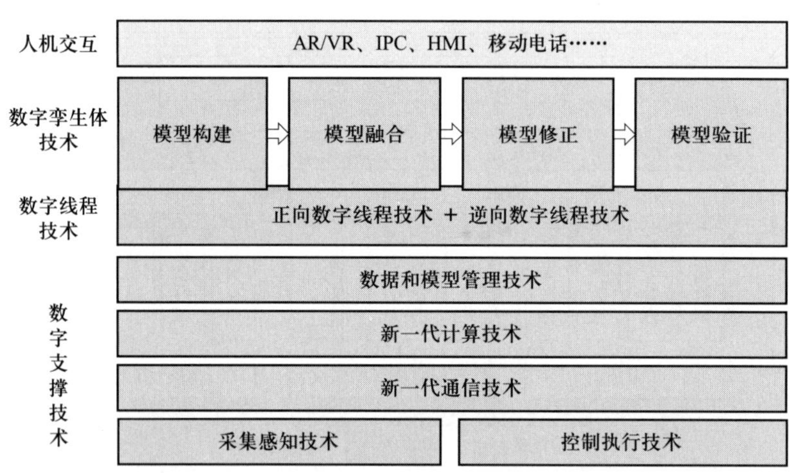

图 5-10　技术体系架构

（1）数字支撑技术体系

数字支撑技术具备数据获取、传输、计算、管理一体化能力，支撑数字孪生高质量开发利用全量数据，涵盖了采集感知、执行控制、新一代通信、新一代计算、数据模型管理五大类型技术。未来，集五类技术于一身的通用技术平台有望为数字孪生提供“基础底座”服务。

（2）数字线程技术体系

数字线程技术是数字孪生技术体系中最为关键的核心技术，包括正向数字线程技术和逆向数字线程技术两大类型。能够屏蔽不同类型数据、模型格式，支撑全类数据和模型快速流转和无缝集成。

基于模型的系统工程（MBSE）是正向数字线程技术的代表，在用户需求阶段就基于统一建模语言（UML）定义好各类数据和模型规范，为后期全量数据和模型在全生命周期集成融合提供基础支撑。当前，基于模型的系统工程技术正加快与工业互联网平台集成融合，未来有望构建“工业互联网平台 +MBSE”的技术体系。如达索已经将 MBSE 工具迁移至 3DEXPERIENCE 平台，一方面基于 MBSE 工具统一异构模型语法语义，另一方面又可以与平台采集的 IoT 数据相结合，充分释放数据与模型集成融合的应用价值。

管理壳技术是逆向数字线程技术的代表，参照多类工程集成标准，基于统一的语义规范，对已经构建完成的数据或模型进行识别、定义、验证，并开发统一的接口支

撑进行数据和信息交互，从而促进多源异构模型之间的互操作。管理壳技术通过高度标准化、模块化方式定义了全量数据、模型集成融合的理论方法论，未来有望实现全域信息的互通和互操作。

（3）数字孪生体技术体系

数字孪生体是数字孪生物理对象在虚拟空间的映射表现，重点围绕模型构建、模型融合、模型修正、模型验证开展一系列创新应用。

1）模型构建技术。模型构建技术是数字孪生体技术体系的基础，各类建模技术的不断创新，加快提升对孪生对象外观、行为、机理规律等刻画效率。

在几何建模方面，基于 AI 的创成式设计技术提升产品几何设计效率。如利用创成式设计帮助北汽福田设计前防护、转向支架等零部件，利用 AI 算法优化产生了超过上百种设计选项，综合比对用户需求，从而使零件数量从四个减少到一个，重量减轻 70%，最大应力减少 18.8%。

在仿真建模方面，仿真工具通过融入无网格划分技术降低仿真建模时间。如 Altair 基于无网格计算优化求解速度，消除了传统仿真中几何结构简化和网格划分耗时长的问题，能够在几分钟内分析全功能 CAD 程序集而无须网格划分。

在数据建模方面，传统统计分析叠加人工智能技术，强化数字孪生预测建模能力。如美国通用电气公司（GE）通过迁移学习提升新资产设计效率，有效提升航空发动机模型开发速度和更精确的模型再开发，以保证虚实精准映射。

在业务建模方面，业务流程管理（BPM）、流程自动化（RPA）等技术加快推动业务模型敏捷创新。如 SAP 发布业务技术平台，在原有 Leonardo 平台的基础上创新加入 RPA 技术，形成“人员业务流程创新—业务流程规则沉淀—RPA 自动化执行—持续迭代修正”的业务建模解决方案。

2）模型融合技术。在模型构建完成后，需要通过多类模型集成更加完整的数字孪生体，而模型融合技术在这过程中发挥了重要作用，重点涵盖了跨学科模型融合技术、跨领域模型融合技术、跨尺度模型融合技术。

在跨学科模型融合技术方面，多物理场、多学科联合仿真加快构建更完整的数字孪生体。如通过多学科联合仿真技术为嫦娥五号能源供配电系统量身定制了“数字伴飞”模型，精确度高达 90%~95%，为嫦娥五号飞行程序优化、能量平衡分析、在轨状态预示与故障分析提供了坚实的技术支撑。

在跨类型模型融合技术方面，实时仿真技术加快仿真模型与数据科学集成融合，推动数字孪生由“静态分析”向“动态分析”演进。如 ANSYS 与 PTC 合作构建实时仿真分析的泵孪生体，利用深度学习算法进行流体动力学（CFD）仿真，获得整个工作范围内的流场分布降阶模型，在极大缩短仿真模拟时间基础上，能够实时模拟分析泵内流体力学运行情况，进一步提升了泵安全稳定运行水平。安世亚太利用实时仿真技术优化空调节能效果，将 IoT 采集数据作为仿真计算的边界条件和控制变量，大大降低了空调用电消耗。

在跨尺度模型融合技术方面，通过融合微观和宏观的多方面机理模型，打造更复杂的系统级数字孪生体。如持续优化汽车行业 Pave360 解决方案，构建系统级汽车数字孪生体，整合从传感器电子、车辆动力学和交通流量管理不同尺度模型，构建汽车生产、自动驾驶到交通管控的综合解决方案。

3）模型修正技术。模型修正技术基于实际运行数据持续修正模型参数，是保证数字孪生不断迭代精度的重要技术，涵盖了数据模型实时修正、机理模型实时修正技术。

从 IT 视角看，在线机器学习基于实时数据持续完善数据模型精度。如流行的 Tensorflow、Skit-learn 等 AI 工具中都嵌入了在线机器学习模块，基于实时数据动态更新机器学习模型。

从 OT 视角看，有限元仿真模型修正技术能够基于试验或者实测数据对原始有限元模型进行修正。如技术领先厂商的有限元仿真工具中，均具备了有限元模型修正的接口或者模块，支持用户基于试验数据对模型进行修正。

4）模型验证技术。模型验证技术是孪生模型由构建、融合到修正后的最终步骤，唯有通过验证的模型才能够安全地下发到生产现场进行应用。当前模型验证技术主要包括静态模型验证技术和动态模型验证技术两大类，通过评估已有模型的准确性，提升数字孪生应用的可靠性。

（4）人机交互技术

虚拟现实技术（AR/VR）发展带来全新人机交互模式，提升可视化效果。传统平

面人机交互技术仅停留在平面可视化。新兴 AR/VR 技术具备三维可视化效果，正加快与几何设计、仿真模拟融合，有望持续提升数字孪生应用效果。

4. 工业数字孪生场景

（1）基于数字孪生的全工厂三维可视化监控

当前以石化、钢铁、核电为代表的流程行业企业已经具备了较好的数字化基础，很多企业全面实现了对全厂设备和仪器仪表数据采集。在此基础上，多数企业涌现出对现有工厂进行三维数字化改造的需求。通过构建工厂三维几何模型，为各个设备、零部件几何模型添加信息属性，并与对应位置 IoT 数据相结合，实现全工厂行为实时监控。

（2）基于数字孪生的工艺仿真及参数调优

工艺优化是流程行业提升生产效率的最佳举措，但由于流程行业化学反应机理复杂，在生产现场进行工艺调参面临安全风险，所以工艺优化一直是流程行业的重点和难点。基于数字孪生的工艺仿真为处理上述问题提供了解决方案，通过在虚拟空间进行工艺调参验证工艺变更的合理性，以及产生的经济效益。

（3）基于实时仿真的设备深度运维管理。

传统设备预测性维护往往只能预测“设备什么时间坏”，不能预测“设备哪个关键部位出现了问题”。而基于数字孪生实时仿真的设备监测将离线仿真与 IoT 实时数据结合，实现基于实时数据驱动的仿真分析，能够实时分析设备哪个位置出现了问题，并给出最佳响应决策。

（4）基于智能仿真的设备运行优化

基于数字孪生的智能仿真诊断分析，将传统仿真技术与人工智能技术结合，极大提升了传统仿真模拟的准确性。

（5）基于数字孪生虚拟仿真的安全操作培训

由于流程行业生产连续、设备不能停机、安全生产要求等特点，导致无法为新入职的设备管理、工厂检修等技术工程师提供实操训练环境。基于数字孪生的仿真培训为现场工程师提供了模拟操作环境，能够快速帮助工程师提升技术技能，为其真正开展实际运维工作提供基础训练。

第三节　面向智能制造的数字孪生生态

考核知识点及能力要求：

- 掌握智能产品、智能生产系统及供应链管理的数字孪生应用场景。
- 掌握面向智能制造的数字孪生系统。

智能制造所涉及的对象与系统包括智能产品、智能生产系统、智能生产运行过程，其所相关的数字孪生系统包括产品数字孪生系统、生产系统数字孪生系统和供应链数字孪生系统。由于孪生对象不同，产品的数字孪生基于产品设计、制造和使用过程来建设，其模型和数据来源为产品设计部门、制造部门和产品服务部门以及全体用户。生产系统的数字孪生，其模型和数据来源为工厂设计规划部门、建筑设计院、设备供应商、工厂制造部门以及工厂管理层。供应链数字孪生的模型和数据来源是供应链相关企业的管理部门、制造部门以及物流配送企业。这三者很难构建一个覆盖整个制造过程和制造要素的数字孪生系统，只能是三个相对独立又互相关联的数字孪生系统，形成一个“制造数字孪生生态”。

1. 产品数字孪生系统

在产品生命周期中，演化是一个多层次、多阶段且相互协同的立体反馈过程。

在产品设计阶段，设计师的首要任务是深入理解用户需求，需求决定产品的结构、配置、功能以及各种微妙差异。产品是由多个零部件配置而成，因此，需要建立用户需求与产品配置之间的关系。通常客户给出的需求是文字表述的，产品在设计阶段的

模型是虚拟的，这种对应关系需要在虚拟空间中进行映射。在实际的制造场景中，新一代的产品通常会根据需求在旧一代的产品上迭代改进。前代产品数字孪生体能给新一代产品的设计和研发提供借鉴模型。

数字胚胎出现于物理产品诞生前，是产品生命周期数据积累的开始与统一模型，集成了产品的三维几何模型、产品关联属性信息、工艺信息等。在这个阶段，专业的工艺人员会根据他们的经验与知识，将产品设计模型转变为制造方法及步骤和工艺参数，然后将产品数字胚胎模型和设计文档传递到制造阶段。

在产品制造阶段，产品的制造过程数据都实时记录在产品数字孪生体中，最终，用户收到的不仅是物理产品本身，还有一个与之完全对应且独特的数字孪生体，这个数字孪生体与物理产品具备相同的实际功能。

在产品使用和运维阶段，物理产品的所有使用状态变化、组件变更信息、产品性能的退化信息都将反馈到产品数字孪生体。物理产品在进入使用服务阶段往往随着使用时间推移和使用次数增加会出现组件故障、磨损或损坏的情况而去更换部分组件。产品数字孪生体与物理产品始终保持一致，会自动响应组件变更信息。

因此可以看出，产品数字孪生体是产品全生命周期的数据中心，记录了产品从设计阶段、使用服务到报废 / 回收的所有信息和模型。它使用全数字量表达产品的几何特征、性能、状态和功能，作为全生命周期信息的唯一依据。同时，产品数字孪生体也是全价值链的信息集成中心，产品信息能够在全价值链实现可追溯 / 可追踪性，并能够返回产品数字孪生体中，最终将形成信息高度闭环的产品数字孪生体。

2. 生产系统数字孪生系统

生产系统是原材料转化为产品的地方，是信息流、能量流和物流相交汇作用的地方。按不同的层次来划分，生产系统可以包括工厂、车间、生产线和加工单元。通常，生产系统数字孪生系统是指工厂数字孪生系统或车间数字孪生系统。

参照产品全生命周期的概念，一个生产系统的全生命周期也可以分为规划与设计阶段、施工建造阶段、运营与维护阶段以及报废与改建阶段。生产系统的全生命周期每个阶段的目标不同，对信息的需求不同，同时信息也明显具有不同的特征。需要面向生产系统全生命周期的数字孪生技术来满足信息流的流动性、集成性和可扩充性需求。

生产系统的数字模型中三维几何模型部分一般包括厂房基础设施模型、生产线设备模型和物流设施模型。厂房建筑是工厂或车间的一个重要基础设施，因此，建筑信息模型（building information modeling，BIM）是生产系统模型的一个重要组成部分。BIM 能够有效地辅助建筑工程领域的信息集成、交互及协同工作，可以使得工厂生命周期的信息得到有效的组织和追踪。BIM 可以根据工厂的不同阶段和需求创建，即从工厂规划与设计、施工到运营维护不同阶段，针对不同的服务需求建立相应的子信息模型。各子信息模型具有自演化和自更新机制，可以和上一阶段信息模型进行交互，并对其进行扩展和集成形成本阶段的子模型数据，最终形成面向全生命周期的完整信息模型。

3. 供应链数字孪生系统

在供应链管理周期中，供应链中的所有产品（供需关系中的服务载体皆为产品）都会产生与其动态、性能和状况相关的信息，利用这些聚合的海量数据，企业就可以通过建模和仿真，创建整个供应链的数字孪生。具体地，对供应链各个节点（仓储、枢纽、运输、配送）和节点的业务环节（如仓储的库存管理）进行模型建立。供应链上的各节点是最小的智能体单元，通过对这些智能体单元的建模和仿真，以及通过开放接口将模型串联起来，可以在虚拟空间中使整个供应链网络的功能运转。这种理念的实质是形成一个数字化版本的供应链，既为现实世界的供应链提供信息，又从现实世界的供应链获取信息。同时，供应链数字孪生体不仅体现供应链历史和当前状态的事实信息，还体现着未来的决策和计划。

供应链数字孪生系统的最终目的是通过实时的信息交互实现服务协作和服务追踪管理。

4. 多域融合的数字孪生生态系统

制造企业实施智能制造的一个关键点就是不同领域的数据与活动的互联。互联的概念不能仅限于某一个领域的纵向交互，要有制造企业内各关键要素横向互联意识。这种互联的意识不断促使企业家和工程师重新定义行业领域的边界，同时也是单体智能向群体智能发展的关键过程。与传统的制造过程相比，制造企业逐渐聚焦于将工业

互联网、云计算、人工智能等新一代信息技术与工厂、产品等全生命周期深度融合，形成自组织、自学习、自决策、自适应能力特征，以满足社会化、个性化、柔性化、服务化、智能化等智能制造的发展需求。因此，制造企业实施智能制造过程中需要关注的重要问题是资源流、信息流、服务流在多领域、多层次的制造企业中进行虚实协同运行与高效联动。

产品制造过程是在一个广泛的制造系统中进行的，其涉及产品与工程设计、管理、生产等多环节协同交互运行。

在产品制造的过程中将产品、工厂、业务三个领域整合是一个非常大的挑战，需要将所建立的体系中的每个领域都通过数字线程与其他维度整合起来，构成制造生态系统。三个领域内部及之间的紧密集成将带来更快的产品研发周期、更有效率的供应链、更有柔性的生产系统。因此，从制造企业乃至制造生态系统各个领域之间的协同运行和优化管理过程来看，需要一个虚拟载体或空间去承载实体资源信息和体现信息交互的过程。利用数字孪生技术构建各个领域的多层次数字孪生系统，形成多模型融合的制造数字孪生生态系统（manufacturing digital twin ecosystem，MDTE）。制造数字孪生生态系统是以企业制造系统物理与信息空间智能交互、不同种群协同进化为目标的多模态模型和数据的集成与应用，其可以在不同尺度的制造单元上进行动态重构与优化，为智能制造企业中不同领域、不同阶段产生的任务需求提供智能服务。

思考题

1. CPS 的本质是什么?
2. CPS 有几个典型特征?
3. 数字孪生有哪几个典型特点?
4. 数字孪生与资产管理壳的区别是什么?
5. 工业数字孪生技术有几种类型？各有什么作用?

第六章 网络安全技术

智能制造是新一代信息技术与制造业融合而成的数字化、网络化、智能化的生产模式，随着智能制造的变革，网络威胁正向工业控制系统蔓延，工业网络安全面临全新的挑战。智能制造技术有效提高了工业控制系统的网络化、系统化和自动化程度，但所面临的网络安全威胁也日益增加。

本章将通过边界、网络、终端三点结合的方式全面阐述智能制造的网络安全技术，有效保障工业控制系统的稳定安全运行。

- **职业功能：** 智能制造共性技术运用。
- **工作内容：** 运用网络安全技术保障工业控制系统安全。
- **专业能力要求：** 能运用安全防护设备及相关技术手段，有效阻断、分析、溯源攻击来源。
- **相关知识要求：** 网络安全基础、工业控制系统架构基础、逆向分析基础。

第一节　网络安全概述

考核知识点及能力要求：

- 掌握网络安全的基本概念。
- 掌握网络攻击的分类。
- 掌握网络安全相关技术。

一、网络攻击的分类

网络安全，通常来说是指计算机网络的安全，广义上是指网络系统的硬件、软件及其系统中的数据受到保护，不因偶然的或者恶意的原因而遭受到破坏、更改、泄露，系统连续可靠正常地运行，网络服务不中断。随着全球信息化的发展，网络安全越来越受到各国重视，网络安全这一概念也逐渐上升到国家安全的高度，现在所说的网络安全也可以被称为网络空间安全。

网络安全与网络攻击密不可分，相对于网络安全，网络攻击是指利用网络信息系统存在的漏洞和安全缺陷进行攻击，给目标对象造成敏感数据泄露、服务失效、经济受损等问题。网络攻击的形式多种多样，网络攻击的分类也层出不穷。一般来说，可从攻击效果、攻击的技术特点等不同的纬度进行分类。

（1）从攻击效果可大致分为信息获取、拒绝服务、完整性破坏等。

1）信息获取指攻击者未经授权非法获取用户敏感信息，如用户账号密码、商业机密等，常见的攻击手段包括网络窃听、嗅探等。

2）拒绝服务指攻击者通过向服务器发送大量垃圾信息强制占用服务器资源，阻止合法用户访问服务器，常见的攻击手段包括 DDoS、SYN Flood 等。

3）完整性破坏指攻击者未经授权对用户信息进行修改，常见的攻击手段包括会话劫持、缓冲区溢出、域名系统（DNS）欺骗等。

（2）从攻击的技术特点可以分为计算机病毒、木马程序、网络钓鱼、Web 攻击、缓冲区溢出、0day 漏洞攻击、僵尸网络、APT 攻击等。

1）计算机病毒指编写或在计算机程序中插入带有破坏性的、可以自我复制的程序代码，如勒索病毒等。

2）木马程序指一种攻击者可以在目标毫无察觉的情况下控制、获取目标计算机或数据的程序。

3）网络钓鱼指含有欺诈信息的网站骗取访问者的敏感信息，例如仿冒银行、购物网站，伪造登录页面来获取用户的账户和密码。

4）Web 攻击指攻击者利用网站漏洞进行攻击进而获取网站服务器的控制权。常见的 Web 攻击包括利用数据库查询语句注入（SQL 注入）、跨站脚本攻击、文件上传攻击、服务器请求伪造、利用网站安全配置错误攻击等。

5）缓冲区溢出指攻击者通过向应用程序的缓冲区写入超出其长度的攻击代码，使得与其相邻的数据被修改，错误地执行了攻击者的代码，从而被攻击者获取程序和系统的控制权。

6）0day 漏洞攻击指攻击者利用还没有发布补丁的漏洞进行攻击，0day 漏洞往往被攻击者掌握，但没有被公布，程序开发商还没有相应的补丁来修补漏洞，因此零日（0day）漏洞危害性极大。

7）僵尸网络指攻击者通过让大量主机感染僵尸病毒，控制感染主机。僵尸病毒是一种利用计算机漏洞、网络蠕虫、木马、后门工具等恶意代码的复合型程序，被僵尸病毒感染的主机形成僵尸网络，接收攻击者的指令，从而对特定目标进行分布式拒绝服务攻击等。

8）APT 攻击也称高级可持续威胁，是一种有组织、对特定目标进行持续性的新型攻击，APT 攻击常常采用多种攻击手段，如社会工程学、0day 漏洞等进行网络渗透，

逐步控制目标内部网络，并长时间潜伏收集各种信息。

二、网络安全相关技术

网络安全技术是为了保障网络安全的保密性、完整性、可用性而采取的一系列的安全技术。如身份认证技术、访问控制技术、数据加密技术、漏洞扫描技术、入侵检测技术、防火墙技术、防病毒技术、网络隔离技术、容灾备份技术等。

1. 身份认证技术

身份认证技术用于解决网络使用者是否为合法用户的方法，该技术通过鉴别用户的身份，防止攻击者假冒合法用户来获取访问权限。常见的身份认证技术包括口令认证、双因子认证、数字证书认证、基于生物特征的身份认证技术等。

2. 访问控制技术

访问控制技术采用预先定义的访问控制列表来限制合法或非法用户对于资源的访问。访问控制技术包括自主访问控制、强制访问控制和基于角色的访问控制。

3. 数据加密技术

数据加密技术指将明文数据根据一定算法的变换或者转换变成无法解读的密文。数据加密技术一般由加密密钥、解密密钥和加密算法三个部分组成。数据加密技术是信息安全的重要基石，通过不同加密技术的组合应用，不仅可以保证数据传输、存储的保密性，同时也可以实现身份认证、网络隔离等效果。

4. 漏洞扫描技术

漏洞扫描技术是采用扫描的方式对目标系统进行安全检测，从而发现目标系统的安全漏洞，漏洞扫描包括网络扫描、主机扫描、数据库扫描、Web 扫描等，扫描的目标系统可以是服务器、路由器、交换机、防火墙等硬件设备，也可以是操作系统、数据库、应用服务等。

5. 入侵检测技术

入侵检测技术指通过对网络传输或操作行为进行实时监控，根据特定的规则判定对象的行为是否违反安全策略，并进行报警和审计。入侵检测技术从检测分析方法可分为异常入侵检测和误用入侵检测。

6. 防火墙技术

防火墙技术是设置在内部和外部网络之间的保护屏障，是由计算机硬件和软件组成的系统。防火墙技术可以对内外网的数据传输进行保护，防止来自外部的入侵等。

7. 防病毒技术

防病毒技术是通过一定的技术手段防止病毒程序对计算机进行传播和破坏，一般包括病毒预防技术、病毒检测技术、病毒清除技术。

8. 网络隔离技术

网络隔离技术指在断开的两个不同网络之间，实现信息交换和资源共享。不同于防火墙技术，网络隔离技术可以实现两个网络物理隔离，通过信息摆渡进行交换数据。

9. 容灾备份技术

容灾备份技术通过在异地建立数据备份，在灾难发生后，能够最大限度地保证系统正常提供服务，减少灾难带来的损失。

第二节　防火墙技术

考核知识点及能力要求：

- 掌握防火墙的基本概念、分类、功能。
- 掌握防火墙的工作模式、原理。
- 掌握防火墙的部署方式。
- 掌握防火墙在工业领域中的应用。

一、防火墙概述

防火墙是一种网络安全设备，通常部署于不同的安全域之间，监控和解析经过防火墙的网络流量，并根据特定的安全规则允许或阻止数据包，实现访问控制和安全防护等功能。

防火墙并不是一个新的概念，最初得益于TCP/IP的流行，网络之间的通信没有任何的控制，因此，存在未经授权的访问、数据泄露等潜在风险。对于这个问题，美国数字设备公司（digital equipment corporation，DEC）在20世纪80年代提出了第一个防火墙方案，也就是包过滤防火墙。

二、防火墙的主要功能

现代防火墙除了具有包过滤、状态检测、网络地址转换等传统功能外，很多还具有应用层过滤、攻击防护、安全审计等功能。

1. 包过滤

包过滤也称为静态包过滤，是防火墙最基本的功能之一，包过滤功能运行在OSI模型的网络层（第3层），包过滤检查数据包的IP和协议头中的字段来决定允许或禁止单个数据包通过，包过滤不区分应用程序协议，不会对防火墙的性能产生明显的影响，是一种非常高效的技术。

包过滤功能可以让管理员根据源地址、目的地址、源端口、目的端口、协议类型、MAC地址、时间等部分或全部组合自定义安全策略或规则来实现访问控制，同时在使用包过滤功能时一般遵循最小安全原则，即禁止优先原则。

由于包过滤防火墙只检查数据包头部，不具备连接状态检测，因此，攻击者可以通过简单的地址欺骗技术绕过包过滤防火墙的检测机制，也可以将恶意命令隐藏在不被包过滤检查的头部或载荷（payload）内。包过滤一般也没有日志记录功能，如果仅使用包过滤功能，并不适应我国现行的网络安全相关法规和标准。

2. 状态检测

状态检测功能运行在OSI模型的网络层和传输层，状态检测功能可以检测未经授权的个人访问网络的行为，并可以分析数据包中的数据，查看它们是否包含恶意代码。

通过防火墙的流量首先与规则列表匹配，如果规则允许数据包通过，则开始进入状态检测，状态检测防火墙使用已知的网络连接中的协议跟踪连接状态。

例如，客户端和服务器通过三次握手开始建立 TCP 连接，即客户端发送一个数据包，设置同步（SYN）标准，接收数据包的服务器发送 SYN 和确认（ACK）标志的数据包进行回复，当客户端收到这个数据包时，它会回复一个 ACK 表示通信连接状态已建立。在连接结束时，客户端和服务器使用协议中的关闭（FIN）标志来中断连接。当连接状态从打开变为已建立时，防火墙会构造并存储这个状态，所有这个连接的规则都将基于这个状态进行。

为了更好地理解状态检测与包过滤的区别，下面通过一个例子进行说明：

例如，在 A 客户端（IP 地址：101.229.45.200）要访问 B 服务器上的网站（IP 地址：115.28.130.86），那么，在网站服务器前的防火墙必须配置一条规则允许 A 客户端访问 B 服务器，由于包过滤防火墙并不检测状态，因此，当网站将信息返回给 A 客户端时，还需要一条规则来允许网站和 A 客户端通信，其规则见表 6–1。

表 6–1　　状态检测

序号	源地址	源端口	目的地址	目的端口	规则
1	101.229.45.200	任意	115.28.130.86	80	允许
2	115.28.130.86	80	任意	任意	允许

状态检测防火墙会跟踪状态，当 B 服务器网站返回给 A 客户端信息时，防火墙掌握在一个连接状态中，因此，不需要表 6–1 中序号 2 规则就可以直接放行。

3. 网络地址转换

网络地址转换（NAT）功能运行在 OSI 模型的网络层，网络地址转换是一种将 IP 地址空间映射到另一个地址空间的方法，方法是在数据包通过防火墙时，修改数据包 IP 报头中的网络地址信息。这项技术最初用于避免在上游互联网服务提供商提供服务时，需要为每个主机分配新地址，在 IPv4 地址耗尽的情况下，它已成为保护全局地址空间的一种流行且必不可少的技术。

防火墙的地址转换功能包括源地址转换（source network address translation，SNAT）

和目的地址转换（destination network address translation，DNAT），SNAT 即内部主机在访问外部网络时，源地址将被转换为防火墙上的外部地址，现在防火墙还要求能够支持“多对多”的动态 SNAT 技术；DNAT 即将内部网络中的服务（如 DMZ 区域的 Web 服务）映射为防火墙的外部 IP 地址和端口，使得外部网络主机可通过防火墙的外部地址访问内部网络中的服务。

使用网络地址转换技术的防火墙将处于内部网络的设备或主机隐藏起来，它要求每一个传入数据包的信息要和内部设备能够对应起来，否则防火墙将拒绝该数据包。

网络地址转换技术可以阻止一些恶意数据包，通过白名单的设置限制未经授权的传出流量。因此，如果有内部主机感染了某个恶意软件（如木马程序），但传出的端口并不在防火墙的地址转换列表内，那么防火墙就会阻断它与内部主机的通信。

4. 应用层过滤

应用层过滤包括对应用协议以及应用内容进行过滤和控制，应用层过滤不仅可以基于包过滤规则，还可以对每个数据包进行检查。应用层过滤一般可分为应用类型过滤、内容过滤两大类。

应用类型过滤可以实现对如 HTTP 协议、数据库应用、FTP、Telnet、SMTP、POP3 和 IMAP 等常见协议进行识别和过滤，也可以自定义应用。

内容过滤是对通过防火墙的文件内容进行过滤的安全机制，内容过滤可以识别如 HTTP 传输的内容和关键字、URL 网址、传输文件的类型、数据库 SQL 语句的关键字、邮件内容、域名信息等。内容过滤可以阻止客户端对携带恶意程序的网站的访问，如钓鱼网站等。

5. 攻击防护

防火墙的攻击防护功能帮助企业抵御常见的拒绝服务攻击（distributed denial of service，DDoS），如 SYN Flood 攻击、UDP Flood 攻击、ICMP Flood 攻击、TearDrop 攻击、Land 攻击、Ping of Death 攻击、CC 攻击等。这些攻击会造成网络拥塞，影响服务可用性。

近年来，新型恶意代码等更高级的攻击出现，使得超过 80% 的攻击和入侵都是利用应用程序中的弱点，而不是网络组件和服务中的弱点，在下一代防火墙（next generation firewalls，NGFWs）中，常常还支持针对 Web 攻击、数据库攻击、恶意代码的防护。与包过滤和状态检测相比，攻击防护功能会检查数据包的有效载荷并通过签名匹配载荷中是否有攻击活动。

6. 安全审计

安全审计功能记录审核策略中定义的互联网访问行为，供将来审核和分析。包括记录事件类型、日志内容以及日志管理，审计功能还能够对经过防火墙的流量进行统计。安全审计功能在检测到一些重要的攻击行为或者是流量异常时还可以进行告警。

三、防火墙的基本工作模式

通常来说，防火墙可以工作在 OSI 模型的三层或者二层下。下面分别介绍几种常见的防火墙工作模式。

1. 路由模式

路由模式也称三层模式，当防火墙位于两个不同安全区域之间，如内外部网络时，可以采用这种模式，在这种模式下，防火墙的多个网络接口都配置了不同的 IP 地址和安全区域，并在这些接口之间传输数据。

如图 6–1 所示，防火墙的三个接口分别与可信网络、DMZ 区域以及不可信网络（Internet）相连，通过访问控制等安全策略来决定是否允许数据包在三个不同网络或区域之间通信。

地址转换等功能也可用于此模式。

2. 透明模式

透明模式可以避免改变网络拓扑，透明模式让防火墙类似网桥一样接入网络，防火墙将过滤通过的 IP 数据包，但不会修改 IP 数据包包头中的任何信息，此时防火墙对于用户来说是透明的。

如图 6–2 所示，防火墙部署在路由器后面，防火墙工作在 OSI 的二层，只做数据包过滤并不改变原有网络结构，但需要注意此时可信网络和 DMZ 区域必须在同一网段。

当防火墙处于透明模式时，资源开销最少。

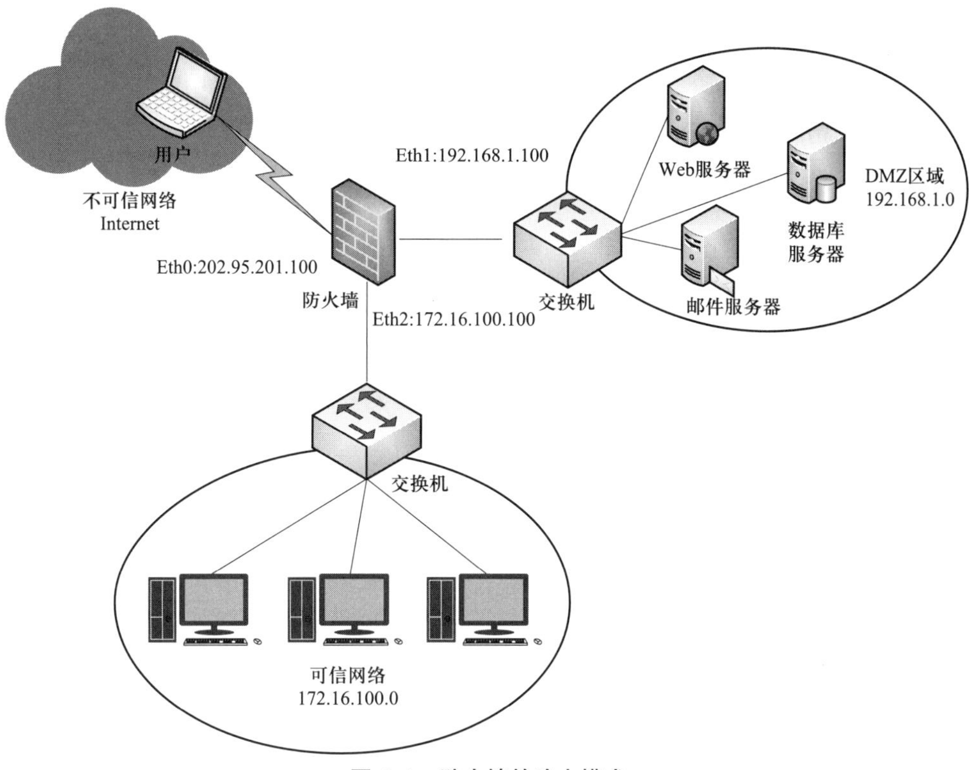

图 6–1　防火墙的路由模式

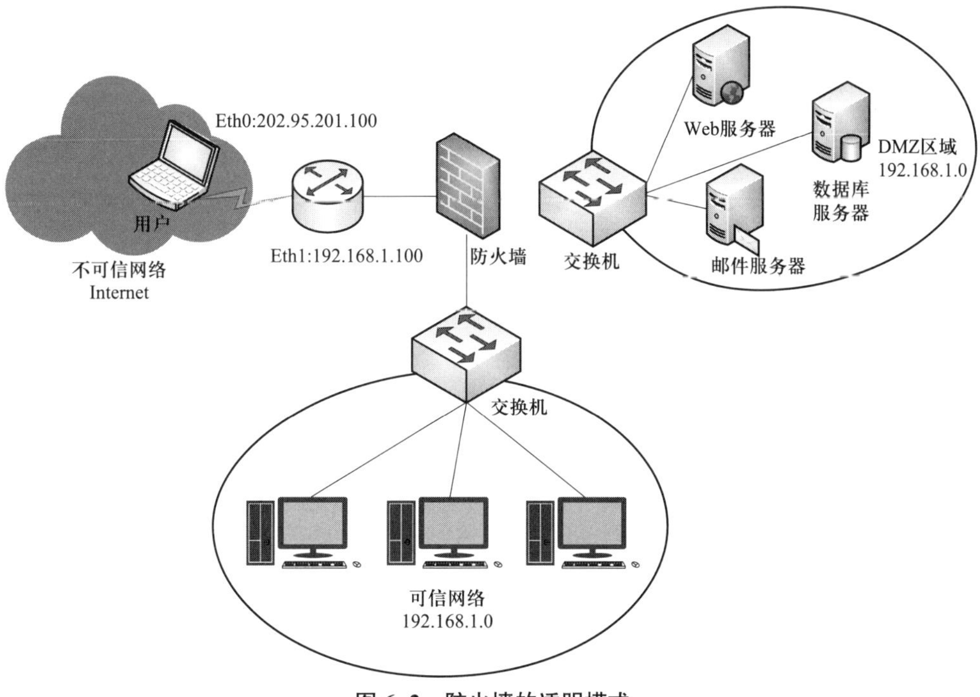

图 6–2　防火墙的透明模式

3. 混合模式

当 DMZ 区域中的服务器需要使用公网 IP 地址时，可以把防火墙设置为混合模式，混合模式既可以让互联网用户透明访问 DMZ 区域中的服务，可以设置防火墙的 NAT 功能使可信网络中的用户安全访问互联网，如图 6–3 所示。

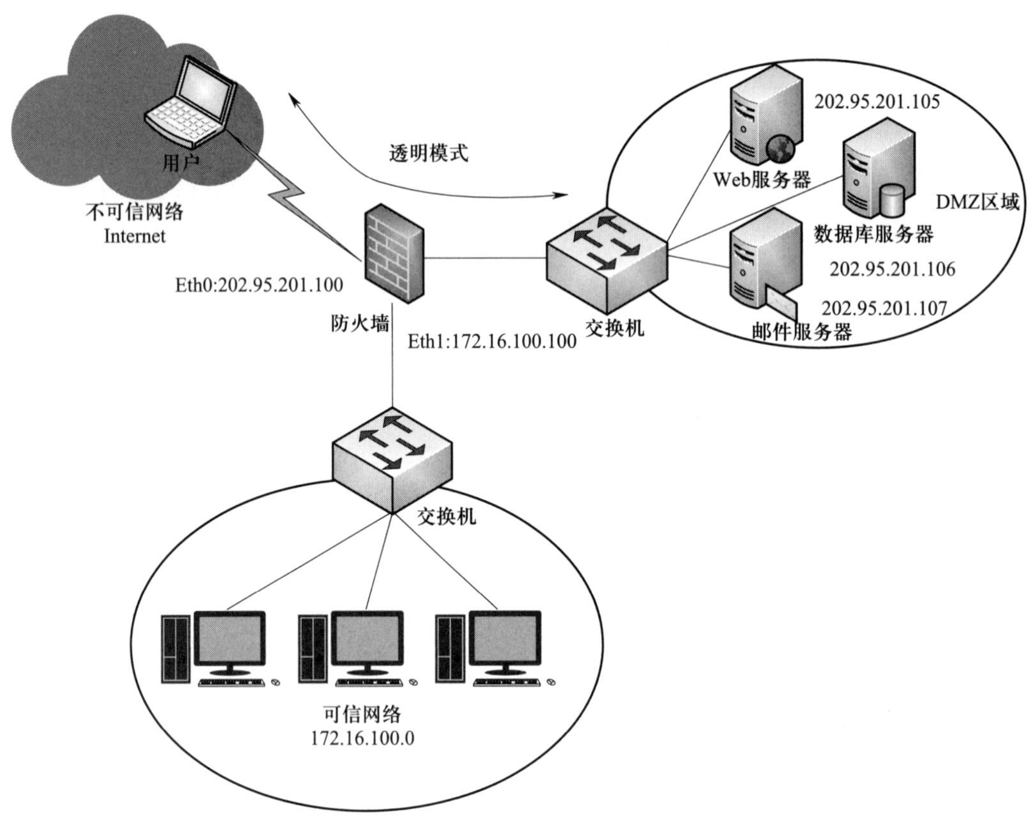

图 6–3　防火墙的混合模式

4. 旁路模式

通常情况下，防火墙都应该串联至网络中以便对网络进行控制，但在某些特殊场景，如仅用于审计、数据分析或者测试防火墙的安全策略时，可以设置为旁路模式。

如图 6–4 所示，交换机将上下行数据镜像到防火墙的端口上，防火墙将完整地接收到所有经过交换机的数据，并可以对其审计和安全测试。

因为数据流并不经过防火墙，因此，旁路模式不能对数据流进行拦截。

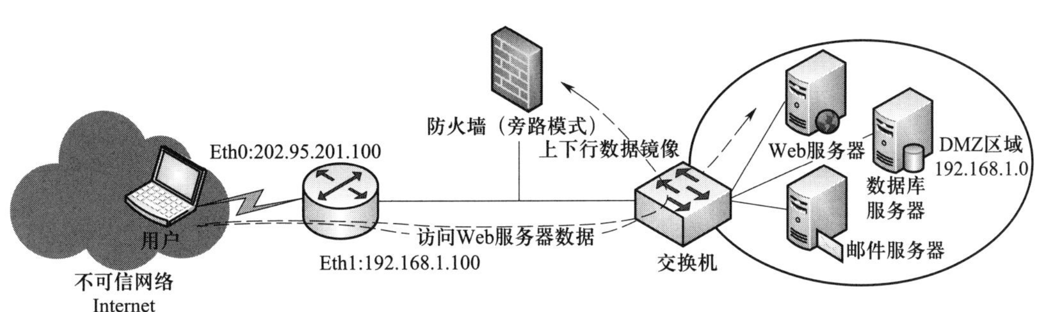

图 6-4　防火墙的旁路模式

四、防火墙的分类及部署

根据国家标准《信息安全技术　防火墙安全技术要求和测试评价方法》（GB/T 20281—2020）定义，根据安全目的、实现原理的不同，防火墙可分为网络型防火墙、WEB 应用防火墙、数据库防火墙和主机型防火墙等。

1. 网络型防火墙

网络型防火墙就是传统防火墙，其目的在不同区域之间建立一道安全防护，根据各种安全策略对经过防火墙的数据进行检查、筛选。

网络型防火墙能自由组网与部署，如路由功能等，同时也应具备包过滤、网络地址转换、状态检测等常见的网络层防护功能，能够抵御拒绝服务攻击，并且具有安全审计的功能。在下一代防火墙（NGFWs）上也同时具备如 WEB 攻击防护、数据库攻击防护、恶意代码防护等功能。

网络型防火墙可部署于可信网络与不可信网络之间，不同安全级别的网络之间，或者是两个需要隔离的网络区域之间。

2. WEB 应用防火墙

WEB 应用防火墙（WAF）是一种特殊类型的防火墙，专门应用于 WEB 应用程序，是一种不依赖于 WEB 应用本身的安全解决方案产品。WEB 应用防火墙使用特殊的安全策略规则，解决 WEB 应用中的代码缺陷或是物理应用程序中的漏洞，以此来保护应用。

WEB 应用防火墙主要工作在 OSI 七层模型中的第七层，相比下一代防火墙，WEB

应用防火墙可以在应用程序级别防御 DDoS、SQL 注入、跨站点脚本、会话劫持等攻击，阻止已知或自定义应用程序漏洞的攻击，阻止不需要的 WEB 流量，为应用程序提供虚拟补丁等。WEB 应用防火墙通过缓存机制提高网站的速度和性能，甚至可以对 HTTPS 流量进行解密为其提供更高级别的保护。

WEB 应用防火墙一般位于传统或下一代防火墙后端，以透明模式或反向代理模式部署于 WEB 服务器或应用程序的前端。

3. 数据库防火墙

数据库防火墙一般部署在应用程序服务器和数据库服务器之间，是一种基于分析数据库协议的安全防护产品。数据库防火墙可以防御由于应用程序业务逻辑漏洞所导致的数据安全问题，如 SQL 注入攻击、CC 攻击、撞库攻击、身份伪造、验证绕过、会话劫持等，同时还可以避免由于业务逻辑混乱造成的问题，如敏感数据泄露、高风险操作等。

4. 主机型防火墙

主机型防火墙一般是以软件形式部署在个人计算机或服务器上，提供对单个主机的网络层访问控制，保护主机防御来自外部的攻击，限制应用程序的访问控制等。

主机型防火墙可以针对单个主机定制策略，在一些应用场景中与其他类型防火墙同时使用，以增强内部的安全性，如当一些恶意软件通过外部边界的防火墙攻击主机时，主机型防火墙仍然可以防御这些攻击。

五、防火墙在工业领域中的应用

近年来，随着智能制造在工业领域的飞速发展，工业化与信息化深度融合，相比互联网更为复杂和严格的工业控制环境，也要求防火墙具有更高的环境适应能力。根据国家标准《信息安全技术　工业控制系统专用防火墙技术要求（GB/T 37933—2019）》，用于工业控制环境的防火墙需要比通用防火墙具有更高的实时性、可靠性、稳定性等要求。在防护方面，用于工业控制环境的防火墙除了具备通用防火墙的过滤功能外，还需要具备能够对工业控制协议过滤的能力。

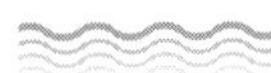

工业控制网络一般可分为生产管理网络、生产监控网络、生产控制网络。如图 6–5 所示，工业防火墙主要应用在工业控制各网络之间以及各网络区域间的防护。

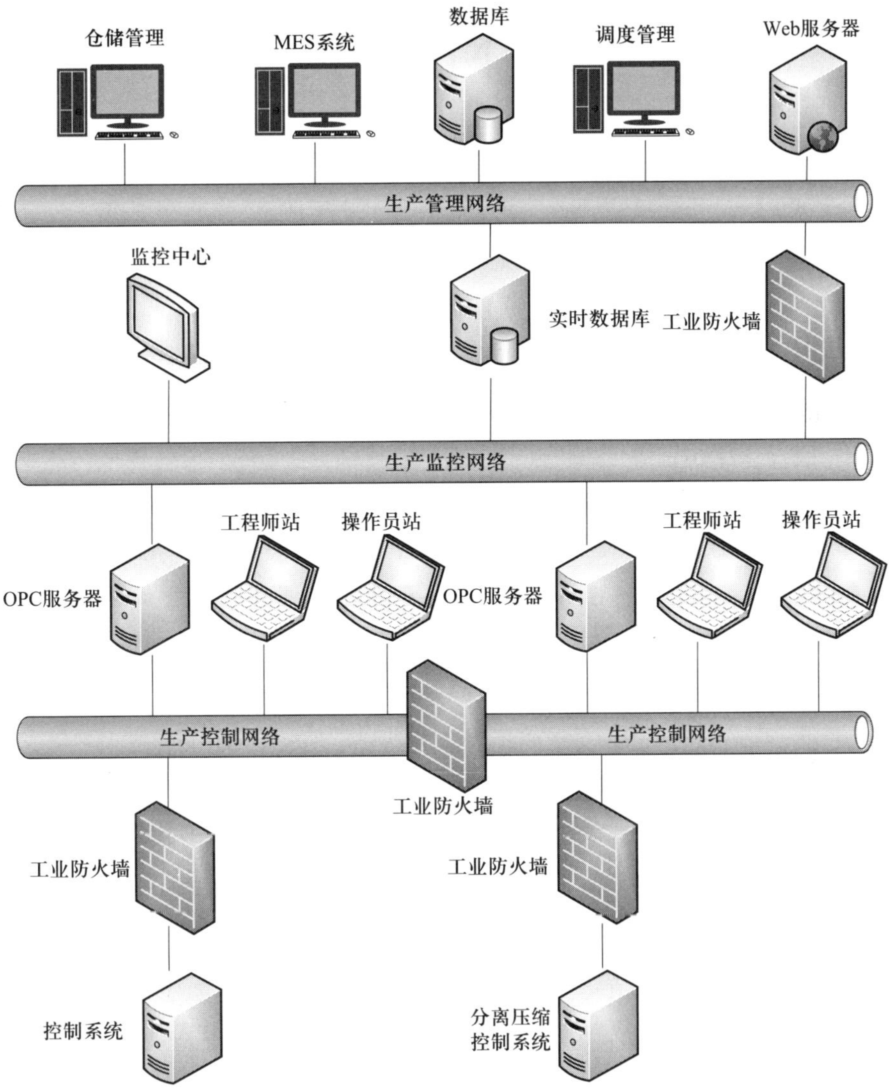

图 6–5　防火墙在工业领域中的应用

第三节　网络隔离技术

考核知识点及能力要求：

- 掌握网络隔离技术的基本概念和隔离方式。
- 掌握网闸的工作原理。
- 掌握网闸的应用。

一、网络隔离技术概述

网络隔离是指将有威胁的网络隔离开，以保证数据在可信网络内进行传输。网络隔离技术不同于其他网络安全设备，如防火墙、病毒墙和入侵检测系统。一般通过安全策略和设备两个方面来实现物理或逻辑隔离。所谓物理隔离就是网络设备与其他网络完全断开连接。逻辑隔离允许每个网络系统在物理上还是连接的，通过设置各种安全策略限制数据通信，如防火墙就是一种典型的逻辑隔离设备。

网络隔离技术并非传统意义上将两个网络真正分开，两个网络在“隔离”后也并非完全没有联系，网络隔离技术的核心是以物理隔离为基础，通过专门的设备或安全协议为两个网络提供可控的数据交换。

网络隔离可分为完全隔离、隔离卡、网闸等几种方式。

二、网闸工作原理

一般来说，网闸主要由外网处理单元、内网处理单元及交换控制单元三部分组成。

每个处理单元都设置有一个数据缓存来存放摆渡数据，外网处理单元连接外部网络，内网处理单元连接内部网络，交换控制单元通过摆渡开关或者通道切换的方式来确保任意时间仅连接内网处理单元或外网处理单元访问数据，如图 6–6 所示。

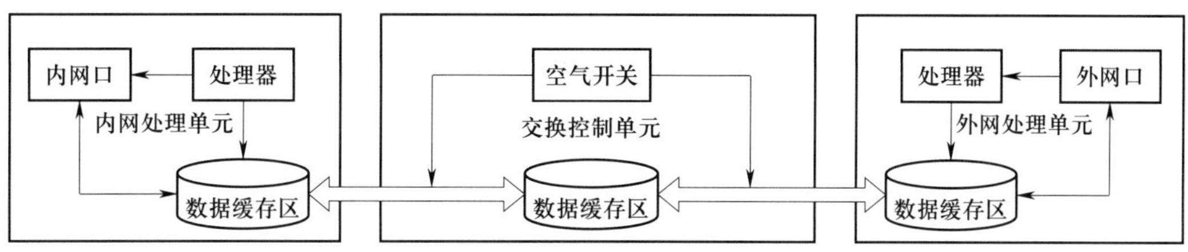

图 6–6　网闸工作原理示意图

当有数据由外部网络经过网闸时，外网处理单元首先对数据包进行安全检查，如包过滤、入侵检测等，当确定数据包符合安全要求后，去掉数据包的 TCP/IP 协议，只保留原始数据，然后采用专用协议封装数据，向交换控制单元发送数据。

交换控制单元检测到封装数据后，通过打开外网处理单元的空气开关接收数据，数据存入交换控制单元的数据缓存区，同时内网处理单元的空气开关为关闭状态，随后关闭外网处理单元的空气开关，打开内网处理单元空气开关，将数据传输到内网处理单元。

最后由内、外网处理单元除去专用协议，重构 TCP/IP 包发送至内网主机，完成数据摆渡。

目前市面上主流网闸使用的技术包括数据交换矩阵、缓冲区交换技术、单向通道技术等。

（1）数据交换矩阵

当网闸具有多个网络的数据交换需求时，空气开关就变成了开关矩阵，数据交换方式类似交换机，但每个网络处理单元同时只与一个数据缓存区连接，每个数据缓存区也只与一个网络处理单元连接，这样就保证了各个网络在同一时刻并不互通，从而达到了物理隔离。

（2）缓冲区交换技术

网闸内部缓冲区采用不同的交换技术，可以有效阻断应用连接，减少网络攻击面。为了保障网闸的安全性，网闸厂家都会采用专用的缓冲区交换协议来处理摆渡数据，常见的有基于常用通信总线的数据交换方式和基于存储总线方式。

基于常用通信总线的网闸一般内外接口采用工控主机，内部通过外部设备互联（PCI）、USB、串口、网络等通信总线连接来实现数据摆渡。

基于存储总线的网闸可以把数据交换区看作挂载在本地的可读写硬盘，利用电子开关控制内外网的主机单元分别可读写的存储区域，以此来实现数据摆渡。

（3）单向通道技术

尽管网闸具有物理隔离的功能，但还是有数据交换的，攻击者依然可以将恶意代码隐藏在应用数据中，在经过网闸的协议剥离后，以原始数据的形式传入内部网络，然后通过网闸数据交换将信息返回给攻击者。

在高安全级别的网络中，为了防止此类攻击，多采用单向通道网闸，即只允许数据单向传输，这样攻击者就因为无法得到返回信息而无法进行攻击，单向通道技术由于连接是半开的，无法得到通信的反馈，因此，数据在传输过程中如果损坏也无法通知发送方重传，但是保障了安全性。

可以在网络中使用两个单向通道网闸，分别提供不同方向的数据通道，以实现双向数据交换。

三、网闸的应用

网闸与防火墙的区别在于网闸一般以“2+1”的方式组成，即两台主机加隔离部件，而防火墙一般以逻辑方式隔离网络，因此，网闸可以提供比防火墙更高的安全性。在《信息安全技术　工业控制网络安全隔离与信息交换系统安全技术要求》（GB/T 37934—2019）中规定，增强级安全技术要求设备双机之间应采用专用隔离部件，并确保数据传输链路物理上的时分切换。

同时使用网闸的成本较高，网闸通常用在需要高安全性的网络环境中，如涉密与非涉密网络之间，内网与专网之间，业务网与互联网之间等。网闸在政府、军队、电力、工业等领域具有广阔的应用前景，目前，网闸产品除提供文件交换、收发邮件、浏览网页等基本功能外，还支持一些私有协议，如针对不同数据库的同步等，部分网闸产品还集成了入侵检测、加密、防病毒等扩展功能。

在工业控制网络中，网闸通常部署在工业控制网络的边界，如生产管理层与生产监控层之间。如图 6–7 所示，在高安全性的工业控制网络中，常常会使用工业网闸将生产管理网和生产监控网进行隔离以提高安全性。通过网闸对生产管理网和生产监控网的数据进行隔离，避免生产管理网和生产监控网受到上层网络的安全影响。

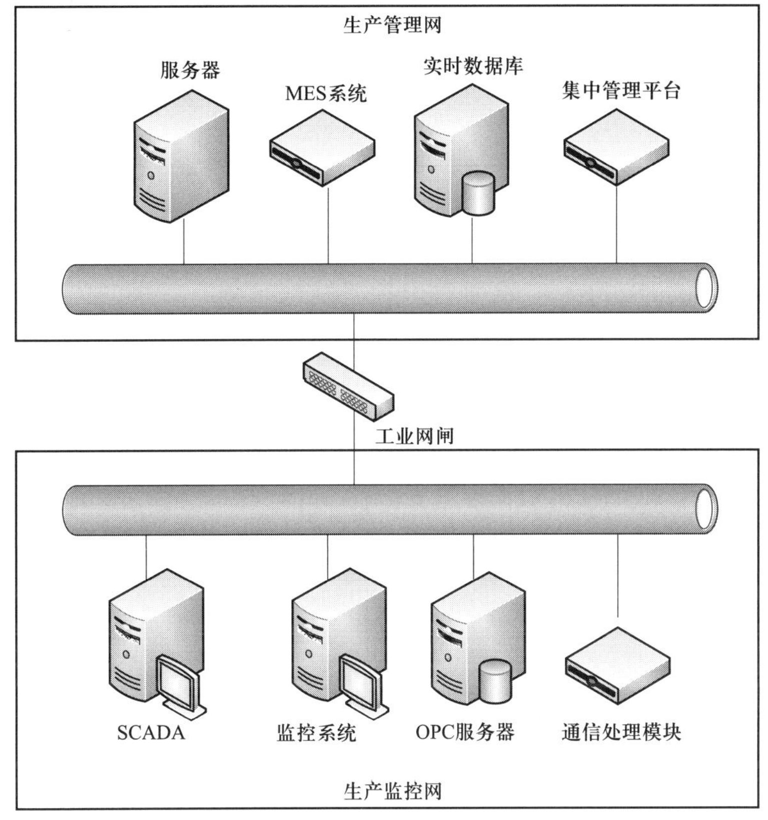

图 6–7　网闸在工业领域的应用

四、实验

1. 实验目的

通过对网闸进行设置，掌握、熟悉网闸工作机制。

2. 实验背景

某工业智能制造网络通过工业网闸连接生产监控网和生产管理网，其中生产监控网采用 196.65.254.0/24 网段，生产管理网采用 197.53.198.0/24 网段，拓扑图如图 6–8 所示。

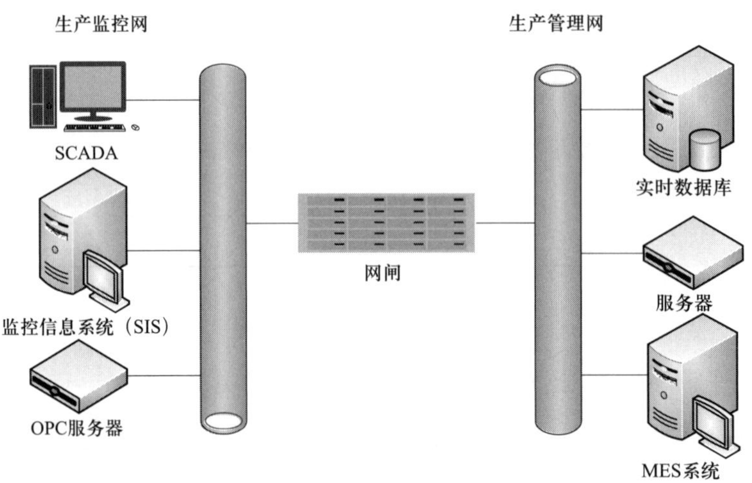

图 6-8　网闸实验拓扑图

3. 实验内容

要求对网闸进行配置，完成下列数据交换：

（1）配置网闸，允许管理网通过 OPC 协议采集数据。

（2）配置网闸，设置实时数据库同步。

（3）配置网闸，设置管理网的服务器上的共享文件夹同步。

第四节　虚拟专用网技术

考核知识点及能力要求：

- 掌握虚拟专用网的基本概念。
- 掌握虚拟专用网的实现技术。
- 掌握虚拟专用网的应用。

一、虚拟专用网技术概述

虚拟专用网（VPN）是通过隧道技术将安全网络延伸到公共网络（如互联网），使用户计算机可以像访问专用网络一样使用公共网络资源。虚拟专用网建立的隧道上可以使用加密、数字签名、鉴别、认证和访问控制等安全机制。

虚拟专用网并不一定要基于IP网络，也可以帧中继、异步传输模式（ATM）等，建立在使用IP协议的互联网上的虚拟专用网也被称为IP-VPN。根据《信息安全技术　虚拟专用网产品安全技术要求》（GA/T 686—2018），虚拟专用网应具备标识和鉴别、安全审计、访问控制、用户数据完整性保护、隧道建立、NAT穿越、密码支持和IPv6环境适应性等安全功能。

二、虚拟专用网的实现技术

虚拟专用网是在互联网等公共网络上建立专用网络，综合利用隧道技术、加密技术、密钥管理技术和身份认证技术使数据安全地通信。

1. 隧道技术

虚拟专用网最基本的实现原理是利用隧道技术连接两个网络，隧道技术在*A*站点到*B*站点建立了专用通道，*A*站点将待发送给*B*站点的原始数据采用特定的封装协议进行封装，*B*站点收到后将这些数据解封装，从而完成数据安全可靠地传输。目前，虚拟专用网采用的隧道协议分为二层隧道协议和三层隧道协议，二层隧道协议处于OSI模型中的数据链路层，如点对点隧道协议（point to point tunneling protocol，PPTP）、第二层隧道协议（layer 2 tunneling protocol，L2TP）等，二层隧道协议通过封装传输帧中数据来实现隧道。三层隧道协议处于OSI模型中的网络层，对数据包进行封装来实现隧道，如通用路由封装（generic routing encapsulation，GRE）、互联网安全协议（internet protocol security，IPSec）等，三层隧道协议主要应用在站点到站点VPN传输。

（1）PPTP

PPTP即点对点隧道协议，是实现虚拟专用网的方式之一，由微软、3Com等公司联合开发，PPTP使用通用路由封装（GRE）通道来封装点对点协议（Point-to-Point

Protocol，PPP）数据包传输数据，但因为它的加密方式容易被破解，微软已经不再建议使用这个协议。

PPTP 定义了 PAC 和 PNS 之间的连接，PAC 指的是 PPTP 集中接入器（PPTP access concentrator），也就是在隧道中向远程用户提供 VPN 服务的角色。PNS 指的是 PPTP 网络服务器（PPTP network server），也就是请求使用 VPN 隧道的远程用户。

PPTP 通过 IP 网络连接，并且只需要用户名、密码和服务器地址就可创建连接，因此，PPTP 具有比较高的速度及好的便捷性。但是由于 PPTP 采用比较低级的加密方案，安全性上相对较差。

（2）L2TP

L2TP 即第二层隧道协议，L2TP 协议本身并不提供加密与认证的功能，但 L2TP 可以和安全协议搭配使用，例如 IPSec，从而实现数据的加密传输，通常合称 L2TP/IPSec。

L2TP 虽然是一个数据链路层协议，但实际在 IP 网络中，L2TP 运行在会话层，它使用用户数据报协议（UDP）的 1701 端口来传输数据，并且整个 L2TP 数据包都封装在 UDP 数据报内。

在 L2TP 构建的 VPN 中，包括 LAC（L2TP access concentrator）、LNS（L2TP network server）和远端系统。在 L2TP VPN 中共有三种典型应用场景，分别是 NAS–Initiated VPN（NAS 中转代理连接模式）、Client–Initiated VPN（客户端直连模式）和 LAC–Auto–Initiated VPN（LAC 中转代理拨号模式）。

（3）GRE

GRE 即通用路由封装，由请求评论（RFC）2784 定义并由 RFC 2890 更新，与其他封装协议类似，但是更具通用性，GRE 可以对如 IPX、ATM、IPv6 等数据报文进行封装，使这些报文可以在另一个网络层协议中传输。一般来说，源系统有个数据包被封装传输到目的地，把数据包用 GRE 封装后再使用外层协议发出。通过这种方式在站点到站点的 VPN 中建立一个点对点的隧道链接，并可以在公共的 IP 网络环境中传输数据，见表 6–2。

表 6-2　GRE

-IPv4	GRE	IPv6	TCP	数据

在 VPN 的应用中，GRE 本身并没有任何数据加密机制，因此，最好在受信任的网络路径上使用，或者与如 IPSec 等隧道结合使用。

（4）IPSec

IPSec 是 IETF（internet engineering task force，互联网工程任务组）制定的一组网络安全协议，IPSec 可同时支持 IPv4 和 IPv6 网络，为其提供数据来源验证、数据加密、数据完整性、抗重播攻击等安全服务。

IPSec 主要包含了密钥管理交换协议、IP 头部验证协议、IP 封装安全载荷（ESP）协议以及其他用于网络认证及加密的算法等。

IPSec 通过安全联盟（SA）来协商，由密钥管理交换协议负责密钥的协商、建立和维护安全联盟的服务。IP 头部验证协议和 IP 封装安全载荷协议来实现 IP 数据包的安全传输，IP 头部验证协议为 IP 头部提供数据源认证、数据完整性校验和报文防重播服务，通过对 IP 头生成摘要字段来判断数据报文在网络传输中是否被篡改。IP 封装安全载荷协议除可以提供 IP 头部验证协议的所有功能外，还可以对 IP 数据进行加密，但 IP 封装安全载荷协议并不对 IP 头部进行保护。IP 头部验证协议和 IP 封装安全载荷协议可以同时使用。

IPSec 可以通过隧道模式或者传输模式来封装数据包。隧道模式下，IP 头部验证协议或者 IP 封装安全载荷协议对整个原始 IP 数据包进行封装，并生成一个新的 IP 头部，具有更好的安全性。传输模式下，IP 头部验证协议或者 IP 封装安全载荷协议对 TCP 数据包进行封装，仍然使用原始 IP 头部，具有相对较好的性能。

2. 加密技术

虚拟专用网为了保护数据在公共网络上的传输安全，采用了加密机制。常用的加密技术包括对称加密技术和非对称加密技术，在虚拟专用网上两种加密技术也经常混合使用，非对称加密技术一般用来完成密钥交换，对称加密技术一般进行数据加密。

（1）对称加密技术

对称加密也称为对称密钥，特点是加密密钥和解密密钥相同。采用对称加密技术的加密算法称为对称加密算法，优点是运算简单、速度快、安全性高，适合加密大量数据。由于加密和解密的密钥相同，因此，这种加密算法的安全性在于密钥的管理和授权，一旦密钥泄露，密文就可以被破解，密钥管理较为复杂。常见的对称加密算法有 DES（digital encryption standard）、3DES、AES（advanced encryption standard）等。

（2）非对称加密技术

非对称加密也称为公私钥加密，特点是加密密钥和解密密钥不同。采用非对称加密技术的加密算法称为非对称加密算法，这种加密算法首先会生成公私钥对，使用公钥加密的数据只有私钥才能解密，反之使用私钥加密的数据只有使用公钥才能解密。非对称加密算法密钥管理较为容易，但算法复杂，运算速度较慢，往往用于关键数据的加密。常见的非对称加密算法有 RSA、ElGamal 等。

3. 密钥管理技术

密钥的管理对于虚拟专用网的安全极为重要，在虚拟专用网采用 Inter 密钥交换协议（IKE）来交换和管理密钥，当应用环境规模较小时，密钥的管理可以采用手工配置，当应用环境规模较大时，采用密钥交换协议动态分发。

Internet 密钥交换由 RFC2409 定义，是一种由 ISAKMP、Oakley 和 SKEME 组成的混合协议。ISAKMP 提出了验证和密钥交换的结构性框架，Oakley 定义了密钥交换的模式，而 SKEME 则描述了密钥交换的具体方法。

ISAKMP 利用安全概念来建立和管理安全联盟（SA）以及密钥的产生方法。安全联盟包含了两个通信方如何利用安全机制进行安全通信的所有要素，在 Internet 密钥交换中使用了两个阶段的 ISAKMP，第一阶段主要协商常见安全通信信道，通过主模式或积极模式建立密钥交换安全联盟，为通信双方进一步进行密钥交换提供保密性、完整性、可验证性等安全服务。第二阶段使用已经建立的安全联盟建立服务的安全联盟，如 IPSec、SSL 等。

4. 身份认证技术

虚拟专用网的身份认证技术主要通过不同的身份认证协议来完成，常见的有 PAP、CHAP、EAP 等。

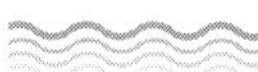

（1）PAP（密码认证协议）

密码认证协议（password authentication protocol，PAP）是一种使用密码的认证协议。点对点协议（PPP）允许用户访问服务器资源之前使用 PAP 进行验证。其优点是几乎所有的网络操作系统远程服务器都支持 PAP；缺点是 PAP 在网络上传送未加密的美国信息交换标准代码（ASCII）密码，被认为是不安全的。当远程服务器不支持更强的认证协议（CHAP、EAP）时，PAP 往往被作为最后的对策来使用。

（2）CHAP（质询握手认证协议）

质询握手认证协议（challenge-handshake authentication protocol，CHAP）是一个用来验证用户或网络提供者的协议。负责提供验证服务的机构，可以是互联网服务供应商，又或是其他的验证机构。通过三次握手周期性的校验对端的身份，可在初始链路建立完成时，在链路建立之后重复进行。CHAP 协议相比 PAP 协议在安全性上有了较大的改进，不用将密码直接发送到网络上。

（3）EAP（可扩展身份验证协议）

可扩展身份验证协议（extensible authentication protocol，EAP）是一个在无线网络或点对点协议中普遍使用的认证框架。EAP 不仅可以用于无线局域网，还可以用于有线局域网，但它在无线局域网中使用得更频繁。EAP 可以支持一次性密码、令牌、公钥身份认证、证书等多种认证方式，其安全性非常高，缺点是协议复杂，需要公钥基础设施（PKI）的支持。

三、虚拟专用网的应用

虚拟专用网一般可提供远程访问 VPN、站点到站点 VPN 和外联网 VPN 等三种方式。

远程访问 VPN 是一种主机通过 VPN 方式连接到站点的访问模式，一般面向企业的远程办公人员或移动工作人员，通过 VPN 访问企业内部资源而不需要把资源暴露在互联网上。

站点到站点 VPN 连接两个不同网络，通过隧道技术将两个不同物理位置的网络互联，建立起安全专用网络。站点到站点 VPN 可以允许在不同的中间网络上，如通过 IPv4 网络连接两个 IPv6 网络。

外联网 VPN 是前两者的结合，通常来说，企业员工通过远程访问 VPN 来访问企业资源，企业与企业之间则更倾向于通过站点到站点 VPN 连接，如果将两者结合起来就可以实现对于任何特定站点的资源远程访问。

第五节　工控终端防护技术

考核知识点及能力要求：

- 掌握恶意代码的基本分类及其相关技术。
- 熟悉常见的恶意代码检测分析方式。
- 熟悉终端的被动与主动防护技术。

约有 60% 的工控安全事件是由于工控终端的防护不当导致的。因此，工控安全除了要考虑网络层面，还要把控好工控安全技术的重要组成部分——终端安全。在工控终端遭受攻击时，很有可能因为部分终端受到病毒感染而导致重大安全事故。所以，针对工控安全除了要考虑区域边界安全、通信网络安全之外，还应针对工控终端的计算环境进行安全防护。

网络安全等级保护中针对终端提出了安全计算环境的明确要求，其中包含身份鉴别、访问控制、安全审计、入侵防范、恶意代码防范、可信验证、数据完整性、数据保密性、数据备份恢复、剩余信息保护、个人信息保护、设备控制安全等方面。

下面将通过终端防护中的被动防御与主动防御重点阐述终端恶意代码防范相关技术，网络安全等级保护中对恶意代码防范主要包括以下几点：

（1）安装防恶意代码软件或配置具有相应功能的软件，并定期进行升级和更新防恶意代码库。

（2）采用免受恶意代码攻击的技术措施或主动免疫可信验证机制及时识别入侵和病毒行为，并将其有效阻断。

（3）采用主动免疫可信验证机制及时识别入侵和病毒行为，并将其有效阻断。

一、恶意代码概述

恶意代码是指在未经用户许可的情况下，意图获取计算机或其他终端上的敏感数据、隐蔽控制计算机或其他终端、破坏计算机或其他终端的正常应用的程序/脚本。

恶意代码可以简单归结为三个阶段。

病毒时代（1991—2000年），主要的恶意代码包括：CIH蠕虫病毒、梅丽莎蠕虫病毒、红色代码蠕虫病毒等，攻击方式主要以弱口令探测、缓冲区溢出、E-mail传播、可移动磁盘介质为主，主要以破坏为目的。

木马时代（2001—2010年），此时新型病毒依旧在不断产生，例如，千年虫、熊猫烧香、火焰病毒等；但是此时以远程控制为主要目的的木马程序已经出现，主要的恶意代码包括BO2000、冰河木马、灰鸽子、Gh0st远控等，攻击方式主要以操作系统远程溢出漏洞、文件捆绑、共享漏洞、网页挂马、邮件钓鱼等方式为主，主要以控制为目的。

APT时代（2011年至今），此时各类挖矿、勒索病毒层出不穷，以长期控制为目的进行信息获取并在重要节点进行破坏的恶意代码也不在少数，主要的恶意代码包括震网（Stuxnet）病毒、勒索（Wanna Cry）病毒等，采用的主要攻击方式为投递搭载病毒木马的钓鱼邮件、0Day&1Day漏洞利用等。

APT（advanced persistent threat，高级可持续威胁）攻击，是指对特定目标开展具有极强隐蔽性、针对性、持续性的攻击活动，具有以下几点特性：①隐蔽性，APT攻击在进行渗透时，会高度考虑隐蔽因素进行数据获取、驻留控制等行为。信息收集阶段，攻击者常利用搜索引擎、高级爬虫、数据泄露等间接信息收集方式，使受害者很难察觉；攻击阶段，将会基于目标信息收集的结果，设计开发攻击脚本、驻留木马等恶意代码，绕过目标防御系统进行隐蔽攻击。②针对性，APT 攻击的目标非常明确，会根据目标的特点制定渗透攻击方案，使用的攻击方法只针对特定目标和特定系统，相对于撒网式攻击针对性较强。③持续性，APT 攻击具有较强的持续性，攻击者经过长期的准备与策划，在目标网络中潜伏几个月甚至几年，通过反复渗透不断改进攻击路径、方法，针对收集到的目标信息进行漏洞挖掘，持续发动攻击。

“震网”病毒便是典型的 APT 攻击，是第一个用于网络战的计算机病毒，该病毒的存在开启了世界各国对网络战的重视。

1. 恶意代码分类

恶意代码按照用途和特征可分为蠕虫病毒、后门、木马、僵尸程序、Rootkit 等，见表 6–3。

表 6–3　恶意代码的类型及其定义

恶意代码类型	定义
蠕虫病毒（virus）	在用户不知情或未授权的情况下，能自我复制或运行的计算机程序。病毒通常会影响受感染计算机的正常运作
后门（backdoor）	绕过安全性控制，获取对程序或系统访问权的程序
木马（trojan）	用于远程控制计算机的程序，具有隐蔽、自启动、自保护等特性
僵尸程序（bot）	使用一对多的命令与控制机制组成僵尸网络
Rootkit	通过加载特殊驱动、修改系统内容，从而达到隐藏的目的，通常与其他恶意代码结合使用

2. 恶意代码命名规则

（1）命名格式

恶意代码的命名格式一般为“<恶意代码前缀>.<恶意代码名称>.<恶意代码后缀>”。

1）前缀一般用于表明恶意代码的类型，如特洛伊木马的前缀 Trojan，蠕虫的前缀是 Worm 等。有时候也在前缀中表明恶意代码的运行平台，如 Macro、PE、Win32、Win64、VBS、……，恶意代码的前缀有时候也可能包含多个。

2）名称通常表明的是一个恶意代码家族的特征，如 CIH 病毒的家族名都是“CIH”，震荡波蠕虫的家族名是“Sasser”，冲击波蠕虫的家族名是“MSBlaster”。

3）后缀也可以有多个，如果只有 1 个，通常是指一个恶意代码的变种，一般用

26 个字母来表示，如 Worm.Sasser.B 就是指震荡波蠕虫的变种 B。

以 VirusTotal 为例，不同的安全软件定义恶意代码的名称不完全相同，但大多遵循上述所提到的命名规则，如图 6-9 所示。

Virus Total

overlay　peexe　runtime-modules　signed

SUMMARY　DETECTION　DETAILS　RELATIONS　BEHAVIOR　COMMUNITY 23+

Security Vendors' Analysis

Vendor	Result
Ad-Aware	! Trojan.GenericKD.39824957
AhnLab-V3	! Trojan/Win32.RL_Mimikatz.R290617
Alibaba	! Trojan:Win32/Mimikatz.4b2
ALYac	! Misc.HackTool.Mimikatz
Antiy-AVL	! Trojan/Generic.ASMalwS.2516
Avast	! Win64:HacktoolX-gen[Trj]
AVG	! Win64:HacktoolX-gen[Trj]

图 6-9　VirusTotal 病毒命名规则

（2）关键字

命名中的关键字定义大致如下：

1）Trojan：特洛伊木马，此类病毒名中的 PSW 或 PWD 一般表示这个病毒有盗取密码的功能，例如，Trojan.qqpass.a。

2）Win32：系统病毒（类似的前缀还有 PE、Win64 等），可以感染 Windows 操作系统的 *.exe 和 *.dll 文件。

3）Worm：蠕虫病毒，通过网络或者系统漏洞进行传播。

4）Script：脚本病毒，通常还会有 VBS、JS 等表明是哪种脚本编写的前缀。

5）Backdoor：后门病毒，存在后门或用于打开后门的程序。

6）Dropper：释放器，运行时会释放出一个或几个新的病毒到相应目录下。

7）HackTool：黑客工具，用于进行渗透等活动的程序。

8）Downloader：木马下载者，体积小，用于下载体积大的木马，方便隐藏。

3. 恶意代码自启动技术

为保证在终端重新启动后恶意代码的正常工作，通常攻击者会把恶意代码制作成可随终端系统一起启动，这样的技术叫作恶意代码自启动技术。以 Windows 系统为例，可能使用的自启动方式包括但不限于以下几种：

（1）启动项

直接将恶意代码放到启动文件中，随着技术的发展，当前已经较少单独使用到此种方式。

（2）注册表启动项

通过将恶意代码的所在位置写入注册表的启动项来进行程序自启动，主要的位置包括但不限于以下几种：

HKEY_CURRENT_USER\Software\Microsoft\Windows\CurrentVersion\Run、

HKEY_LOCAL_MACHINE\Software\Microsoft\Windows\CurrentVersion\Run、

HKEY_LOCAL_MACHINE\Software\WOW6432Node\Microsoft\CurrentVersion\Run。

（3）服务启动

服务启动常见于远控木马，通过注册服务的方式由系统自动加载启动。

（4）捆绑启动

把恶意代码与正常程序捆绑在一起，不修改目标程序，绕过程序自身的循环冗余校验（CRC）；或者将恶意代码捆绑在文档文件中，根据用户的使用习惯在调用某些文档时再行启动。

（5）DLL 启动

通过 DLL 进行启动的方式包括但不限于以下几种：

1）单独编写的 DLL 文件，通过修改注册表的 Run 键值来加载启动，此种方式隐蔽性较差。

2）替换系统合法的 DLL 文件，在应用程序请求原来的 DLL 文件时，恶意代码 DLL 进行转发，此种方式隐蔽性较好。

3）远程 DLL 注入，将恶意代码 DLL 加载至某些系统进程（Winlogon、Explorer、Svchost 等）中运行。

（6）感染可执行文件

被感染的可执行文件可在头部、尾部插入代码，也可在文件空隙处插入代码，不改变文件的原始大小。

（7）映像劫持（IFEO）

IFEO 的本意是为一些在默认系统环境中运行时可能引发错误的程序执行体提供特殊的环境设定，其本意不是“劫持”，而是“映像文件执行参数”；在进行隐藏时，可将恶意代码的执行路径写入程序的执行参数中，达到自启动的目的。

4. 恶意代码的隐藏与自保护方式

（1）恶意代码的隐藏方式

恶意代码通常会使用隐藏技术来避免被系统管理人员察觉，可能使用的隐蔽方式包括但不限于以下几种：

1）文件隐蔽。将恶意代码命名为与系统文件相似的名称，或者将恶意代码附加到系统文件中。

2）进程隐蔽。附着或替换系统进程，使恶意代码以合法服务的身份运行，从而隐蔽恶意代码。

3）网络连接隐蔽。通过已有服务的端口实现网络连接隐蔽，如使用 80 端口，攻击者在自己的数据包设置特殊标识，通过标识识别连接信息，未标识的 WWW 服务网络包仍转交给原服务程序处理。

4）自启动隐蔽。利用 Rootkit 对恶意代码进行内核级、驱动级自启动隐藏。

（2）恶意代码的自保护方式

恶意代码在隐藏的同时还会使用自保护技术来提高被分析、检测以及删除的难度，可能使用的自保护方式包括但不限于以下几种：

1）免杀技术。利用免杀技术，恶意代码可以躲避基于特征码的恶意代码检测系统。

2）加密技术。利用加密技术，恶意代码可以提高被识别分析的难度。

3）守护技术。恶意代码同时开启多个线程，分别为主线程、监视线程、守护线程等；发现主线程被删除，则立即设法恢复。

5. 恶意代码检测分析

恶意代码分析，通常可分为静态分析和动态分析两种。

静态分析会对可执行程序进行反汇编，在此基础上，分析并提取代码的特征信息。静态分析不需要实际执行代码，因此，不会对系统产生实质上的危害。但是，由于静态分析的代码不一定是最终执行的代码，可能消耗大量时间于无用代码。与此同时，静态分析对反汇编技术的依赖也导致了其局限性。恶意代码还可以使用各种混淆技术阻碍反汇编分析，包括但不限于加壳、加密、循环、垃圾代码等方式。

动态分析是在代码执行过程中进行分析，直接执行所分析的代码，但是基于运行环境的限制，动态分析时可能会存在未运行恶意代码的情况；并且动态分析一次执行过程只能获取单一路径行为，而一些恶意代码存在多条执行路径，需人工干预建立系统快照，递归探索其余执行路径。

在进行恶意代码检测分析初期可先通过在线沙箱结合威胁情报进行综合分析。大致掌握了恶意代码的分类、命名规则、隐藏技术、自保护技术以及检测分析技术之后，接下来将通过被动和主动两种方式阐述终端防护技术。

二、终端被动防护技术

被动防护技术中最常用的是防病毒技术，当前的防病毒技术已不仅仅只针对病毒，已经逐步延伸包含病毒、蠕虫、木马、后门等多种恶意代码。针对特定终端进行研究分析后，还可结合白名单技术进行多维防护。

1. 防病毒技术

防病毒技术通过识别恶意代码来保护终端免受侵害，通常使用特征码、校验和、行为检测、软件模拟等技术。

（1）特征码技术（静态检测技术）

特征码技术是检测已知恶意代码最简单、开销最小的方法。具体步骤：分析恶意样本并根据规则抽取特征代码；抽取有别于正常程序段的特征代码，在维持特征代码唯一性的基础上尽可能减少抽取长度，以便减少空间与时间上的开销；将抽取的特征代码与病毒库中的恶意代码特征进行比对，如果发现恶意特征代码，便可断定被查文

件中存在何种恶意程序并可以此进行命名。采用特征代码法进行检测，在面对不断出现的新型恶意代码时，必须不断更新恶意代码特征库，并且特征代码法对从未见过的新型恶意代码特征，无法检测发现（恶意代码常通过免杀技术来修改特征代码，以此躲避防病毒软件的查杀）。

（2）校验和技术（动态检测技术）

计算正常文件内容的校验和，并将校验和写入文件中保存。在使用文件时，定期检查文件算出的校验和与原来保存的校验和是否一致。这种方法既能发现已知恶意代码，也能发现未知恶意代码。但是由于恶意代码感染并非文件内容改变的唯一原因，文件内容的改变有可能是正常程序引起的，所以校验和法常常会产生误报。校验和法通常采用三种方式进行检测：一是在检测工具中纳入校验和法，对被查的对象计算校验和，将校验和写入被查文件中或检测工具中，而后进行比较；二是在程序中放入校验和检查功能，将文件校验和写入文件本身，每当程序启动时，比较当前校验和与原校验和，实现程序的自检测；三是将校验和检查程序常驻内存，每当程序开始运行时，自动比较预先保存的校验和。

（3）行为检测技术（动态检测技术）

恶意代码通常具有特定的行为，例如，占用 INT 13H 功能，对其他的程序进行写入，在特定目录释放文件，设置服务、注册表、计划任务等启动项，增加特殊后缀的文件，监控用户输入数据等行为。可通过机器学习不断扩充恶意行为库用于检测。行为检测可发现未知病毒，准确地预报未知的多数病毒，但是也可能存在误报警。

（4）软件模拟技术（动态检测技术）

具有多态性的恶意代码在每次感染时都会在保持自身功能的前提下改变程序代码，因此，应对此类恶意代码时，特征代码技术将失效。软件模拟技术可先使用特征码、校验和等方法检测恶意代码，如果发现可能存在恶意代码时，启动沙箱等软件模拟方式检测恶意代码运行，通过行为检测技术进一步确定是否为恶意代码。

防病毒技术是预防和检测恶意代码的重要方式。攻击者会通过不断制造新病毒、修改恶意代码特征等方式躲避防病毒软件的查杀，因此，时常更新防病毒软件的病毒库非常重要。但是防病毒软件并不是完美的，过于激进的启发式方法可能会意外地将完全安全的软件标记为恶意代码，并且工业终端存在长期不间断运行不能及时打补丁，受到联网条件的限制无法实时更新病毒库等情况，因此，仅使用防病毒软件的防病毒机制并不能有效对工业终端进行防护。

2. 白名单技术

由于工控业务环境相对固定，工程师站、操作员站等终端设备可采用白名单技术进行主动防护。白名单技术主要原理如下：对工业相关进程文件进行扫描识别，为每个可信文件生成唯一的特征码，并根据所有特征码创建白名单特征库。根据白名单对程序执行进行控制。当检测到执行程序启动时，提取启动程序特征码，与白名单库中的内容进行比对，如果白名单库存在该记录，则允许其执行，反之则拒绝程序执行。对工控终端来说，只有白名单内的程序能够执行，其他非授权程序都被阻止，防止病毒、木马、恶意软件的攻击，保障工控终端稳定运行；白名单技术还可与机器学习相结合，通过自动学习生成可信白名单。

此外，还可定制添加需要监控的配置文件和关键注册表键值，防止敏感配置文件和注册表被恶意篡改和破坏，同时能够配置 USB 设备的访问权限，保障数据交换安全；对系统、服务与命令的日志进行保存，以供安全事件的事后追踪溯源与大数据分析。这样既可有效抵御已知和未知的恶意代码，又可对防病毒软件病毒库更新不及时的问题提供有效补充，保障终端运行环境的安全。

三、终端主动防护技术

被动防护通常基于已被发现的攻击行为，通过提取共性规则建立，除去之前提到的防病毒、白名单技术外，还包括漏洞修复、基于签名的恶意代码防护、访问控制策略部署等；面对 APT 等攻击模式，攻击者在实施攻击前会进行长时间的试探分析，找到被动防护的薄弱点、缺失点进行定向攻击突破。主动防护则是通过分析网络行为、命令行为等方式，根据攻击模型自动识别攻击行为并采取针对性防护策略，以便应对不断变化的安全威胁。

1. 进程 / 文件管控技术

工业控制系统中，很多终端采用 Linux 操作系统作为底层的支撑系统，例如，

PLC、DCS 控制器采用实时 Linux 操作系统增强工业控制的可用性，工业物联网（IIoT）网关、传感器采用嵌入式 Linux 操作系统以便内置通信等功能。目前，Linux 操作系统面临着越来越多的安全威胁，一系列用于间谍活动的 Linux 后门恶意软件很容易经过动态编译生成针对特定目标的恶意程序。

针对 Linux 操作系统的恶意代码攻击，可通过 Linux 进程 / 文件管控技术进行有效防御。用户态的 Linux 进程管控技术可根据 Linux 进程的创建流程，通过内核提供的接口对进程相关系统调用实施监控，并将调用信息返回至用户态，与用户定义的规则进行比对，终止恶意创建的进程运行，从而实现 Linux 系统下对恶意代码启动的管控。此外，Linux 文件管控技术可针对 Linux 系统中的敏感文件进行保护，对敏感文件的操作需要获得用户许可，并将敏感操作信息存储至相关日志中。

Linux 进程 / 文件管控技术主要涉及三个方面的机制：可装载内核模块（loadable kernel module，LKM）、Hook 操作和 Netlink 连接。其中，LKM 实现监控模块的可装载和卸载；Hook 操作能够实现内核调用的监控；Netlink 连接实现用户态与内核态之间的通信，并且支持异步通信。

Linux 进程 / 文件管控技术在恶意代码启动时进行管控，具有不修改终端软 / 硬件结构、占用系统资源少、兼容性高、稳定性高等优点，适用于对可用性、实时性、稳定性具有较高要求的 PLC、IIoT 等设备。

2. 终端蜜罐技术

蜜罐技术是通过对攻击者进行欺骗，将攻击行为引导至自身并多维度记录攻击行为。终端蜜罐通过布置诱饵终端、网络服务或者文件，诱使攻击方对诱饵进行攻击，从而对攻击行为进行捕获和分析，掌握攻击方所使用的工具与方法，推测攻击意图和动机。基于终端蜜罐捕获的信息，清晰掌握所面临的安全威胁，并结合其他技术和管理手段增强终端的安全防护能力。

蜜罐运行与实际生产系统相同的进程且包含适合的诱饵进程 / 文件，仿真度越高，效果越佳。常见的终端型蜜罐包括设备蜜罐、文件蜜罐两种。设备蜜罐能够完整模拟终端的网络、进程等各方面功能，在服务、端口被访问、攻击时可进行记录并报警，提供完整的攻击者信息；文件蜜罐通过在终端指定路径下部署不具备真实信息的蜜罐文件，诱导潜在攻击者对文件进行访问或攻击，从而发现攻击行为。

终端蜜罐可迷惑攻击者，收集实际攻击的真实数据、实时监控文件的操作行为、实时监控可疑端口扫描行为并记录、分析黑客的攻击目的和动机，以便及时修补终端安全漏洞，预防可能遭受到的攻击。

3. ACC&CK 模型对抗技术

（1）网络攻击分类

在网络安全领域通过抽象层次的高低可将网络攻击分为三个层次：

高抽象模型，示例：Lockheed Martin 的 Cyber Kill Chain 模型等。

中抽象模型，示例：Mitre 的 ATT&CK（Adversarial Tactics，Techniques，and Common Knowledge，对抗性策略、技术以及通用知识库）模型等。

低抽象模型，示例：漏洞利用集、恶意代码集等。

高抽象模型对网络攻击的抽象程度较高。以 Cyber Kill Chain 模型为例，其将攻击行为拆解为：Reconnaissance（侦查）→ Weaponization（武器化）→ Delivery（传输）→ Exploitation（挖掘）→ Installation（植入）→ C2：Command & Control（命令和控制）→ Actions on Objectives（操作目标）。这一模型大致阐述了网络攻击的步骤，但对于每一步骤中的相对细化攻击技术未进行拆分。低抽象模型太过注重漏洞、恶意代码本身，无法总览攻击者的攻击目的与整体攻击链，不能对网络攻击进行全方位的分析。

下面根据中抽象模型 ATT&CK 进行网络安全分析，其在“Cyber Kill Chain”模型的基础上，针对后四个阶段中的攻击者行为，构建了一套更细粒度的知识模型，以便更清晰地掌握攻击行为之间的联系，连续攻击背后的目标，攻击行为与敏感数据、安全防护、安全配置之间的联系等信息。ATT&CK 模型始于 2013 年，是由 Mitre 公司发起的网络安全对抗策略和技术知识库，目标是提供一个基于现实世界观察的、全球可访问的网络安全对抗策略和技术知识库。

（2）ATT&CK 模型的策略

ATT&CK 模型包含了攻击者在攻击过程中的 14 种策略、222 项技术与 380 项子技术。策略简介如下：

1）侦察（10 项技术）是攻击者在实施攻击之前尽可能获取相关基础信息的策略。

2）资源开发（7 项技术）是攻击者在攻击之前开发的用于各阶段实现具体功能的工具或者脚本。

3）初始访问（9 项技术）是攻击者在目标环境中的立足点。

4）执行（12 项技术）是所有攻击者都必然会采用的策略，无论攻击者通过哪种手段，都只有选择“执行”才能最终达到攻击的目的。

5）持久化（19 项技术）是攻击者维持其权限的策略。

6）权限提升（13 项技术）是将当前的低权限提升到 administrator/root 等高权限。

7）防御绕过（42 项技术）是让恶意代码骗过防御措施，让防御措施失效，也可能使其绕过白名单技术。

8）凭据访问（16 项技术）是攻击者的关键目标之一，有了访问凭据，攻击者在节省大量攻击成本的同时，还能减少攻击被发现的风险。

9）发现（30 项技术）是获取业务正常运行时，泄露的有价值信息。

10）横向移动（9 项技术）是攻击者在获得初始访问后，开始在各个系统中试图做出任何可能的权限扩展，寻找更好的访问权限，最终控制整个网络。

11）收集（17 项技术）是攻击者为了发现和收集所需数据而采取的策略，可利用白名单技术对这样的异常行为进行免疫防御。

12）命令与控制（16 项技术）是攻击者发送恶意命令、控制恶意代码的策略。

13）数据窃取（9 项技术）是攻击者获得访问权限后，开始搜寻相关数据，着手数据渗透，并不是所有恶意软件都能到达这个阶段。

14）危害（13 项技术）是攻击者试图操纵、干扰或破坏目标系统和数据，某些情况下，业务流程可能表面上看起来没有问题，但其实已经被秘密篡改。

（3）ATT&CK 模型的攻击技术

对照 ATT&CK 模型的攻击技术，详细分析公开威胁情报与真实环境中的攻击数据，将更有助于形成提升有针对性的防护技术，增加攻击者的攻击成本。

Mitre 公司通过整合、分析 400 多份公开的威胁情报，并与 ATT&CK 模型进行了映射，得出的 Top 20 攻击技术为标准应用程序协议、远程文件拷贝、系统信息发现、命令行界面、文件和目录发现、注册表 Run Key/ 启动文件夹、混淆文件或信息、文件删除、进程发现、系统网络配置发现、凭据转储、屏幕捕获、输入捕获、系统所有者 / 用户发现、脚本执行、常用端口、标准加密协议、Powershell、伪装、新服务。

Red Canary 公司通过整合、分析真实环境中发生的 1 万多起恶意事件，得出安全事件利用 ATT&CK 模型中每种攻击技术的频率，其中 Top20 的攻击技术为 Powershell、脚本执行、Regsvr32、连接代理、鱼叉式钓鱼附件、伪装、凭据转储、注册表 Run Key/ 启动文件夹、Rundll32、服务执行、禁用安全工具、命令行界面、账户发现、辅助功能、计划任务、WMI、进程注入、混淆文件或信息、Windows Admin 共享、票据传递。

对比分析 Mitre 和 Red Canary 分别整理得出的 Top 20 攻击技术，可以发现有 7 项攻击技术是重合的，分别为 PowerShell、脚本执行、命令行界面、注册表 Run Key/ 启动文件夹、伪装、混淆文件或信息、凭据转储。详细分析这 7 种技术并制定合理的防护策略将有助于整体提升终端安全防护能力。

1）Powershell。PowerShell 是 Windows 操作系统中包含的功能强大的交互式命令行界面和脚本环境。攻击者可以使用 PowerShell 执行许多操作，包括发现信息和执行代码，例如，运行可执行文件的 Start-Process cmdlet、在本地或远程计算机上运行命令的 Invoke-Command cmdlet。默认情况下，PowerShell 基本上已包含在每个 Windows 操作系统中，提供对 Windows API 的完全访问权限，包括几百个供开发人员和系统管理员使用的功能，攻击者同样也可以利用这些功能。

针对性防护技术：可通过进程监控进行针对性防护，进程监控可以确定在环境中使用 PowerShell 的基准。进程命令行监控可以监测试图通过编码命令传递有效负载并以其他方式混淆隐藏攻击目的的 PowerShell 实例。通过监测 PowerShell 脚本的执行进程，观察模块负载与其他输入输出上下文，为整体防护策略提供有效支持。

2）脚本执行。攻击者可能会使用脚本进行操作并执行其他多项操作。脚本执行能加快操作任务，减少访问关键资源所需的时间。通过在 API 级别与操作系统交互，而

无须调用其他程序，某些脚本语言可以用于绕过过程监视机制。Windows 的常用脚本语言包括 VBScript、PowerShell 及其他命令行批处理脚本。安全工具和人工分析的快速发展让攻击者很难使用公开的攻击载荷或者直接从磁盘获取相关载荷。因此，攻击者需要找到替代方法来执行有效载荷并执行其他恶意活动，这是脚本相关技术日益流行的主要原因。此外，该技术利用的运行时环境、库和可执行文件是现代计算平台的核心组件，不能轻易禁用，并且没有始终对其进行密切监视。

针对性防护技术：第一，针对 Windows 脚本宿主（WSH）的进程树监测是最简单的针对性防护技术，监测的目标包括 shells 命令（cmd.exe、PowerShell.exe）、Office 应用程序、Web 浏览器、Web 服务处理程序中生成的 Wscript.exe/Cscript.exe。第二，可监测从非标准位置执行的脚本，例如，用户可写路径、临时目录、系统目录等。第三，可监测进程元数据、进程命令行和文件修改，检测与脚本相关的二进制文件的可疑模块。第四，最彻底的办法就是禁用 Windows 脚本宿主，也可以强制对脚本进行签名，以确保仅执行批准的脚本。

3）命令行界面。命令行界面是操作系统平台提供的与计算机系统进行交互的方式。Windows 系统上的命令行界面是 CMD，可用于执行包括软件在内的许多任务。命令行界面可以通过远程桌面、反弹 Shell 会话等方式在本地 / 远程进行交互，命令的权限继承命令行界面进程的当前权限。

针对性防护技术：针对此类攻击可以通过使用命令行参数记录执行情况来捕获命令行界面的活动，收集并分析命令行历史记录，定义可在命令行执行的软件 / 脚本来源。

4）注册表 Run Key/ 启动文件夹。在注册表 Run Key 或启动文件夹中添加一个条目，将会导致用户登录时，该条目对应的程序会自动运行并具有与账户相同的权限级别。注册表 Run Key 和启动文件夹历来都是各类攻击者实现持久化的重要目标。根据 Microsoft 文档，对注册表 Run Key 的支持至少可以追溯到 Windows 95。攻击者仅需要用户级别的权限，并具有写入注册表或将有效负载拖放到启动文件夹的权限。该攻击技术除可加载引用可执行程序 / 脚本外，还可加载动态链接库。

针对性防护技术：创建注册表、文件目录基准并定期监测注册表关键值和文件系统路径的变更情况。此外，还可检查任何已知与这些注册表、路径结合使用的文件类型，例如，LNK 等。持久化永远不会单独发生，因此，同步使用其他防护技术进行监测也是非常有效的。

5）伪装。伪装是指为了逃避防御和检测，恶意代码使用正常可执行文件的名称或位置的情况。攻击者利用伪装作为绕过防护技术的手段，攻击者使用该技术将恶意代码合法化，期望逃过机器检测以及人工分析。伪装的实现范围很广，例如，重命名可执行文件、设置与系统文件相似的文件名（如 svch0st、svhost 等）、修改程序图标、镜像劫持等。伪装是在攻击行为中常见的技术，该技术可以绕过防护技术和人为分析，并且相对容易实施。

针对性防护技术：检测伪装技术可通过分析文件的二进制元数据，在文件创建或签名时保存原始文件的二进制数据或哈希（MD5/SHA1 等），在查找 wscript.exe 时，除了查找当前具有该名称的二进制文件外，还应查找原始文件名为 wscript 的任何二进制文件并进行对比分析。此外，除基于文件的签名、哈希等标识符进行检测外，还可通过二进制文件的执行路径进行对比分析，如果某二进制文件在非正常的路径加载启动则可以触发防护报警机制。

6）混淆文件或信息。攻击者会试图通过加密、编码或其他方式对存储在系统上的可执行文件进行混淆，从而使其难以发现或分析，以绕过防御的常见技术。许多网络安全检测产品（防病毒软件、IDS 等）基于签名、特征代码来检测恶意软件。一旦发现特定恶意代码变种，便会提取该恶意软件的特征信息，用于未来对其进行检测和识别。将跨越网络边界，通过网络通信传输到终端的每条数据与这些签名、特征代码进行比较。如果找到匹配项，则将采取防护措施（删除、隔离、警报等）。混淆的目的是绕过这些基于签名、特征代码的检测系统，并增加对恶意代码样本进行取证分析的难度。如果恶意代码通过某种方式混淆了签名、特征代码所基于的数据，则检测引擎在进行检测识别时就无法找到匹配项。常见的混淆算法包括压缩、编码、加密、隐写等。攻击者可以综合使用以上算法 / 技术隐藏各种不同类型的恶意软件。例如，恶意软件可通过混淆来隐藏其恶意代码、对其配置文件进行加密，从而加大恶意软件的分析难度。

针对性防护技术：针对在目标终端上进行混淆操作的恶意代码，可针对执行文件混淆的恶意操作进行监测（对文件进行写入、读取、修改等），并对压缩、加密、加壳的程序 / 脚本进行报警提示。

7）凭据转储。凭据转储是从操作系统和软件上获取被保存的账户登录名和密码信息的过程，通常是哈希或明文密码形式的信息。进行凭据转储后，攻击者就可以使用该凭据实现本地权限提升、内网横向权限扩展，并访问本应受保护的数据信息。

作为网络安全等级保护中"一个中心、三层防御"的最后一环，需被动防护与主动防护相结合，全方位提升终端计算环境的安全能力。

第六节　实　　验

实验：网络安全

一、实验目的

1. 掌握常见恶意代码的分析能力。

2. 通过病毒检测、沙箱分析等分析方式，找到疑似恶意代码。

3. 采取针对性分析获取，发现恶意代码的其他威胁情报。

4. 针对勒索病毒进行分析研判，发现勒索软件家族相关情报。

二、实验原理

根据恶意代码的特性，使用被动防御与主动方式进行检测分析，找到疑似恶意程序。

勒索病毒通常是多点开花，根据已有的威胁情报进行关联分析可以得到病毒特征及其所属的病毒家族，对进一步分析研判、应急修复都存在一定帮助。

三、实验内容及主要步骤

实验内容一：恶意代码分析

实验要求：

通过提供的实验附件，开展恶意代码分析，确定某台终端设备是否被入侵后执行挖矿程序。

主要步骤如下：

（1）解压实验附件，根据日志等信息找出疑似恶意代码的可执行文件。

（2）采用在线沙箱分析平台或本地沙箱分析方法分析疑似恶意代码，找出如下内容：

1）找出对应私有矿池地址及端口。

2）找出对应挖矿获取收益的钱包地址。

3）找出对应挖矿程序的制作时间。

实验内容二：收集勒索软件家族情报

实验要求：

发现某台计算机疑似被勒索病毒攻击，诸多目录下都有一个相同的文件。尝试通过提供的附件开展分析研判，找出对应勒索病毒的家族名称。

主要步骤如下：

（1）解压实验附件，记录其中的可疑信息。

（2）采用如下方法之一，获知勒索病毒家族名称。

1）利用可疑信息为检索线索，经公开信息查询获知。

2）将样本上传到相关的情报查询网站，同样可查询获知。

思考题

1. 网络攻击的趋势是什么？

2. 防火墙和网闸的区别有哪些？

3. 虚拟专用网主要用于解决哪些问题？

4. 恶意代码通常可以使用哪些方式进行检测？

5. APT 攻击具有哪些特性？

6. 什么是终端主动防御？其与终端被动防御的区别是什么？

第七章
智能制造咨询与服务

智能制造技术咨询与服务是指咨询公司或专业人员根据委托方要求，利用自己的技术、知识和经验等，就与智能制造相关的技术项目、技术任务或某种服务提供技术援助或技术咨询服务的过程。

本章介绍技术咨询与服务中需求分析方法、工程实施方法等内容。

- **职业功能：**智能制造共性技术运用。
- **工作内容：**学习掌握智能制造咨询与服务的相关方法。
- **专业能力要求：**能进行智能制造子系统的需求调研与技术评估、能进行智能制造子系统的技术测试与实施服务。
- **相关知识要求：**需求分析方法、系统测试技术、工程实施方法。

第一节　咨询与服务介绍

考核知识点及能力要求：

- 熟悉技术咨询与服务。
- 熟悉管理咨询与服务。

智能制造咨询与服务分为技术咨询与服务和管理咨询与服务两大类。

智能制造技术咨询与服务是指咨询公司或专业人员根据委托方要求，利用自己的技术、知识和经验等，就与智能制造相关的技术项目、技术任务或某种服务提供技术援助或技术咨询服务的过程。基本步骤一般包括现状诊断与需求调研、概念设计与顶层设计、初步规划、详细规划与工程落地实施辅导。智能制造工程中级技术人员应掌握基本的需求分析方法、系统测试技术与工程实施方法等相关知识要求，应能进行智能制造子系统的需求调研与技术评估，以及进行智能制造子系统的技术测试与实施服务。

智能制造管理咨询与服务是指咨询公司或专业人员根据委托方的要求，为企业提供战略管理、生产管理、质量管理、设备管理、供应链管理、物流管理、安全管理、环境能源管理等方面的诊断和管理优化提升。智能制造工程中级技术人员应能进行智能制造子系统的管理现状调研与分析，能进行智能制造子系统的可行性方案制定和实施路线规划。

智能制造咨询与服务的目的是帮助企业实现在智能制造模式下的有效运营。在智能制造模式下，现代运营管理涵盖的范围越来越大，已从传统的制造工厂本身扩大到工厂之外的非制造要素，其研究的内容也已经不局限于生产过程的计划、组织和控制，而是扩大到包含运营战略的制定、运营系统设计以及运营系统运行等多个层次的内容，涵盖运营战略、新产品开发、产品设计、采购供应、生产制造、产品配送直至售后服务整个价值链过程。

第二节　应具备的知识和能力

考核知识点及能力要求：

- 熟悉专业知识和基础能力要求。
- 熟悉调研与需求分析方法。

一、专业知识和基础能力要求

智能制造专业咨询人员需要具备智能制造领域的专业知识和经验，掌握行业趋势、技术应用、市场变化和竞争情况等。掌握智能制造相关专业技术知识的同时，还要熟悉战略管理、管理学、组织行为学、技术经济学、财务管理、供应链管理、流程管理、企业运营管理、专业英语、运筹学与统计学、项目管理等方面的知识。

从事咨询服务对技术人员的综合要求较高，需要具备较强的项目管理能力、分析和解决问题的能力、沟通和表达能力、组织和协调能力、团队合作和领导能力、持续发展与终身学习能力等。同时也需要掌握一些必备的咨询方法和技巧。

二、调研与需求分析方法

帮助企业进行智能制造迭代升级，首先要能精准地调研现状与理解需求，不同行业、不同企业的现状与需求差异性非常大，不能一刀切或套用固有的模式。常用的调研与需求分析方法包括问卷调查法、访谈法、现场观察法、头脑风暴法、标杆分析法、系统诊断法等。

三、系统测试技术

系统测试是将软件、硬件、数据和人员等各项元素结合在一起，在实际运行环境下，对系统进行一系列的组装测试和确认测试。按测试对象分类，系统测试分为白盒测试、黑盒测试和灰盒测试。按测试对象是否执行分类，系统测试分为静态测试和动态测试。按测试手段进行分类，系统测试分为手工测试、自动化测试和仿真测试。

四、工程实施方法

智能制造工程实施是指企业按照技术咨询方案进行落地建设的整个过程。工程实施应重点关注项目管理、招投标管理、工程变更和工程验收等。

工程实施项目管理应制定项目章程、项目管理机制和详细的项目计划，对工程实施的范围、时间、成本、质量、人力资源、采购、风险、沟通等过程进行系统管控。

工程实施招投标管理应紧紧围绕技术咨询方案编写技术文件和商务文件，严格遵循招投标管理流程，按照技术得分和商务得分综合评估的方式进行供应商评价。

工程变更包括工程范围、时间、成本、技术方案、核心成员等相关内容的变更，应由业主方、实施方和咨询服务提供方共同进行评审和确定，所有工程变更的文件资料需原件存档，妥善保管。

工程验收是指在工程竣工之后，根据技术方案和相关标准，对工程实施质量和成果进行评定的过程。工程验收由实施方发起，由业主方、实施方和咨询服务提供方共同进行验收。

五、可行性研究方法

针对智能制造潜在的技术和方案，在咨询过程中应进行各项技术和方案的可行性研究。可行性研究方法本身是相关方法的集成，主要包括战略分析、调查研究、预测技术、系统分析、模型方法和智囊技术等。可行性研究方法通常包括市场调研法、对标分析法、量本利分析法、头脑风暴法、专家经验判断法、模拟仿真验证法等。

第三节　培 训 指 导

考核知识点及能力要求：

- *熟悉应具备的知识和能力。*
- *熟悉培训方法。*

一、应具备的知识和能力

智能制造专业讲师除需要具备咨询师的相关知识之外，还需要掌握教育心理学、逻辑学、课程设计、授课技巧等相关知识。

专业讲师需掌握成人培训的特征（理论少、实践多、记忆力和理解力差、喜欢互动和挑战、不能持久学习等），具备作为成人培训讲师的心态和能力，能够有效分析需求和设计课程，能够通过多种方式照顾不同类型学员的需求，要求讲师具有良好的学习力、沟通力、组织力、表达力、表现力、激励力、互动力、应变力和控场力。

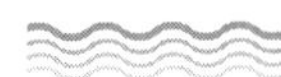

二、培训方法

培训指导是咨询服务过程不可或缺的组成部分，一方面，通过培训增强企业员工对技术方案和管理方案的理解和共识，提高工程实施的有效性和效率，另一方面，通过培训帮助企业提升员工专业能力，培养一批适应智能制造的专业人才。培训方法一般包括以下几种。

1. 讲授法

通过讲师现场讲课或网络授课的形式让学员掌握一些相关知识、技术和案例。

2. 案例研讨法

通过向培训对象提供相关的背景资料，让其寻找合适的解决方法。

3. 标杆企业参观法

组织学员对标杆企业参观走访，通过标杆企业人员分享、专家讲师解读、学员参观分享等方式让学员“沉浸式”学习。

4. 现场授课法

由讲师带领学员在生产现场观察问题和亮点，提供解决问题的思路和方法。

5. 讨论法

一般采取小组讨论与研讨会两种方式，让学员在讨论、分享、辩论的过程中进步。

6. 场景模拟法

通过讲师模拟的专业场景，采取“游戏式”的方式进行授课，学员通过不同的角色扮演，使其有身临其境的体会。

思考题

1. 技术咨询与服务包含哪些内容？
2. 管理咨询与服务包含哪些内容？
3. 常用的可行性研究方法有哪些？
4. 常用的调研与需求分析方法有哪些？
5. 常见的培训方法有哪些？

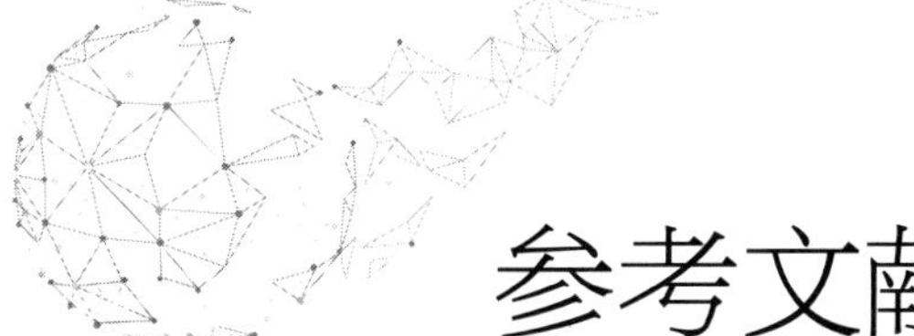

参考文献

［1］洪学海，蔡迪 . 面向“互联网 +”的 OT 与 IT 融合发展研究［J］. 中国工程科学，2020，22（4）.

［2］魏晓东 . 现代工业系统集成技术［M］. 北京：电子工业出版社，2016.

［3］任磊，贾子翟，赖李媛君，等 . 数据驱动的工业智能：现状与展望［J］. 计算机集成制造系统，2022，28（7）：1913-1939.

［4］冯康 . 时序数据在线分类与规则发现［D］. 武汉：华中科技大学，2016.

［5］徐凌宇 . 基于信源选择与序列提取的动态特征级信息融合模型及算法的研究［D］. 沈阳：东北大学，2002.

［6］汪俊亮，张洁 . 大数据驱动的晶圆工期预测关键参数识别方法［J］. 机械工程学报，2018，54（23）：185-191.

［7］邱东 . 多指标综合评价方法的系统分析［M］. 北京：中国统计出版社，1991.

［8］史忠植. 高级人工智能［M］. 北京：科学出版社，1998：62-211.

［9］张智星，张春在，水谷英二. 神经 - 模糊和软计算［M］. 西安：西安交通大学出版社，2000：1-5.

［10］赵致琢. 关于计算机科学与技术认知问题的研究简报（Ⅰ，Ⅱ）［J］. 计算机学报，2001，24（1）：1-15.

［11］田大钢，费奇 . DSS 结构的联接主义观点［J］. 系统工程理论与实践，2000，20（1）：7-18.

［12］危辉，潘云鹤. 从知识表示到表示：人工智能认识论上的进步［J］. 计算机研究与发展，2000，37（7）：819–825.

［13］陈明，张光新，向宏 . 智能制造导论［M］. 北京：机械工业出版社，2021.

［14］中国电子技术标准化研究院，树根互联技术有限公司 . 数字孪生应用白皮书［R］.

［15］陆剑锋，张浩，赵荣泳 . 数字孪生技术与工程实践［M］. 北京：机械工业出版社，2023.

［16］王晶，武昌 . 智能决策支持系统框架研究［J］. 信息记录材料，2021，22（1）：183–184.

［17］张晓海，操新文 . 基于深度学习的军事智能决策支持系统［J］. 指挥控制与仿真，2018，40（2）：1–7.

［18］梁罗希，吴江 . 决策支持系统发展综述及展望［J］. 计算机科学，2016，43（10）：27–32.

［19］董素芬，蔡金金，高媛 . 大数据下研究生培养管理智能决策支持系统［J］. 河北大学学报（哲学社会科学版），2015，40（4）：155–156.

［20］任明仑，杨善林，朱卫东 . 智能决策支持系统：研究现状与挑战［J］. 系统工程学报，2002，（5）：430.

后 记

随着全球新一轮科技革命和产业变革加速演进，以新一代信息技术与先进制造业深度融合为特征的智能制造已经成为推动新一轮工业革命的核心驱动力。世界各工业强国纷纷将智能制造作为推动制造业创新发展、巩固并重塑制造业竞争优势的战略选择，将发展智能制造作为提升国家竞争力、赢得未来竞争优势的关键举措。

智能制造是基于新一代信息技术与先进制造技术深度融合，贯穿于设计、生产、管理、服务等制造活动各个环节，具有自感知、自决策、自执行、自适应、自学习等特征，旨在提高制造业质量、效益和核心竞争力的先进生产方式。作为“制造强国”战略的主攻方向，智能制造发展水平关乎我国未来制造业的全球地位，对于加快发展现代产业体系，巩固壮大实体经济根基，建设“中国智造”具有重要作用。推进制造业智能化转型和高质量发展是适应我国经济发展阶段变化、认识我国新发展阶段、贯彻新发展理念、推进新发展格局的必然要求。

2020 年 2 月，《人力资源社会保障部办公厅　市场监管总局办公厅　统计局办公室关于发布智能制造工程技术人员等职业信息的通知》（人社厅发〔2020〕17 号）正式将智能制造工程技术人员列为新职业，并对职业定义及主要工作任务进行了系统性描述。为加快建设智能制造高素质专业技术人才队伍，改善智能制造人才供给质量结构，在充分考虑科技进步、社会经济发展和产业结构变化对智能制造工程技术人员要求的基础上，以智能制造工程技术人员专业能力建设为目标，根据《智能制造工程技术人员国家职业技术技能标准（2021 年版）》（以下简称《标准》），人力资源社会保障部专业技术人员管理司指导中国机械工程学会，组织有关专家开展了智能制造工程技术人员（初级）培训教程的编写工作，并于2021年出版。5本智能制造工程技术人员（初级）培训教程一经出版立即获得了广泛的关注与好评，为智能制造工程技术人员提供了全面、实用的学习资料，受到了智能制造工程技术领域从业人员的高度评价。

为加快推进数字技术工程师培育项目，围绕智能制造技术领域，培养一批高水平、创新型数字技术人才，人力资源社会保障部专业技术人员管理司指导中国机械工程学会组织有关专家依据《标准》开展了智能制造工程技术人员（中级）培训教程的编写工作。

智能制造工程技术人员中级专业技术等级分为4个职业方向：智能装备与产线开发、智能装备与产线应用、智能生产管控、装备与产线智能运维。中级教程包含《智能制造工程技术人员（中级）——智能制造共性技术》《智能制造工程技术人员（中级）——智能装备与产线开发》《智能制造工程技术人员（中级）——智能装备与产线应用》《智能制造工程技术人员（中级）——智能生产管控》《智能制造工程技术人员（中级）——装备与产线智能运维》，共5本教程。

《智能制造工程技术人员（中级）——智能制造共性技术》涵盖《标准》中中级共性职业功能所要求的专业能力和相关知识要求，是每个职业方向培训的必备用书；其他4本教程内容涵盖了本职业方向中应具备的专业能力和相关知识要求。

在使用中级系列教程开展培训时，应当结合中级培训目标与受训人员的实际水平和专业方向，选用合适的教程。在智能制造工程技术人员中级专业技术等级的培训中，“智能制造共性技术”是每个职业方向都需要掌握的，在此基础上，可根据培训目标与受训人员实际，选用一种或多种不同职业方向的教程。培训考核合格后，获得相应证书。

本教程适用于大学专科学历（或高等职业学校毕业）及以上，具有机械类、仪器类、电子信息类、自动化类、计算机类、工业工程类等工科专业学习背景，具有较强的学习能力、计算能力、表达能力和空间感，参加全国专业技术人员新职业培训的人员。

本教程是在人力资源社会保障部、工业和信息化部相关部门领导下，由中国机械工程学会组织编写的，来自同济大学、西安交通大学、上海交通大学、华中科技大学、天津大学、上海海事大学、西北工业大学、北京工业大学、东北大学、长安大学、西安工业大学、东华大学、华南理工大学、暨南大学、上海大学、上海电机学院、陆军装甲兵学院、新乡职业技术学院、北京机械工业自动化研究所有限公司、公安部第三研究所、广州明珞装备股份有限公司、青岛海尔电冰箱有限公司、上海飞机客户服务有限公司、上海思普信息技术有限公司、上海天睿物流咨询有限公司、上海犀浦智能系统有限公司、西安东航赛峰起落架系统维修有限公司、西门子工厂自动化工程有限公司、中国科学院沈阳自动化研究所、中国商用飞机有限责任公司等高校及科研院所、企业的智能制造领域的核心及知名专家参与了编写和审定。缪云、张振、丁云飞、宋娜、曾海峰、李晶、孙晓宇、宋威、张德义、兰希、秦戎、马驰、康绍鹏、何恩义、洪悦、李想、高翀、魏江、姚仁和、朱俊臻、胡浩、吴春志、丁闯、王晨希、邵海兵、龙璞、李泊锋、田宇松等专家对教程编写提出了宝贵意见。同时参考了多方面的文献，吸收了许多专家学者的研究成果，在此表示衷心感谢。

由于编者水平、经验与时间所限，本书的不足与疏漏之处在所难免，恳请广大读者批评与指正。

本书编委会